龍華道場

용화도장
지킴이

著者 張 玉 女史 近影

龍華道場

용화도장
지킴이

장 옥

선학사

서 문

이제 80세를 바라보는 나이에 저의 지난날을 돌이켜 생각하니, 따사로운 봄날의 짧은 꿈같기만 합니다. 그렇지만 어찌 짧은 세월이었겠습니까? 일제 치하에서 어린 시절을 보냈고, 해방 후에 종교운동에 헌신하셨던 분과 결혼하여 가정을 이루고 살았던 일, 40여 년 전에 그 분을 먼저 떠나보내고 어린 자식들을 키우며 힘들게 살아왔던 일 등등 주마등처럼 눈앞을 스치고 지나갑니다. 새삼스럽게 너무나 오래 살았다는 생각이 듭니다.

오랜 세월을 지내면서 그 누구에게도 말하지 못했던 무수한 한들이 제 가슴 속에 쌓여왔지요. 그 한을 삭이면서 지금껏 꺾이지 않고 지낼 수 있었던 것은 아무래도 제가 그 분을 통해 알게 된 신앙에 힘입었기 때문이겠지요. 증산(甑山) 천사(天師)님 사상의 핵심이 바로 해원(解寃)이 아니던가요? 제가 증산 천사님을 믿고 따르며 수십 년 동안 매일 아침저녁으로 청수를 올리며 기원하던 바로 그 신앙이 유일하게 저의 삶을 지켜준 기둥이었습니다.

이제 제 삶은 한낮을 지나 저녁 어스름의 황혼녘에 가까워졌습니다. 황혼이 선연하게 아름다운 것은 곧 그 뒤에 찾아올 고요함과 적막함 때문인지도 모릅니다. 언젠가 저의 삶을 마무리하고 기꺼운 마음으로 증산 천사님의 품안에 안길 때가 다가오겠지요. 그 날이 오기 전에 회한으로 가득 찬 저의 지난 생애를 단촐하게나마 적어놓고 싶었습니다. 별로 보잘 것 없는 저의 삶을 돌이켜 기록한 것은 다른 이에게 보여주기 위해서가 아니라, 그렇게 해서 저의 생애를 정리하고 싶었기 때문이지요.

몇 개월 간 힘든 작업을 마치고 나니 무언가 후련한 마음이 듭니다. 침침한 눈으로 옛 기억을 더듬어 한 자 한 자 기록해 나가는 일이 제게는 너무나 힘들었지만, 그만큼 보람도 있었습니다. 이러한 일은 김탁 박사님의 권유와 끊임없는 관심이 없었더라면 감히 생각하지도 못했을 것입니다. 김 박사님의 후은에 감사드리고, 이제는 장성한 저의 자식들이 앞으로도 다른 사람들에게 도움이 되는 삶을 살아가기를 간절하게 기원하면서, 증산 천사님을 믿고 따르는 도반 여러분 앞에 이 부끄러운 글을 보내드립니다.

2004년 10월
장 옥

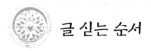 글 싣는 순서

|제1부| 한 그루 소나무 되어, 용화도장을 지키며

|제2부| 흐르는 내 눈물, 별이 되어 남으리

한 그루 소나무 되어, 용화도장을 지키며

글을 시작하면서

드높고 맑은 하늘 아래 집안일에 여념이 없다가도 나는 간혹 일손을 멈추고 끝없는 시름에 잠기곤 한다. 어쩐지 세월이 몹시 지루한 듯한 생각이 든다. 사람은 누구나 다 자기에게 주어진 타고난 팔자대로 살다가 그 어느 때엔가는 하늘나라로 가는 것이겠지라고 생각하니, 인생이 참으로 서글프다는 느낌이다.

나도 뭔가 살아온 흔적을 남겨 놓으면 어떨까 싶다. 남처럼 공부도 그다지 많이 하지 못했고 특별한 글재주가 있는 것도 아니어서 좀 주제가 넘는 짓이 아닌가 여겨지기도 하지만, 내가 겪어온 삶을 있는 그대로 적어보면 안될까? 나는 소설가도 아니고 시인도 아니다. 그렇지만 서투른 그대로를 내 나름대로 옮겨보는 거다. 편안한 마음으로 지나온 세월을 거짓없이 한번 적어보기로 마음먹고 일단 시작하니, 아득한 옛 이야기 같은 기억들이 주마등처럼 내 머리 속을 스쳐 지나간다.

남주(南舟) 선생님과 결혼하다

나는 1947년 정해년 3월 24일 남주(南舟) 이정립(李正立) 선생님과 결혼했다. 당시 나는 강원도(지금은 경상북도 울진군) 유림 대표이셨던 부친의 3남 2녀 가운데 막내딸로 태어나, 별로 풍족하지는 않았지만 평화로운 중농 가정에서 아버님의 사랑을 유달리 많이 받으며 유년기를 보냈다.

아버님이 13대 종손이다 보니 우리 집에는 원근에 있던 친척들의 왕래가 빈번했다. 매년 가을 10월 상달에 시제를 모실 때가 되면 풍성한 제수에 많은 친족들이 한 자리에 모였었다. 일가 아주머니들이 읍내 옥이가 왔다고 유난히도 반겨주셨던 일이 기억나고, 제사가 끝나면 일가친척이 모두 함께 먹던 면, 탕, 나물을 넣은 비빔밥은 지금 생각해도 침이 꿀꺽 넘어갈 정도다.

제2차 세계대전 말엽에 일제는 전쟁을 승리로 이끌어가기 위해 우리나라 사람들이 아끼고 즐겨 쓰던 놋그릇을 모조리 거뒀다. 조

아버님(1881-1964) 82세 때와 어머님(1891-1974) 73세 때의 모습

선왕조 5백 년 동안 유교가 국교였으니, 전국의 이름난 땅에 자리를 잡은 향교에는 놋쇠로 만든 제기들이 헤아릴 수 없이 많았다. 일제는 그 그릇마저 몽땅 압수해 갔다. 그 후 8.15 해방 직후에 서울 성균관 명륜당에서 일제에 의해 강제로 압수당했던 제기를 공동으로 구매하기 위한 회의를 열기 위해 지방 유생 대표들을 소집했다.

친가의 아버님도 이 회의에 참석하셨는데, 서울 마포구 합정동에서 최위석 선생님을 만나 우연히 『대순철학』 원고를 읽으시고 느끼신 바가 많았다고 한다. 아마 그때 친가 아버님께서는 나의 결혼에 대해 마음을 굳히신 듯하다.

1945년 을유년 해방이 되던 그 해 겨울부터 남주 선생님과 나 사이에 혼담이 오고가다가, 아버님이 『대순철학』을 보신 후부터 급진전되어 4년 만에 혼사가 이루어진 셈이다. 어머님과 오라버니 등 온 가족이 극구 반대했지만 소용이 없었다.

나는 어려서부터 어머님보다는 아버님을 몹시도 따랐다. 부모님의 뜻을 순종하면 하느님이 복을 내리시겠지 하고 생각한 후, 결국 나는 아버님의 뜻을 따르기로 결심했다. 그 때는 남한에 단독 정부가 수립되어 대한민국 초대 대통령을 뽑는 선거일이 임박한 시기였다.

나중에 알게 된 일이었지만 옛날 백백교 잔당들이 여자사냥을 다닌다는 제보가 경기도 경찰국에 들어가서, 마포구 합정동으로 평복 차림의 형사가 남주 선생님을 찾아왔단다. 형사들이 남주 선생님을 보니 삼복더위에 객실에서 수염도 깎지 않은 채 땀투성이로 열심히 글을 쓰고 있어서, 몇 마디만 물어본 후 돌아갔다고 한다.

그 해 가을 음력 9월 9일 나는 아버님과 함께 서울 합정동으로 시집갔다. 시집이라고 갔지만 그 비참한 실정이야말로 비할 바가 없었다. 을씨년스런 단칸방에 남주 선생님과 마주 앉았지만 한식경이 지나도록 선생님께서는 말 한마디 없으셨다.

　원래 집선생님은 반가운 사람을 보면 명치가 막혀서 말문이 쉽사리 열리지 않는 습관이 있다고 하셨다. 집선생님께서 힘겹게 겨우 첫 마디를 꺼냈는데, 나는 나대로 슬픔이 북받쳐 대답조차 못했으니 그 얼마나 어색하고 딱한 노릇이었는지……. 그래도 친정아버님은 만족한 미소만 빙그레 짓고 계셨다.

　3일이 지나고 아버님께서 고향으로 가시면서 내게 "여인의 삼종지도(三從之道)를 알지? 그 말을 명심하고 가장을 섬기고, 어려움을 감수하며 분수를 잘 지켜라."라고 신신당부하시며 태연한 모습으로 홀홀 떠나가셨다. 망망한 대해에 오직 한 조각 배 마냥 외롭게 남겨진 내 처지를 생각하다가 가슴이 미어지고 흐르는 눈물이 앞을 가렸다. 산도 설고 물도 설고 더구나 낯익은 사람도 전혀 없는 타향살이에다가, 남편인 집선생님은 낮이나 밤이나 사랑방에만 계셨으니 진정 사고무친(四顧無親)의 외로운 신세였다.

　울고 또 울어도 눈물이 마르지 않던 어느 날 저녁, 갑자기 집선생님께서 침통한 모습으로 팔베개를 하고 누우면서 "사람이 살아가면서 자신도 모르는 사이에 짓는 죄도 많은데, 알고는 죄를 지을 수 없소. 이제 그만 당신은 고향의 부모형제 곁으로 돌아가는 것이 좋겠소."라고 말씀하셨다. 순간 나는 정신이 아득했다. 이 무슨 청천벽력이란 말인가? 이제 내 신세는 끝장이 났구나 싶었다. 오죽

못났으면 그렇게 나이차가 많이 나는 분께 출가해서도 못살고 소박
맞아 되돌아왔으니 알만하다고 빈정대는 동네사람들의 손가락질
이 눈앞에 보이는 것 같았다.

나는 어릴 때부터 무서움을 몹시 탔다. 그래도 나는 밖으로 나
와 밤하늘을 올려다보았다. 헤아릴 수 없이 많은 크고 작은 별빛과
서산에 걸친 초승달의 서러운 빛이 내 마음을 아는 듯 느껴졌다. 서
러운 감정이 솟아나 내가 마냥 울고만 있으니까, 이윽고 집선생님
이 나오셨다.

잠시 후 나는 아무 말도 못하고 집선생님을 따라 들어가서 방
한쪽 구석에서 쪼그리고 앉아 오들오들 떨었다. 그 와중에 나는 "이
제 다시는 울지 않으리라, 비록 죽는 한이 있더라도 울지 않겠다."
고 몇 번이나 마음속으로 굳게 다짐했다. 그 일이 있은 후 6.25 사
변이 발발할 때까지 나는 집선생님이 보시는 데는 한번도 눈물을
보이지 않았다.

집선생님의 병치례

내 눈에 눈물을 거두고 나니 다른 일이 생겼다. 사람은 원래 걱
정 속에서 살기 마련인가 보다. 부처님 말씀에 "고해중생(苦海衆
生)"이란 말이 생각났다. 갑자기 집선생님께서 몸져누우셨다. 감기
에다 심한 몸살인가 본데, 발병하면서 곧바로 식음을 전폐하셨다.

사흘 쯤 되던 날 저녁에 내가 수심에 잠겨 호롱불 밑에 쪼그리

고 앉아있는데 집선생님께서 "당신, 안댁 연순이(집선생님과 동지였던 최위석씨의 따님으로 당시 중학생이었다) 방에 가서 쉬지 그래?" 하시기에, 내가 놀라서 "편찮은 분을 두고 어떻게 나가서 자겠습니까?"하고 반문했다. 그러자 집선생님께서는 "하기는 그렇기도 하겠군."라고 혼잣말을 하셨다. 이상한 생각만 들었다. 또다시 내 마음은 천 갈래 만 갈래로 찢어지는 듯했다.

집선생님은 30년 세월을 홀로 살아왔지만 그렇게 아파보기는 처음이어서 아무래도 회복할 가망이 없을 것 같은 예감이 들었는데, 가물거리는 호롱불 밑에 수심에 가득 잠겨 앉아 있는 어린 내 모습을 바라보니, 혼미한 의식 속에 "세상에, 저 여인의 팔자가 얼마나 기박하면 나처럼 늙은 사람에게 시집와서 불과 서 너 달 만에 홀로 되다니"라는 생각이 들고 너무 기가 막혀서, 눈앞에 보이지 않으면 조금은 낫겠지 해서 나가서 자라고 했다고 훗날 병세가 호전된 후에 술회하셨다. 그때 내 모습이 몹시도 처량해 보였던 모양이다.

집선생님은 일곱 살 때 겪은 홍역 때문에 장성해서도 감기만 들면 천식이 일어나 기침을 몹시 했는데, 지난날 일정(日政) 때 사상범으로 밤낮으로 쫓겨 다니면서 어느 때는 삼사 개월을 계속해서 밤잠을 못 이루기도 했을 때 더 악화되었다고 했다. 다른 동지들은 정신쇠약을 앓거나 혹은 정신이상으로 쓰러지기도 했을 정도였다니, 그나마 다행이었다.

그리고 집선생님은 그 때의 혹심한 고생 때문에 만성피부병이 도져서 주기적으로 몹시 가려워 하셨다. 견디기조차 힘들었지만 비교적 잘 참으셨다. 제일 효험이 좋다는 피부약을 골라 발랐다.

그런데 약을 바르다보면 아무리 조심한다고 해도 옷에 묻곤 했다. 그래서 빨래할 때마다 내가 그곳에 석유를 묻혀 따로 빨아야 했다.

집선생님께서는 반평생을 점심을 못먹고 홀로 지내셨다. 그리고 경찰서와 지서에 잡혀가기는 수를 헤아릴 수 없었고, 해방 4년 전에는 동아흥산사(東亞興産社) 사건과 연루되어 구속되었다. 그때는 일제에 충성하는 한국인 경찰의 밀고로 인해 서울 필운동에 급습한 일제 경찰에게 동지 25명과 함께 경상북도 경찰국에 집단 구속되었던 것이다. 죄목은 시국치안유지법 위반으로 무려 3년간이나 옥고를 겪었다고 한다.

집선생님은 어려서부터 보리밥을 못먹었다고 한다. 그런 분이 유치장에서 콩밥을 소화를 시키지 못해 몇 번이나 쓰러져 더욱 견디기 힘들었다고 한다. 집선생님께서는 혹독한 고문과 온갖 문초를 받다가 8.15해방을 맞아 자유의 몸이 되기까지의 파란만장한 이야기를 조금씩 해 주셨다.

나도 몰래 방울방울 떨어지는 눈물이 그 분의 손등을 적시면 집선생님께서 깜짝 놀라시며 "당신 울고 있구료."라고 말하셨다. 나는 다만 "네, 친정아버님께서 참으로 좋은 일을 하신 듯해서요. 저같이 못난 딸자식을 당신 같은 훌륭한 분께 시집을 보내서, 한 평생을 남의 집 사랑채에서 밥을 자시던 분께 따뜻한 밥을 지어올리고 옷도 빨아 드리며 시중들게 하셨으니까요."라고 대답할 뿐이었다. 이런 나를 그윽이 굽어보시는 그 분의 눈빛은 형언할 수 없는 감격에 사로잡힌 듯했다.

집선생님께서는 애초에 장가를 드실 당시 많은 망설임이 앞섰다고 한다. 왜냐하면 나이든 사람이 어린 처녀를 맞이해서 만약 천성이 악한 사람일 경우는 큰 낭패인데 하고 마음 속으로 무척 걱정을 했단다.

그 해 늦가을 내가 감기가 들었는데 집선생님께서 약을 먹으라고 주셨다. 나는 어려서부터 한약은 먹었지만 양약을 먹은 일이 없어서 곧 나을 것 이라고 대답했더니, 집선생님께서는 두 말 없이 문을 열고 손에 든 약병을 밖으로 던져버리려 하셨다. 깜짝 놀란 나는 무의식중에 두 손을 모아 싹싹 비비며 "먹겠습니다."하며 연이어 약을 주시라고 했다.

그랬더니 집선생님께서 약병을 힘없이 방바닥에 떨어뜨리면서 "허허!" 하고 허탈하게 주저앉으시며, "당신의 그 모습에서 내가 일찍이 걱정하고 주저하던 의혹이 말끔히 풀렸네."라고 안도의 숨을 내쉬셨다. 사람은 누구나 무의식중에 나타나는 행동이 바로 천성이 반영되는 것이라며, 소중한 것이라도 발견한 듯 무척 흐뭇해하셨다. 후일에도 집선생님은 가끔씩 그 때 내 모습을 음미한다는 말을 하셨다.

집선생님께서는 평소에 말수가 적고 가정 살림에는 아주 어둡고 별로 자상한 편은 아니었다. 그렇지만 나는 나이가 너무 동떨어져 어색했지만 그 분의 마음만은 얼굴빛과 행동으로 잘 읽을 수가 있었다.

첫아이 임신과 유산

집선생님은 50 평생 한점 혈육도 없었던 외로운 분인데, 내가 첫 아기를 잉태했을 때다. 내가 임신 중독 증세가 너무 심해서 밥을 먹지도 못했고 빈속으로 토하면 입으로 회충이 올라올 정도였으니, 집선생님께서도 큰 고민이셨던 모양이다.

"사람이 밥을 못 먹으면 죽지 않나?" 하고 태산같은 걱정만 하신다. 그때 최위석 선생 부인께서 "아는 병이니 죽지 않습니다. 맛있는 것만 먹으면 아무 일도 없을 것입니다."라고 말했다. 그러자 혼자서는 평생 문방구점과 전당포만 드나들었지 음식점과 식품 가게에는 들른 적이 없었다는 그 분의 행동에 일대 변화가 일어났다.

집선생님은 남의 눈도 아랑곳하지 않고 찹쌀모찌 두 개, 엿 두 가락, 과일 등을 골고루 사오셨다. 가게를 나오면서도 "내가 평생 한번도 안 해 본 일인데, 내가 환장을 했나?"하고 잠시 발걸음을 멈출 정도였단다. 나는 얼마 동안 먹지 못하여 기운이 탈진된 상태여서, 입에서 당기는 대로 먹었더니 한결 나았다. 그 후 3,4개월이 지나 겨우 임신중독 증세도 가라앉고 몸도 조금은 회복되고 안정기에 접어들었다.

하지만 얄궂은 운명의 장난은 또 시작되었다. 어느 날 밤 갑자기 배가 아프고 화장실에 가고 싶었다. 집 뒤에는 나지막한 동산이 있었고, 그 집에는 6,7가구가 모여 살았는데, 안집 마당을 지나야 화장실이 있었다. 무섭지만 별 도리가 없었다. 이를 악물고 화장실을 다녀오자 전신에 땀이 흠뻑 젖었다. 자리에 픽 쓰러졌다. 이튿날 저녁 무렵부터 다시 배가 아팠다. 차차 아픈 횟수가 잦았다. 결국 십리 밖에서 어렵사리 지어다 달인 약을 한번도 먹어보지도 못하고 임신 5개월 만에 유산이 되었다. 마음이 아주 언짢았다. 주위 사람도 한결같이 애석하게 여겼다. 나 혼자 마음 속으로 "그 분의 팔자는 자식을 두지 못하는 것이 아닌가?" 하는 생각도 들었다. 혼자 고민하고 슬퍼했지만 내색은 하지 않았다.

집선생님께서 억울하게 반민특위에 구속되다

그런데 그 슬픔이 채 가시기도 전에 또 다른 걱정이 닥쳤다. 반민특위(국회에서 구성된 친일파 색출 기구)에서 갑자기 집선생님을 구속한 것이었다. 살림을 차린 후로는 알리지 않고 귀가하지 않은 날이 없었는데, 하루가 지나고 이틀이 가고 사흘이 지나도록 오시지 않았다.

안댁에 살던 최위석 선생님의 눈치가 좀 이상했다. 그래서 하루는 기자(그 때 교중에서 발행하던 주간지 기자)분이 오시는데 지키고 있다가 만나보았다. 나는 평소에 외간 남자 분들을 고개를 들고 마주 바라보지도 못했던 숫된 사람이었다. 그런데 난관에 봉착하고 보니 부끄러움도 잊고 길을 가로막고 도대체 무슨 일인지 말씀해 달라고 애원했다. 그랬더니 그 기자분도 여간 난처해하지 않았다. 안댁 최 선생님과 약속을 한 모양이었다. 곧 아무 일 없이 바로 잡아질 테니 알리지 말라는 부탁을 거듭 받았던 모양이었다.

아아! 이 무슨 날벼락인가? 장가드신 첫 날 밤 지난날 모진 옥고에 시달리던 시절을 회상하며 이제 해방이 되어 활개를 치면서 자유롭게 우리 이야기를 할 수 있는 기쁨과 살아남은 보람을 새삼 느낀다고 하셨는데, 또 다시 철창신세라니…… 생각하니 세상살이가 너무 어지럽다.

내용인즉 동아홍산사 사건은 동지 25명이 투옥되었다가 옥사 혹은 병보석 후 사망하고 불과 3,4명만 생환된 상당히 중요한 사건이었는데, 당시 그 사건을 취급하던 고등계 형사가 친일파로 지적되어 반민특위에서 취조받다가 열세에 몰리니까 엉뚱하게 집선생님을 친일파로 몰아붙여 터무니 없는 결과를 지어낸 것이었다.

집선생님께서는 일본에서 공부하실 시절 당신의 거주지 주소도 말로 옮기지 못했던 철저한 반일사상가였다. 그리고 구치소에 문초받으러 나가면 「황국신민서사」를 외우라고 했는데, 정신이 허락하지 않으니 천만번을 읽어도 외울 수 없었단다. 그러니 매는 더 많이 맞고 시달림은 더더욱 극심했다고 한다. 임진왜란 때 학살당하신 7대 선조께서 "후일에 일본의 녹을 먹는 자는 나의 자손이 아니다."라고 혈서를 쓰셨다는 일화가 전한다.

그 동안 나는 나름대로 어려움이 많았다. 차디찬 마루에서(때는 음력 2월 초였음) 지내고 있을 집선생님을 생각하니 방에서 자는 사람은 호강이라고 생각한 나는 이불도 요도 깔지 않고 밤을 지새우곤 했다. 하루는 합정동 맞은편에 있는 연희방송국(우리나라 방송국으로는 처음으로 건립된 방송국) 내의 수사과에서 호출이 있어서 갔다.

안댁 최 선생님은 마음이 놓이지 않아 거듭 내 마음을 안심시키셨다. 방송국에 들어서니 여기 저기 불빛이요, 깊숙이 들어가는데 나 같은 촌뜨기 눈에는 너무 이상한 것만 뜨이니 심장이 콩 튀듯 했고, 저 번쩍이는 전기불로 고문이나 하면 어찌 감당할까 걱정하면서 마음 속으로는 연신 주문을 외웠다. 그리고 정신을 차렸다.

드디어 수사과장의 "부부가 32세나 나이차가 나는데, 20세기에 용납될 수 있는 일이냐?"고 묻기에, 나는 그 분이 강압적으로 속인 일도 아니었고 친가의 아버님께서 실상을 파악하셨고, 또 내가 아버님의 뜻을 순응했을 뿐이라고 사실을 있었던 대로만 이야기했다. 또 생활형편, 주변사람들 등 여러 가지를 묻기에, 나는 실생활은 현지답사를 하시면 알 일이라고 답했다. 한 시간 남짓 문초하고 돌려보내 주었다.

하루가 가고 이틀이 지나 무려 3주가 가까워 왔다. 하루는 안댁에 사시던 최 선생님이 신촌에 있던 작은집에 가자고 하셨다. 내가 깜짝 놀라니 거기 가서서 집선생님의 동생에게 자세한 말씀을 해야지 쉽게 바로 잡힐 일이 아닌 모양이라고 걱정하셨다. 옛말에 "익은 음식은 남이고, 궂은일은 제 집안"이란 말과 같이 좋지 않은 일이었는데, 결국은 알릴 수밖에 없어 함께 찾아갔다.

집선생님의 동생 분은 그 당시 대한민국 초대 기획처장이었던 이순탁씨였다. 그 분이 고생이 많았겠다고 나를 위로하면서, 왜 진작 알리지 않았느냐고 말씀하시며, 우리 집안의 반일사상이 투철하다는 것은 자랑꺼리라면서 곧 바로잡아질 것이라고 나를 안심시켰다.

나는 바느질감을 가져다가 시간을 보내면서 밤낮 없이 일구월심 그 분의 안위를 빌었다. 얼마 후 집선생님은 풀려나셨다. 돌아온 후에 남은 여생동안 그런 일 만은 다시는 없을 것이라고 생각했다가 갑자기 당하고 보니, 나는 어쩔 수 없는 비운의 인생이라는 생각이 들어서 더욱 미칠 것만 같더라는 이야기를 해주셨다. 지난 세월에 겪은 일은 당연한 일로 생각했는데, 이번에는 상황이 전혀 달라서 누가 면회를 오면 나를 울진에 있는 친정에 가서 3년이고 4년이고 있게 하다가 내가 풀려나게 되면 데리러 갈 심산이었다고 속내를 말하셨다.

나는 속으로 "맙소사! 모래밭에 혀를 박아도 그 곳에는 못 가요. 사람들의 조소와 비판의 대상인 결혼을 해서도 부족해서, 이런 꼴을 누구에게 말할 것인가요?"하고 눈을 아래로 떨군 다음 혀를 지긋이 눌렀다. 그 후 놀란 가슴을 쓸어안고 "안시(安時)에 불망위(不忘危)"라는 교훈과 같이 조심조심 살아왔다.

처음으로 용화도장에 가다

그 해 늦은 봄 4월에 큰댁(지금의 전북 김제군 금산면 금산리 용화동)에 생전에 못 뵈었던 시아버님 기일제사를 지내러 내려갔다. 시아주버님인 청음 선생님은 집선생님 보다 7세 위이셨고, 젊은 시절에 중국에서 망명생활도 하셨던 열렬한 민족주의자셨다고 한다. 시아주버님은 보기 드물게 수려한 첫 인상이 숭고하신 분이셨다. 서울에서 한번 뵙고 두 번째였다. 시아주버님께서 집선생님을 보

25

시더니 "자네는 머리도 좀 깎고 앞니도 해 넣고, 혼자 있을 때와 달리 몸단장을 하지, 언제나 그렇게만 지내는가? 그러니 경기도 경찰국에서 본적지인 용화동까지 조회가 오지."하시며 웃으셨다.

그리고 내게는 형님(집선생님의 형수님)께서 시동생이 30년 이상 홀로 살다가 이제 장가를 들었지만, 동서가 너무 어리니 두루마기나 기타 바느질은 여전히 당신 몫이라고 생각하셨던 모양이다. 나보고 모시 다딤이 두루마기를 내 놓으시며 한번 해 보라고 하셨다. 내가 조심조심 바느질을 했더니 형님께서는 무척 좋아하시며 "이제 서방님 옷은 내가 잊어도 되겠다."고 흐뭇해하셨다. 나는 속으로 안심했다. 하지만 매사가 생소하기만 했다. 말씨부터 가풍 등

1949년경 대법사 사무실의 모습(현 금산여관 자리)

모든 것이 낯설고 어렵게 생각되었다.

그렇지만 나는 친가에서 어머님으로부터 익힌 일들을 상기하면서 최선을 다 했다. 사람 사는 곳은 다를 바 없다. 여러 교인들과 이웃들이 유난히 그냥 보아 넘기지 않아, 그 시선들을 의식하며 행동하자니 대단히 힘이 들었다. 어쨌든 그때의 시골 방문은 뜻이 깊었다.

때마침 지금의 법종교(당시는 선불교라고 불렀음)에서 증산상제님과 정씨 사모님의 유해를 따님인 강순임 어른께서 정식으로 새롭게 모시는 큰 행사가 있었다. 증산상제님을 믿었던 다른 교파에서도 모두 동참해서 성체(聖體)가 영원불멸한 좋은 터에 성스럽게 모시는데 함께 참여하여 오래도록 기억에 남았다.

짧았던 서울생활과 6·25사변 발생

서울에 돌아와서 그 해 가을에 마포구 도화동으로 이사했다. 여전히 쉴 새 없이 손님을 치뤘지만 그런대로 오붓한 실림을 꾸려나갔다. 나는 서울에 간 지 3년이 되어도 바깥세상을 몰랐고, 창경원이 어딘지 덕수궁이 어딘지도 모를 정도였다. 다만 이사갔던 옆집에 백씨라는 할아버지가 사셨는데 고종황제의 어의였다고 한다. 그 댁 노부인께서 심심찮게 내 집에 들러 세상 이야기를 해주시며 나를 "철학사님 부인"이라고 호칭했다.

세월이 지나는 동안 나는 첫 번째 아기를 유산한 후 만 1년 만인 그 해 음력 11월에 다시 임신했다. 극심한 임신 중독증을 겪은 다음 몸이 좋지 않아 병원에 갔더니 나팔관이 부었다고 한다. 1주일간 치료를 받고나서야 안심했다.

이듬해(1950년) 음력 2월 19일은 집선생님의 55회 생신이었다. 30여 년만에 비로소 가족과 더불어 생신을 보내게 되어 꿈인 듯하다고 하셨다. 비록 말은 없으셨지만 표정이 조금은 행복스러워 하신 것 같았다. 나는 옛 말에 "생신 때마다 새 버선 한 켤레씩을 지어 드리면 오래 사신다."고 들었다.

작년에는 유치장에 있어서 집에서 생신을 못 지냈었지만 그 해에는 내가 버선을 지어 드렸다. 지금은 거의 없애버렸지만 그래도 몇 켤레는 간수하고 있다.

이 모두가 소용없는 일이라고 생각하면서도 나는 집선생님이 사무치도록 그립고 공허하면 그런 흔적이라도 남아 있는 것이 조금은 위로가 된다. 이런 내 마음을 그 누가 알리요? 나는 멋없는 아들만 3형제 두었을 뿐 자상한 딸이 없으니, 누구하고도 이런 말은 한번도 나누어 보지 못한 쑥맥이다. 며느리들은 나의 이런 마음을 조금은 이해하겠지.

그런데 그 때 그처럼 행복해 하셨던 그 분의 가슴에 구멍이 뚫어질 일이 생겼다. 꿈도 모두 산산조각이 났다. 전 세계 역사상 유례가 없는 비참한 동족상쟁인 6.25 동란이 일어났다. 아아, 그 악몽! 지금 생각해도 몸서리가 처지는 그 참변! 나는 홀몸이 아닌데도 불구하고 손에 잡히는 대로 옷가지만 몇 가지 급히 챙겨가지고, 강나루를 건너 수원을 십리쯤 남겨 둔 어느 시골집에서 하루 저녁을 쉬었다.

우리 부부를 바라보는 사람들은 한결같이 시아버지와 며느리 사이인줄 알았다. 그러나 나는 언제 어디서나 그냥 얼버무려 넘기지 않고 곧이곧대로 말을 해야 성이 풀리는 성격이었다. 남이야 흥을 보든 웃든 상관하지 않았다.

그 때 피난을 함께 내려온 일행은 집선생님, 안홍찬 선생, 그 분의 동생 안도찬씨, 나의 남동생(도를 익히고 여러 가지 본받을 것이 많으니 훈육 좀 시키라고 아버님이 보냈음)이었다. 일행은 충남 아산에 있던 교인 댁에 들려서 의복은 그 집에 맡기고 요행히 장항까지 오는 화물차를 만나 타고 김제로 왔다. 집선생님께서는 하루 저녁 자고 나면 몸이 괜찮냐고 꼭 묻곤 하셨다. 걷다가 타다가 천신만고 끝에 양력 7월7일 황혼이 질 무렵에 큰댁에 당도했다.

이때부터 온 겨레가 함께 당했던 기가 막힌 피난살이가 시작되었다. 나는 다른 사람들과는 한 가지 어려운 점이 중첩했다. 말이 시골이고 큰댁이었으니 안전한 것 같았지만, 실은 그렇지 못했다. 그 이유는 이곳에는 모악산이라는 명산이 자리잡고 있는 곳이어서, 아무 것도 모르던 상태의 농민들이 산으로 들어가버렸다. 일명 빨치산이었다. 그들은 밤마다 마을로 내려와서 농민들의 식량과 옷가지를 약탈해 갔고 심지어는 집에 불을 질러버리고 도망쳤다.

그런 까닭에 민심은 흉흉했고 말이 아니었다. 더욱이 이 지방에는 이른바 의용군이 머물렀던 까닭에 이들을 토벌하려는 B29 비행기의 폭격이 심했고, 인민군의 주력군이 후퇴한 후에도 마을 전체가 빨치산의 가족이어서 밤이 되면 이들이 산에서 내려와 약탈과 방화를 자행했다. 말로 할 수 없는 아비규환이요, 생지옥이었다.

나는 해가 서산에 높이 있을 무렵에 일치감치 저녁밥을 먹은 다음 곧바로 남의 집으로 잠을 자러 가야 했다. 짧은 여름밤이 어찌나 아쉽든지…… 처음으로 실감했다. 어쩌면 그 해 여름에 겪은 고된 피난살이 덕분에 내 앞에 가로 놓였던 그 험난한 고생길을 그런대로 살아왔는지도 모른다.

서울이 수복이 된 후에도 여전히 악순환이 계속되었다. 그럭저럭 8월 한가위를 맞이하게 되었고, 내 해산일이 점점 가까워졌다. 이곳 교단에서 사용하는 방 한 칸을 미리 수리해 놓았지만, 의용군들이 점령해 못쓰게 만들어 놓았다.

첫아이 출산

용화동은 산사람들의 횡포가 심해 할 수 없이 서남쪽 20리 밖에 있던 구성산 기슭의 안심지라는 방죽골에 갔다. 그곳은 사방이 공동묘지였다. 비행기가 폭격할 때 피난할 양으로 세워 놓았던 집이 한 채 있었는데, 문짝도 없는 방에는 거적을 쳐 놓았다. 방 앞에는 진흙투성이라 비만 오면 신은 신발은 뒤 쪽에 벗겨져 있고 발만 앞에 갔을 정도였다. 더욱이 돌이 없어서 솥을 걸 수도 없어 잔디가 붙은 흙을 떼다 이용했다. 그리고 산에 가서 땔감을 구해 와야 했다. 또 너무나 외딴 집이라 해만 지면 사람을 구경할 수조차 없었다. 그나마 아침이면 들에 나왔던 사람을 잠시 구경할 수 있었다. 그러니 옛말에 "산중 사람의 인심이 좋다."고 했던 것이 실감났다.

사람이 귀하니 잘 대할 수밖에 없었겠지.

　마침내 음력 9월 16일부터 산기가 있었다. 보다 못해 큰댁형님이 17일 날 찾아오셨다. 하루를 견디다 그 날 저녁에는 새집이라서 그랬는지 형님께서 나를 부엌으로 데리고 나갔다. 얼마동안을 실랑이를 해도 소용없었다. 할 수 없이 다시 방으로 들어왔지만 그 고통은 이루 말할 수 없었다. 다리가 떨어지지 않아 방에 들어오는데도 죽을힘을 내서 다리를 옮겨 놓았다. 한밤중이었다. 형님이 걱정하셨다. 청수라도 올리고 심고를 드려봐야겠다고 하시며, 시동생의 눈치를 살폈다. 내가 "워낙 외딴 곳이라서 우물도 한참을 가야 하니, 서방님께서 함께 물을 길러 가시지요?"하니 두 분이 나가셨다.

　왈칵 무서움과 외로움이 엄습해 왔다. 나는 아무래도 부모형제의 얼굴도 못보고 이 외딴 곳에서 이대로 한 세상을 마치는 것이 아닌가 하는 설움에 복받쳐 노도와 같은 울음을 터트렸다. 외딴 집이었으니 망정이지 동네 한복판 같았으면 어쨌을까? 그러자 정화수를 길어 오신 분들이 놀라며 들어왔다. 청수를 올리고 두 분이 지성으로 심고를 드렸다. 마침내 동녘 하늘이 희뿌옇게 동이 틀 무렵 나는 난산에 난산을 거듭한 끝에 우렁찬 아기 울음소리를 들었다. 집 선생님의 나이가 56세 되던 해 9월 18일 인시(寅時)였다.

　희미한 등불에 비치는 아기 얼굴이 불빛을 따라 움직였다. 너무도 신비스럽고 감격했다. 이 세상의 모든 시름이 다 녹아 버린 듯했다. 때는 6.25 사변이 갓 지났으니 돈이 있어도 물건이 없어서, 산모도 미역국을 제대로 먹을 수 없었다. 그 시절을 살아온 사람들은 말하지 않아도 알고도 남음이 있으리라.

아기에 대한 집선생님의 사랑

출산 바로 이튿날이 대순절이었으니, 형님은 치성 준비 때문에 용화동으로 가셔야 했고 방 안은 적막강산이었다. 그 때 이 소식을 전해들은 임실부인(이 어른 인적 사항은 다음에 기술하겠음)이 당신의 막내딸을 내게 보내 산후조리를 도와주도록 했다. 얼마나 천만다 행이었는지, 길이길이 잊을 수 없다. 그 막내딸 이름이 '딸고만'이 었다. 그 분 남편이 5대 독자였는데 딸만 4,5명을 내리 낳으니 '이

1953년, 장남 영옥이가 3살 때

제 그만 끝'이라는 뜻이었다.

어느 날 갑자기 바깥에서 기암을 하는 소리가 났다. 내가 내다보니 딸고만이가 쏜살같이 방죽 길로 달려갔다. 나중에 알고 보니 집선생님이 김치꺼리를 얻어서 지게에다 짊어지고 오셨는데, 금방이라도 방죽으로 넘어질 듯해서 달려갔다고 한다.

그 당시는 증산교계의 교파가 많았다. 증산상제님의 생존 종도이셨던 안내성 선생님의 수제자 남상기 선생에게로 대구에서 오신 유태효 선생이 하늘과 같이 위하던 남선생을 이탈하여 따로 또 한 판을 차려 교주가 되기도 했다. 이렇게 해서 교파는 그 수를 헤아릴 수 없을 만큼 우후죽순과 같이 생겼다.

신의 계시를 받고 나면 모두가 아는 소리요, 그렇게 되니 우월감에 사로잡혀 이성을 잃고 누구나 왕후장상이나 된 듯이 행동했으니, 어쩌면 이런 일로 말미암아 증산교가 사회의 지탄을 받게 되었는지도 모른다.

집선생님께서는 평생동안 한 번도 지게를 몸에 걸쳐본 일이 없었는데도, 몸소 지게질을 하다가 술에 취한 사람 같이 휘청거렸나 보다 라고 생각하니 가슴이 찡했다. 하지만 어쩔 수 없는 현실을 그 누가 외면할 수 있으랴! 슬프다. 참으로 통탄할 일이 아닐 수 없었다.

그런데 그런 어려운 환경 속에서도 집선생님은 마냥 즐겁기만 하신 모양이었다. 시간이 흐를수록 아기는 달라졌다. 자고나면 다르고 자고나면 또 달라지는 아기를 건너다보시는 집선생님의 모습은 내가 필설로 다 표현하기가 정녕코 어렵다.

교인 김종열씨의 연비였던 여신도 이정임 여사가 와서 아기가 젖을 물면 젖을 먹이지 말라고 가르쳐주셨다. 내가 젖을 쑥 빼면 아기의 입이 울상으로 삐죽삐죽하다가도 내가 냉큼 "아가, 젖 먹어라." 하면 또 젖을 쭉쭉 빤다. 내가 이 일을 되풀이하고 있는 광경을 집선생님께서는 그윽이 지켜보셨다.

하루는 큰댁형님께서 오셔서 "우리 서방님 같이 말없는 분이 아들을 얻고 나니 거짓 말씀까지 하신다."고 말씀하셨다. 내가 영문을 몰라 지나친 말씀으로 여겼더니, 집선생님께서 큰댁에 가셔서 아기가 신기하게 벌써 말귀를 알아듣는다고 하시더란다. 그래서 시숙님을 비롯하여 모두가 한 바탕 웃음잔치를 벌였단다. 생후 3주도 안된 아기가 말을 알아듣는다고 했으니, 웃을 수밖에 없는 노릇이었다. 이 한 가지 예만 들어보아도 그 분의 일생을 통해서 아마 그렇게 희열에 잠기시긴 처음이었거니 싶다.

어느 날 집선생님은 산 너머에 있던 삼덕교에 갔다가 저녁을 먹고 오셨다면서 진지를 두어 숟가락 뜨시고는 수저를 놓으셨다. 내가 그 밥을 마저 먹었더니 이상히 여기면서 내 이마를 손가락으로 꾹꾹 눌러 보셨다. 산후에 허기가 심해서 허천병이 났나 보다고 걱정하셨다.

산후 49일이 지나지 않은 어느 날 밤에 문을 두드리는 소리에 집선생님이 밖으로 나가셨다. 어두운 밤중에 검은 그림자만 어른거렸다. 말소리조차 들리지 않았다. 가슴이 덜컥 내려앉고, 심상치 않았다. 그렇지만 나는 서울이 수복된 직후였으니 경찰이 야경을 돌면서 산사람의 잔당이 있나 없나를 살피는 줄 알았다. 나는 방에서 "저희는 우익 사람인데, 이러 이러한 사람입니다." 라는 말이 목

구멍까지 나오려는 것을 꿀꺽하는 소리가 나도록 참았다. 아서라, 이럴 때 여자가 지혜 없이 함부로 생각 없이 말하다가 돌이킬 수 없는 결과를 초래할 수도 있다고 생각하고, 입을 꼭 다물었다.

갑자기 밖으로 나오라는 소리가 들려 나갔더니, 웬 낯선 사내들이 신발을 신은 채 방으로 들어와서 여러 가지 물건들을 주섬주섬 모으더니 휙 쓸어가 버렸다. 기가 막혔다. 이곳이 조용하다고 큰댁의 옷가지들 가운데 중요한 것도 갖다 놓았고, 그 고생 중에 서울에서 피난올 때 가져 왔던 한번도 입어 보지도 못했던 옷(나는 시집와서도 색동옷을 한번도 버젓이 입어보지 못했음)들을 모조리 털어가 버렸다.

그렇지만 나는 날이 갈수록 무럭무럭 자라나는 아기의 평화스러운 얼굴을 보면서 천만가지 시름을 다 잊을 수가 있었다. 그러던 중 초겨울이 돌아왔다. 스산한 바람이 세서 초벌 벽지만 붙여서 영을 얹어놓은 집이었는데, 하루는 지붕이 걷혀 하늘이 보였다. 할 수 없이 짚을 얻어다가 집선생님과 내가 짧은 가을 해에 종일 꼰 새끼가 두 사리가 채 안 되었다. 저녁밥을 지으려고 꽤 멀리 있던 우물에서 물을 길어 오는데, 방에서 아기가 어찌나 자지러지게 우는 소리가 나던 지 급히 문을 열어보았다.

집선생님은 고개를 푹 숙이고 부동자세로 있었고, 아기는 몸 놀이를 해서 베개를 등에 매고 발버둥질 하며 올라가다가 벽에 부딪쳐서 더 못 올라가니 안간힘을 다하며 울기만 하고 있었다. 내가 "아니, 왜 이러고 계세요? 아기를 좀 안아 주시지."하니까, 집선생님께서 "팔이 아파서 움직일 수가 없네."라 하셨다. "세상에!" 기가 막혔다. 진종일 새끼를 꼬느라고 팔이 몹시 아파서 사랑하는 아들

35

이 울고불고 해도 일으켜 세울 기운조차 없으셨던 모양이다.

그때 내 가슴이 미어지는 듯했다. 갑자기 살아갈 일 생각에 기가 막혔다. 장차 이 험난한 세상을 어떻게 살아간단 말인가? 통곡하고 싶었다. 불을 약간 땐다고 해도 바람이 너무 불어 금방 방이 식었다. 조금만 많이 때면 자칫 아기가 데일 수도 있었다.

그렇잖아도 웃을 수만은 없는 에피소드 한 토막이 있다. 어느 날 옆집에 사시는 남상기씨 큰 부인이 오셨다. 그 분은 좋지 않은 병이 있어 눈썹이 없었다. 보기에 좀 뭣했지만 차마 내색은 못했다. 그 분이 아기를 보러 우리 집에 오셨다. "참 잘도 생겼다."고 하면서 당신 손으로 아기 이마를 쓰다듬으셨다. 순간 나는 가슴이 얼어붙는 듯하며 겁이 났지만 만류하지는 못했다. 그 손을 멈추게 하면 저 분의 서운한 감정이 독이 되어 어린 아기에게 좋지 못한 일이 일어날 경우를 생각해서 나는 담담하게 마음 속으로 기도만 드렸다.

그런데 이게 웬 일인가? 그 이튿날 아기의 오른쪽 발 복숭아 뼈 두드러진 부분이 마치 불에 덴 것 같이 방긋 물주머니가 맺혀 있었다. 나는 어리석은 생각에 그 분의 병이 옮겨 온 줄 알고 놀라서 훌쩍훌쩍 울기만 했다. 집선생님께서 왜 우느냐고 놀라셨다. 내가 아기의 상처를 보여드리니 집선생님께서는 갑자기 껄껄 웃으시면서, 방석이 짧아 아기 발이 방바닥에 닿은 곳이 덴 것이라고 위로하셨다. 나는 비로소 안도의 한숨을 내쉬었다. 남상기씨 부인이 아기의 이마를 만질 적에 내가 기도드렸다는 이야기를 했더니, 집선생님께서는 그런 생각은 오랜 신앙생활을 한 사람이라야 할 수 있는 일이라며 신통히 여기셨다.

당시 우리 집에서 조금 떨어진 곳에 5,6 가구가 살고 있었다. 그 가운데 경남 하동에서 이사온 강씨 댁이 있었다. 내가 우물에 물을 길러 갔더니 억지로 권하여 그 집으로 가니 늦은 아침상을 차려왔다. "애기 엄마가 왔다가 그냥 빈 입으로 가면 용마루가 운다."고 하신다. 그런데 잘 퍼지지 않은 올기 쌀(풋 나락을 훑어서 쪄서 찧은 쌀)밥에 손가락 보다 가는 빨간 고구마가 섞여 있었다. 반찬은 숭늉한 그릇과 무 잎사귀로 담근 물 백김치였다. 그 정성이 너무나 고마웠지만 나는 도저히 먹을 수 없어서 무척 난처했다.

암울했던 지난 인고의 세월을 우리 세대는 모두들 잘도 참고 견뎌냈다. 그런데 요즘 사람들은 너무나 살기 좋은 생활에도 불화를 자초하면서 가정이 파괴되고 주변 사람들에게 걱정을 끼치는 사례들이 있어서, 우리들의 마음을 몹시 아프게 하니 통탄스럽다. 물론 세대 차이도 있고 요즘 젊은이들의 사고방식이 우리들의 생각과는 달라 앞지르는 일도 있겠지만, 아무리 마음을 너그러이 생각해도 가슴 아픈 일들이 너무 많아서 정말 힘든 세상이다.

용화동에서 큰댁과 함께 살다

그 해 음력 동짓달 19일 용화동으로 또 이사를 해서 큰댁에서 함께 지냈다. 겨울 동안 지내면서 일어났던 많은 일들이 생각난다. 어느 날 형님께서는 막내딸 미사를 업고 전주 큰아드님께 가셨고, 나는 어린 조카들과 지내면서 저녁밥을 지으러 나갔다. 청솔가지

1948년 통천궁 앞에서 친우들과 함께

를 땔감으로 땠으니 시간이 많이 걸리고 힘이 들었다.

아기가 우니까 청음선생님(시숙)께서 안아주셨다. 내가 나중에 들어와 보니 이 일을 어쩌면 좋을까? 아기가 똥을 눈 것도 모르고 그냥 안고 계셔서, 그 어른의 하의가 말이 아니었다. 내가 죄송하고 난처했던 그 순간을 어찌 다 표현하리오? 일찍이 겪어보지 못했던 그 일이 오래 오래 내 기억에서 지울 수 없다. 그때 나의 난처함을 짐작하시고 담담하게 대해 주셨던 시숙님의 모습이 잊을 수 없다. 그 고귀하신 어른이 얼굴빛 하나 일그러지시지 않고 대해 주셨던 일은 내 마음 깊은 곳까지 스며든 듯했다.

추운 겨울에 형님과 같이 산에 가서 어렵게 청솔가지라도 마련해 돌아와도 배부르게 먹을 밥이 없다. 김치와 밥도 한 그릇 밖에……. 그나마 어린 조카들을 먹이고 나면 이제는 어른들 먹을 밥이 없었다. 한 겨울 짧은 낮에도 어쩌면 그렇게 배가 고플까? 이 즈음 내 첫 아이 영옥이가 며칠째 속 열이 나는데 땀도 나지 않고 보숭보숭하니 몸이 좋지 않았다. 그러던 어느 날 일찍 저녁밥을 지어 먹고 형님과 같이 청수 봉안을 한 다음 주문을 읽고 심고를 드렸다.

내가 심고를 드리다가 그릇에 약 같은 물이 있었는데 어린 아기가 발을 담그고 찰싹 찰싹 발버둥을 치니 약물이 발에 묻고 밖으로도 튀고 해서 한 방울도 남지 않는 형상을 보았다. 그런데도 나는 무심코 놋쇠 화로에다 아기 약을 데워서 어린애를 안고 약을 한 숟갈 떠서 먹이려는 찰라, 갑자기 아기가 발을 탁 튕겨서 약 그릇을 차버려 전부 쏟았다. 그 후 아기는 내열이 더욱 심하여 입술이 타고 여러 날을 보챘다.

그런데 청음 선생님의 꿈에 아기가 색깔이 있는 옷을 입은 모습이 보였단다. 옛날부터 어린 아기가 발병할 때 그런 꿈을 꾸면 낫기가 대단히 어렵다는 말이 전해온다는데……. 어쩐지 불길해져서 나는 나대로 애간장이 말랐다. 집선생님은 더 말할 필요도 없었지만…….

내가 머저리 같이 움직이지도 못한 채 그대로 앉아 기가 막혀 있자니, 형님께서 "아마 이 약이 이롭지 못하여 못 먹게 하나 보다."라고 말씀하셨다. 나는 문득 조금 전에 청수를 올린 일이 생각나서 집선생님께 말씀드렸더니, "옳아, 틀림없네. 천사님께서 이 약을 거두셨어. 그러니 주문이나 읽어야지. 같이 정성을 들여 보세."라 하셨다. 나도 그 말씀에 순응하고 마음을 모아 주문을 읽었다.

이튿날 자세히 알아보았더니 그 약이 '부자'가 든 약이었다. 만일 더운 것을 그대로 먹였더라면 아기가 큰일 날 뻔 했다. 다음날 봉남면까지 가서 새로 약을 지어다 달였다. 부글부글 끓는 약을 아이에게 급히 서너 숟가락 떠 먹였더니, 금방 뒷머리가 촉촉해지면서 잠이 들었다. 한숨을 재운 후 나머지 약을 알맞게 달여서 두 번이나 더 먹였더니, 아기가 몰라보게 회생되었다. 얼마나 신기한지 온 집안이 밝아졌다. 후일에 청음선생님은 교인들과 여담을 나누실 적에 꼭 이 말씀을 하시곤 했다. 부모님이든 동기간이든 대가족제도가 얼마나 든든하고 소중한지, 그리고 어른을 모시고 살아가는 일이 얼마나 소중하고 필요한지를 새삼 느낄 수 있었던 사건이었다.

물론 지금은 병원도 많고 여러 가지 편리한 점이 많아 그런 걱정은 안 해도 된다는 이도 있겠지만, 자고로 사람은 깊은 사랑과 정성과 우애로 맺어진 원근 친척과 동기간 그리고 이웃이 모두가 합하여 함께 살아야 인정이 넘쳐흐르는 따뜻함을 느낄 수 있지 않나라고 생각해본다. 새삼 옛 일이 사무치도록 그립고 소중하게 여겨져 다시 한번 음미하며 감상에 잠긴다.

돌이켜보면 배고프고 춥고 생활환경이 그렇게도 불편하던 지난날이 오히려 지금 사람들보다 진실하고 순박하며 때 묻지 않은 순수한 맛이 있었다. 문명이기는 발전하는 반면 인간의 내면적인 아름다움은 점차 사라져 버렸다고 볼 수 있다. 나도 모르게 아쉽다.

하룻밤을 지나고 새 아침이 밝아오면 집선생님은 아기가 얼마나 보고 싶으셨을까? 안방 문을 살며시 열어보다가 아기 큰어머니의 그림자가 창문에 어른거리면 얼른 미닫이를 닫으셨다. 그러시다가 형수씨가 문을 여시면 움칫 하시면서도 조심스럽게 들어오셨다. 들어와서도 아기에게는 손가락 하나 대어 보지도 못하고 멀찌감치 앉아서 혀를 차면서 아기를 얼러주셨다.

어쩌면 지난 세대의 어른들은 그렇게도 체면을 차리기에 급급하셨을까? 자기 생각을 그대로 표출하지 못하고 억제하면서 속마음은 아랑곳없이 남의 눈치만 살피고 사는 것을 미덕으로 알았던 그 시대의 어른들…… 정말 우러러 보아야 할지, 못났다고 해야 할지, 나는 잘 모르겠다.

원평을 거쳐 전주로 가다

이렇게 1950년 겨울을 큰댁에서 보내고 이듬해 3월에 원평 장성백(지금의 금산상업중고등학교 앞)으로 이사를 했다. 처음에는 집선생님께서 먼저 사랑채에 찾아오시는 분들을 만나러 가서 자취를 꽤 오래 하시다가, 한참 만에 내가 내려간 셈이다.

큰아이가 아직 돌도 지나지 않아 생후 7개월 반쯤 되었을 무렵 어느 날 저녁 한밤중에 아기가 갑자기 어디가 꽉 막혔는지 숨도 제대로 못 쉬고 파랗게 질려버렸다. 그때 건너 방에는 고봉주 선생과 또 한 분의 교인이 계셨다. 온 식구가 모두 모였다. 가랑잎 같이 사

41

그러져 가는 아이를 보고만 있을 수는 없었다.

마침 공주에서 온 홍양이 의사를 데리러 간다고 했지만 위험했다. 통행금지 시간이 해제되기 전에는 절대로 나가지 못했던 것이다. 그런데 고 선생님이 집선생님께 위급한 상황이니 의통(醫統)을 사용하면 어떠냐고 권하셨다. 위급한 상황이라 할 수 없이 실행했다. 천만의외로 아기의 숨이 통하고 얼굴에 다시 핏기가 돌았다. 어제 저녁밥 먹을 적에 아기가 달려드니 큰 어머니께서 배추 김치 줄기를 준 것이 매끄러우니까 꿀꺽 넘어갔나 보았다. 그것이 식도에 꼭 걸렸으니까 한바탕 난리가 났던 것이다. 잠시 후 피마자기름을 좀 먹였더니 아기가 설사를 해서 쏟아 버리니 괜찮았다.

당시 서울에서 피난왔던 교인 정윤조 선생은 나이가 70세가 넘으셨던 어른이었다. 부인은 안계셨고, 아드님은 다른 곳으로 갔고, 자부와 19세 되던 따님, 손자, 손녀 등 5인 가족이 얼마간 우리 식구와 함께 지냈다. 사람들의 성품이 좋고 조용해서 별로 어려움이 없었다. 작은 것도 나누어 먹고 서로 아끼고 큰 부담을 주지 않고 상부상조하며 지냈다. 그런데 식구가 많아 한 끼니에 쌀 한 말 밥을 지어야 했으니 반찬이 문제였다.

그런데 뜻밖의 걱정이 더 생겼다. 공주에서 온 처녀가 병이 걸렸다. 전염성이 높다는 장질부사였다. 그 처녀는 밤이면 몰래 나와서 우물의 냉수를 두레박으로 퍼먹고, 먹으면 해롭다는 음식을 더욱 먹으려 해서 큰일났다. 밤을 지새우며 지킨다 해도 어느 틈에 눈을 피해 밖으로 나갔다. 그 처녀가 머리는 풀어서 산발한 채 발악을 하면 누구든 놀라서 기겁을 했다. 식구도 한 두 사람이 아니고 시골이었으니 병원도 있으나마나 했고, 시국도 어지러운 때였으니 방도가 별로 없었다. 집선생님이 화제를 내어 한약을 지어다 달여 먹이고 지성껏 간호했더니, 천만다행으로 한 사람만 앓고 말아서 그저 감사할 따름이었다.

늦은 가을이 되자 피난왔던 분들도 모두 제각기 고향으로 돌아갔고, 우리는 전주로 이사를 갔다. 남부 노송동에 있던 부엌은 한데 부엌에 2칸 장방 하나를 그 때 돈 30만원에 세를 들었다. 때는 1951년 임진년이었다. 얼마나 식량난을 겪을 때였는지 전주 남문시장에 가도 곡식이 없었다. 콩도 메주콩은 없고 콩나물 콩 뿐이었다. 갈아서 죽을 쑤면 껍질만 많고 콩물이 얼마 나오지 않았다. 그래도 양분이 좀 많았기 때문에 날마다 콩죽을 쑬 수밖에 없었다.

그 때 배동찬 선생 가족은 원평에서 한 집에 살다가 용화동으로 이사하셨다. 배 선생님은 아들이 4형제였으니, 6인 가족이었다. 그 분은 단신으로 전주에서 포교하신다고 고생이 이만저만이 아니었다. 유석준 선생, 성조영 선생, 천만원, 한병수 제현들이 모두 배 선생님을 통해 도를 알게 된 분들이다. 후일에 이 분들이 교회 발전에 크게 이바지하셨다.

하루는 배선생님이 화장실에 다녀오신 모양인데 방에 들어가시더니 갑자기 "아이쿠, 죽겠다."라고 하셨다. 나는 그 때 25세 풋각시 시절이었다. 걱정은 하면서도 아무 말도 못했다. 저녁에 집선생님께 그 말씀을 드렸더니, "아아, 그 사람이 치질을 앓나? 그 병은 술과 콩이 극히 해로운데, 요즘 콩죽을 먹어서 그것이 성한 모양이로군." 하시면서 걱정이 태산과 같았다. 함께 마음이 아팠다. 그 시절은 정말 암울한 때였다.

하루는 신문에 다음과 같은 사건이 실릴 정도였다. 완산국민학교 교사가 생활고를 견디다 못해 하루 저녁에는 복면을 쓰고 어느 집에 침입하여 광에 들어가 쌀을 한 말 가량 퍼서 가지고 나오다가 주인에게 들켜 잡혔다. 집안이 소란스러워 모두들 잠을 깨고 보니 국민학교 5학년생이었던 집주인 막내아들의 담임선생님이었다. 하도 딱해서 그 쌀을 선생님에게 주어서 보냈단다. 그런데 이 무슨 불운일까? 그 선생님은 자기의 체면만 생각했을까? 집에 돌아가서 그만 세상을 하직해 버렸다고 했다.

그런 사연을 신문에서 본 후 집선생님은 결코 남의 일 같지 않다고 하시며 긴 한숨을 내쉬셨다. 평생을 단신으로 계시다가 부양가족이 있고 보니 걱정이 되는 모양이지만, 내 생각은 그 담임선생이라는 사람이 좀 딱해 보였다. 아무렴 옛말에 하늘이 무너져도 솟아날 구멍이 있다는데 설마하니 하고 나는 다시 기운을 냈다.

늦은 봄에 보리 1가마를 팔아다가 3두씩 두 번 찧어다 먹고, 남은 보리 4두를 시장에 가져갔더니 봄에 1가마 값이 되었다. 참으로 알 수 없는 것이 물가의 변동이었다. 불과 한 치 앞의 일도 모르고 살아가는 것이 인간사다. 쌀 1두에 6만 7천원, 미국에서 들어온 완두콩 1두에 3만원이었는데, 콩이 국산 콩 같지 않아 소-다를 조금 넣고 삶아야 무른다. 들리는 말에 의하면 양식이 있는 집도 맘대로 내 놓고 못 먹는다고 하니 진정 심각한 사태였다. 하지만 그래도 사람들은 산 입에 거미줄을 치지 않는다는 옛말처럼 모두들 고생을 하면서도 잘 살아갔다.

셋집 주인의 텃세

당시 우리가 세를 들어 있던 집은 주인댁까지 4가구가 살고 있었다. 모두가 전주부중에서 좀 떨어진 곳에 살던 분들이 난리를 피해 왔던 것이다. 주인댁은 무주 유진사댁의 따님이셨고, 젊은 시절에는 인근의 사돈집에 가는 편지는 모두 쓰곤 하셨던 분이라고 했다. 얼굴이 무섭게 생겼다고, '호랑이 할머니'로 불리고 있었다.

내가 이사를 가니 아래채방에 살던 고산면 부면장 부인이 이상한 눈짓을 했다. 나는 그때는 아무런 짐작도 못했다. 큰댁 형님이 청국장을 만들라고 메주콩과 밥미콩을 주신 것이 한데 섞여졌었는데, 그 분이 가려준다고 가지고 가셨다. 그 분은 출가한 따님이 한 집에 살았는데 딸이 여자 쌍둥이를 낳아서 쌍둥이 할머니로도 불렀다.

나중에서야 안 일이다. 아래채 부인이 콩 그릇을 그대로 가져가는데도 말도 못하고 눈치 없이 있던 나의 어리석음이 안타까우셨던 모양이었다. 옛말에 셋방살이는 시집살이라더니, 어쩔 수 없다 싶었다. 집주인이 세든 사람을 못 믿을 수는 있되, 세든 사람이 주인을 못 믿는 일은 좀 드문 일이라고 생각되었다. 그 방에 세를 들었던 분은 석 달을 넘기지 못한다고 귀 뜸을 해주었다.

그렇지만 나는 어렸을 적에 들었던 어머님 말씀이 떠올랐다. 천하의 불은 모두 뜨거운 법이다. 그렇겠지. 불이 뜨겁지, 그렇지 않은 불은 없겠지. 어디나 똑같다는 격언인가 싶다. 누가 집을 거저 주나? 내 집도 없는 사람이 어딘들 어쩌랴 하고, 꾹 참고 그곳에서 1년 반을 살았다.

우리 집에는 교인들이 많이 방문했다. 또 노트정리가 미진한 학생들도 간혹 찾아왔다. 그 곳은 높은 지대여서 봄에 나뭇잎에 물이 오를 때면 우물에 물이 말라 어려움이 많았다. 우물가에 큰 살구나무가 있어서 그런 모양이었다. 그런데 우물가 앞집이 시 의원 댁이었는데, 식구도 적고 물이 풍족해서 그 댁의 호의로 물을 길러 먹고 빨래도 할 수 있었다. 그러니 아침에 일찍 일어나서 청수만 길러오면 종일 물을 쓰지 않았다. 깊은 우물에 두레박을 넣어서 길러 올리기 전에 딴 방에 사는 분들이 또 두레박을 넣으면 어쩔 수 없이 처음에 긴는 그 물 한 두레박만 길러 올 수밖에 없었다. 믿음의 햇수가 길지 않고 세상 물정을 잘 몰라서 그랬던지 적어도 내 생각엔 그럴 수밖에 없었다.

그런데 집주인이 앞집에서 물을 얻어 오는 것을 그냥 방관하지 않았다. 사사건건 시비를 걸었다. 당신네 손녀딸이 둘이었는데 번갈아 어질러 놓은 것과 똥을 눈 것도, 그 애들 보다 두 살이나 아래였던 우리 아기의 허물로 돌리곤 했다. 앞집 부인이 우리하고도 싸워서 말을 안하고 지내는데, 우리 집에서 물을 길어가니 더욱 그런 것이란다. 정말 속수무책이었다. 하루하루 지내는 일이 고통스러웠다. 나중에 알고 보니 '히스테리 환자'라고 했다. 바깥 분은 개화교육을 받으신 분이었는데, 자식 남매를 낳은 후 이혼을 했단다.

그 부인은 꽤 좋은 집에 살면서 하숙생을 치르고 있었다. 딸은 출가했어도 친정살이를 하고 사위는 농협에 다녔다. 또 아들은 당시 전주고 재학생이었는데, 아주 똑똑한 학생이었다. 말은 하지 않아도 자기 어머니가 도에 넘친 거친 잔소리를 할 때마다 얼굴빛이 안 좋고 무언중에 미안함을 감추지 못했다. 그럴 때 마다 나는 아무 말 없이 넘기곤 해서 큰 허물없이 셋방살이를 마치고, 비록 옛날 집이긴 했지만 4칸 겹집에다 옆에 채전 밭도 50평 정도 딸린 집을 마련했다.

친정부모님의 방문

우리가 셋방에 살 때 친정아버님이 이 못난 여식을 보고자 천리 길을 오셨었다. 아버님의 마음이 얼마나 아프셨을까? 아마 어머님의 가슴 맺힌 한탄에 못 이겨 오셨으리라. 벌써 시집간 지 5년이란 세월이 지났으니, 살아있으나 죽은 자식 만나듯 서글프셨겠지. 자신이 원해서 이루어진 일이니 그 결과야 좋든 나쁘든 후회는 안하셨겠지만, 친정아버님은 내가 불쌍해서 무거운 말문을 여셨다. "아무튼 이렇게 살아있으니 천만다행이고, 더욱이 은총이 내려 일점혈육도 없는 남주(南舟)에게 이렇게 청순한 아들을 안겼으니 이제 여한이 없다."고 말씀하시며, 외손자에게 시 한수를 읊어주셨는데 수도 없이 다니는 이사와 나의 부주의로 인해 제대로 간수하지 못한 일이 못내 아쉽다.

당시 친정아버님은 그 때 벌써 71세셨다. 그 먼 길을 오셨는데 "얼굴을 보았으니, 이제 걱정을 놓으셨다."고 말하시고는 겨우 이틀 밤을 쉬고 그냥 떠나셨다. 나는 떠나시기 전날 고기 반근을 사왔다. 가시는 날 아침에 국을 끓였다. 흙풍로에다 장작 3쪽으로 불을 지펴 자그마한 솥에다 끓였는데 장작 한 까챙이가 먼저 타버리니까 솥이 기울어져서 그만 국이 쏟아져버렸다. 얼마나 놀랐는지…… 다행히 아버님 국은 먼저 떠서 진지 상을 들여간 뒤였다.

내가 놀라는 소리에 문을 열어 보신 아버님은 "아가, 마음을 편안히 가져라. 나를 위해 사온 고기고 내 국을 먼저 올렸으니 그것만도 다행이 아니냐?"라고 하셨다. 그렇다. 나는 아쉬움을 참고 견뎠다. 아버님을 전송하고 난 후, 얼마나 내 신세가 처량한 지 한없이 울어도 그칠 줄 몰랐다. 정말 많이도 울었다.

그 후 우리 집은 노송동 171 - 26번지에 있던 구 가옥으로 이사했다. 셋방이 아닌 내 집을 마련한 뒤에 친정어머님이 오셔서 얼마나 다행스러운지, 감사할 따름이었다. 어머님께서는 그 머나먼 길에 강원도 특유의 엿과 몇몇 해산물을 사가지고 오셨다. 시집온 지 무려 6년 만에 뵈었던 어머님. 더군다나 사상 유례없는 큰 난리를 겪은 뒤였으니, 그 감개무량함은 비할 바가 없었다. 어머님은 큰 아이 돌인 음력 9월 18일을 지내고 고향으로 떠나셨다. 그렇게도 마음 속으로 반대했던 딸의 혼인이었는데, 부모 자식간의 인연은 참으로 끊을 수 없는 것인가 보다. 큰 아이 돌맞이 사진을 보내드린 것이 위안이 되셨나 보다. 아버님이 오셨을 적 보다는 다소 생활이 안정된 듯하여 보시기에 처량하지 않았으리라 생각하니 마음이 놓였다.

그런데 큰 아이가 몸이 약해서 병이 자주 났다. 특히 편도선이 부어서 열이 높이 오르고 간혹 경기를 일으켰다. 병이 날 때 마다 아픈 아기 보다 이지러지는 집선생님의 얼굴을 가만히 바라볼 적마다 내 온몸에 힘이 빠져 견딜 수 없었다. 그럴 때마다 집선생님께서는 '가장이 젊었으면 이렇게 딱하지는 않았겠지……'라며 한탄하셨다.

충북 음성에 사시던 홍 선생이란 분께서 아기들 경기하는데 좋은 가루약을 소포로 오랫동안 부쳐주었다. 아이가 나가서 놀다가도 약을 먹을 때 쯤 해서 "약 먹어야지."하고 틀림없이 들어왔다. 집선생님은 그 모양이 대견해서 어쩔 줄 모르게 감탄하셨다. 무척 신기했던가 보다.

다행히 시국이 안정됨에 따라 교세도 차차 번창해 갔다. 교회에 행사가 있을 때면 타 지방 교인들은 행사가 있기 2일 전에 미리 전주로 왔다. 그리고 행사가 끝나면 귀로에 또 우리 집에 들르곤 했다. 1952년 임진년에는 상제님의 영정을 개사하는 큰일을 했다.

내가 시집온 후 처음으로 조금은 안정된 생활을 한 셈이었다. 이듬해 설을 지내고 나서 몸이 좀 이상하더니, 둘째가 들어섰다. 집선생님은 잘 모르신 채 전주 기린봉 아래로 수련하러 떠나셨다. 이빈연 선생이 입공치성 장을 보고, 무명옷 한 벌을 새로 지어 입고 입산하셨다. 수련기간은 백일로 정하셨다. 집선생님께서 난리 중에 수련을 못하셔서 걱정하셨는데, 드디어 마음을 정하게 되어 다행스러웠다.

안정된 마음으로 수련을 잘 마치고 오시면 했는데 그때 거제도에 수용된 포로인사들과 6.25 당시 강제로 납치된 저명인사들의 교환이 있다는 소문이 돌아, 집선생님은 친동생 이순탁씨를 찾기 위해 수련공부 백일을 2주일가량 남기고 하산하였다. 그래도 집선생님께서는 오랜만에 수련을 하여 심신 안정에 아주 유익했다고 말씀하셨다. 그런데 포로 교환설은 말 뿐이었고, 실천에 옮겨지지 못해서 유감이었다.

그 해는 유난히 덥고 비도 오지 않아 가뭄이 극심했다. 더욱이 가을 김장 채소는 이름 모를 병으로 전멸이다시피 했다. 요행히 우리는 집 옆 텃밭에 심은 배추에 매일 물을 주어 길렀다. 내가 남산같이 부른 배를 해 가지고 조카딸 순옥이(청음선생님의 따님. 당시 전주여고 재학생이었음)와 열심히 물을 준 덕분에 유일하게 푸른 배춧잎을 본다고 지나가던 사람들이 감탄했다. 앞집에 살던 전주농고 선생님이 오갈병은 땅을 약간 파주면서 물을 자주 주는 도리 밖에 없다고 하셨다.

예전에는 지금보다도 김장을 조금 일찍 했다. 전주 장안 사람들은 생활이 어려운 분들은 김장을 감히 생각도 못했고, 그나마 형편이 좀 나은 분들은 경상도 특히 안동지방에서 나온 배추를 사왔는데 몹시 비쌌다. 우리 집 배추는 모두 5동이 가량 되었다. 용화동 큰댁에도 시골이지만 전혀 배추가 자라지 않아 동지치성에 올리고 시숙님 상에도 올리시라고 몇 포기를 보냈다.

훗날 형님께서 "그때 자네가 공연히 김치를 보내서, 산에 있는 경비대원들에게 인심만 잃었다네."라고 하셨다. 당시에는 모악산에 빨치산들이 남아있을 때라 보초를 서는 초소가 있었다. 그 사람들이 너무 고생을 하니까 교회에서 치성을 드리고 난 다음 밥이라도 한 끼 대접했는데, 김치가 너무 귀하니 그것만 찾았다고 했다. 김치가 더 이상 없다고 해도 믿어주지 않았단다. 아마 내가 지금껏 살아오는 동안 최대의 배추 흉년이었으리라.

둘째 아이 출산

이제 김장도 끝냈고, 나는 출산만 기다렸다. 사람의 욕망은 끝이 없나보다. 지금 같으면 딸을 더 원했어야 할 터인데 내가 "둘째도 아들이면, 아파도 조금은 든든하지 않을까요?"라고 무심코 말했더니, 집선생님이 대뜸 "그런 도둑사람이 어디 있단 말이냐?"고 반문하셨다. 내가 깜짝 놀라니까, 집선생님께서 "아니, 임자도 좀 생각해 보라고, 영옥이만 해도 감지덕지한데. 또 아들을 점지해 달라니. 그것이 바로 도둑마음이 아니겠냐?"고 하시며 웃으셨다.

드디어 1953년 음력 10월 23일 아침 6시 20분에 나는 둘째 아들을 순산했다. 큰 질부(청음선생님의 큰 자부)가 간호사 출신이어서 조산(助産)을 해주었다. 그 때 내 나이가 27세였다. 하늘은 티없이 맑고 끝없이 높기만 했고, 가을 추수도 끝이 난 가절(佳節)이었기에 내가 얼마나 행복에 젖었는지⋯⋯ 지금 생각해도 가슴이 따뜻해지는 듯하다.

내가 첫 아이를 낳고 너무 고생하며 몸조리도 못해서 병만 났다고 집선생님은 둘째 아이를 해산한 후에는 시중드는 사람도 구해주고 약도 지어다 손수 달여 주시기도 했다. 이웃 분들도 내가 둘째 아들을 낳았다는 것을 알고는 이구동성으로 "정말 잘 하셨지. 삼신(三神)님께서 알고 점지하셨다."고 찬사를 보내 주었다.

여전히 손님들은 자주 오시고 항상 내 손끝에 물이 마를 때도 없었지만, 나는 집선생님을 받들면서 아들 형제를 잘 기르는 데만 모든 정성을 쏟았다. 큰아이는 어찌나 어른스러운지 사랑방에서 아버지와 조용히 지내면서 옥편에 그려진 그림을 낱낱이 가리키면서 내게 설명해 달라고 했다. 내가 바빠서 미처 대답을 못하면, 큰아이가 "어머니인데 왜 모르느냐?"고 반문했다. 큰아이는 내가 옛날 현인들의 짤막한 일화를 들려주면 잘 들어두었다가, 다른 사람에게 곧잘 이야기해 주었다. 그러면 어른들도 신기하게 들었을 정도였다.

『대순전경』, 『대순철학』의 출판비

1949년 음력 동지절 4~5일 후 배동찬 선생이 흰 저고리가 회색이 되고 회색 바지가 빛이 바랜 검은 색이 되고 수염은 길어서 몰골이 초라한 채로 서울 도화동에 있던 대법사(大法社) 연락소로 오셨다.

그렇지 않아도 우리 교단이 창립된 이후 배동찬 선생이 치성에 빠진 일이 없었는데, 무슨 일인가 하시며 집선생님은 동지 치성 이틀 전에 본부에 내려가셨다. 때마침 용화동에서는 성전(聖殿) 건립에 힘을 기울이고 있을 때였다.

서울 대법사 연락소에서는 8.15 해방을 맞아 이제 마음놓고 포교에 전념하려고 『대순전경』 3판과 『대순철학』 초판을 각각 5천부씩 출판했다. 바로 그 출판기금을 배 선생님이 주선했다. 내용인즉 배 선생님이 안동에 살던 조극규씨를 포교했고, 조극규씨를 통해 의성 오씨 집안의 미망인 김옥향(金玉鄕) 여사의 돈을 빌려 출자했

1956년 남주 선생님과 경기도 교인들. 남주 선생 뒷편 오른쪽이 이의각, 왼쪽이 배동찬 선생

는데, 이 과정에 그 고장 암자에 있던 하선화(河善花) 여사가 종용을 한 모양이었다.

집선생님이 동지 치성을 모시기 위해 용화동으로 내려가시기 3~4일 전에 갑자기 우리 집에 김옥향 여사의 남동생 2명, 여동생 1명, 하선화 여사, 그 분의 몸종 등 모두 6명이 찾아오셨다.

집선생님은 원래 말씀이 적은 분이셨으니, 아무 말도 없이 교본부로 가셨고, 그 후에 배동찬 선생님이 오셨다. 어느 날 아침 갑자기 소동이 일어났다. 그렇지 않아도 각 고장마다 음식도 다르고 사람마다 식성도 다른데다가, 내가 아직 풋각시여서 만사가 서툴렀고 날만 새면 손님 치르기에 급급한 처지였기에, 밥상을 차려 가면 손님들은 옆방 조극규 선생 방에 모여서 수군수군 이야기하시느라 밥은 식어버렸고 갖은 애를 써야 했다. (그 당시 조 선생님의 가족 7명도 서울 뚝섬에 마련한 집 사정이 여의치 않아, 잠시 우리 집의 방 하나를 빌려 살고 있었음)

한참 후 김옥향 여사는 "명딸(몸종)아, 두부 사오너라."라고 심부름시켜서 두부를 삶고 썰어 양념장에 찍어 드셨다. 그런 요리법이 나에게는 익숙하지 않아서 여간 곤욕스럽지 않았다. "빚진 사람이 죄인이다."란 말을 되새기면서 나는 부엌으로 들어와 행주치마로 눈물을 찍어내면서 한숨지었다.

배동찬 선생님이 오신 뒤에 일어난 소동은 하선화씨가 큰 소리를 지르면서 "여관으로 가야겠으니, 비용을 내놓으라."는 호령 때문에 일어났다. 그때 평양이 고향인 양재오(梁在五) 선생님도 나와 보셨다. 그 분은 70세가 넘었지만 학식이 있으셨고 특히 신심이 돈독했던 분이셨다. 모두들 마당에 나와서 웅성웅성 야단들이었다.

정의롭고 의협심이 강했던 배동찬 선생이 참다못해 "사람이 사람을 볶아대도 분수가 있지. 살을 깎는 것은 참을 수 있지만, 어쩌면 이렇게 뼈를 깎는 아픔을 줄 수가 있느냐?"고 분개하셨다.

당시 배 선생님은 경북 봉화, 영주 등지에서 포교하면서 수련하다가 좌익분자로 의심받아 3개월간이나 구류를 당했다가 막 풀려나온 형편이었다. 고향의 식구들도 굶고 있을 처지였으니, 상상만 해도 가슴이 아플 지경이었다. 그런데 이런 고초를 겪어 악이 바쳤던 모양이다.

그러나 어찌하리. 점점 양쪽이 흥분해서 이제는 막다른 골목에 이르렀다. 부엌에서 그 소동을 바라보던 내 몸은 사시나무 떨 듯했고, 정신이 아찔했다. 잠시 눈을 감고 마음을 가다듬었다. 햇수로 3년 가까이 신앙하다 보니 조금은 여유가 생겼던 것이다.

나는 마당으로 나가서 하선화 여사의 손목을 잡으며 매달려 애원했다. 문득 어려서 듣던 어머님의 말씀이 생각났다. "후일에 다시 볼 나무는 걸기를 높이 빈다고 하지 않습니까? 모든 잘못을 용서하세요. 집선생님은 원래 말씀이 적으신 분이라서, 돈을 마련해 보겠다는 말씀도 채 못하고 가셨습니다. 부디 허물을 너그러이 용서하시고, 집선생님이 오시는 날까지 며칠만 더 기다려 주십시오. 만일 그때도 아무 대책이 없다면 어떠한 조처라도 달게 받아야겠지요."라고 말하며 눈물겹게 빌고 또 빌었다.

별안간 그 분이 호탕한 헛웃음을 소리 높여 웃으면서, 내 손을 정답게 잡고 방으로 들어가셨다. 희한한 일이었다. 이럴 수가, 나는 움찔 놀랐다. 사태는 급변했다. 배 선생님도 믿어지지 않는 일이라는 듯 잠시동안 아무 말이 없으셨다. 모두가 일단은 마음을 놓고 저녁식사를 했다. 어떠한 긴박한 상황 속에서도 인간은 먹어야 하니까……. 나는 안도의 한숨을 내쉬고 가슴을 쓰다듬었다.

그로부터 2~3일 후 기적이 일어났다. 밤 10시가 넘어서 대문이 요란했다. 나가보았더니 기다리던 집선생님이 오셨다. 그런데 집선생님 옆에 또 한 분이 계셨다. 지금도 그 분만 생각하면 눈물이 앞을 가리고 그 인자한 모습이 아롱거린다.

평택에서 사시던 원제철(元濟喆) 선생님이었다. 내가 갓 시집와서 얼마 되지 않았을 때 200리나 떨어진 먼 곳 서울까지 식량과 메주를 대어 주셨던 분이셨다. 원 선생님의 아버님은 보천교(普天敎) 당시부터 상제님을 신앙하던 분이셨다. 그 분이 "남주 선생이 새 장가를 들어 이제 신접살림을 차렸으니, 이런 경사가 어디 있겠느냐?"며 반겨주었다는 말은 이 목숨이 다 하는 날까지 잊을 수 없을 듯하다.

바로 그 원제철 선생님과 집선생님께서 함께 오셨던 것이다. 두 분은 각기 당시 군인들이 밥통을 넣고 다니는 국방색으로 된 두터운 4각 가방이 팽팽할 정도로 담겨 있는 보따리를 안고 계셨다. 방에 들어오신 두 분은 그제야 "후유―" 하고 긴 숨을 내쉰다.

집선생님께서 배동찬 선생을 보고 마치 자애로운 부모가 먼 곳에 갔던 자식을 다시 만난 듯 얼마나 반기시던지 모두의 눈가에 이슬이 맺혔다. 그럴 수밖에…… 피골이 상접한 제자의 모습이 뼈 속 깊이 파고드는 아픔으로 다가왔을 것이었다.

늦은 식사를 마친 후 집선생님은 하선화, 김옥향 두 여사님을 뵙고 늦어서 미안하다고 하시면서 40만원을 건네주셨다. 뒤에 들은 즉 집선생님이 용화동에 갔더니, 청음 선생님께서는 교인들에게 "어찌 되었든 성전 건립기금 조달에 총력을 기울이라."고 독려하시더란다. 그래서 감히 책 출판비용에 관한 이야기는 꺼내지도 못했다.

그런데 원제철 선생님이 집선생님의 사정을 눈치채시고, 치성 후에 평택 감나무골에 있던 산중 논이지만 문전옥답인 1등 논 4 마지기를 서슴없이 팔아서 내놓았단다. 의외로 싼 값에 내놓았기에 손쉽게 팔렸던 모양이었다. 정말 보통 신심이 아니었다. 지금 생각해도 그때 원제철 선생님은 우리 집선생님의 구세주였다. 그런데 그 후 채권자였던 김옥향 여사의 남동생 두 사람이 그 돈으로 배추 장사를 시작했다가 한 푼도 남김없이 날려버렸다는 후문이 들렸다.

이듬해 여름에 6.25 사변이 일어났다. 지금의 법종교(그때는 선불교(仙佛教)라고 불렀음)에서 "혈통줄을 바로잡으라."는 상제님의 말씀을 적극적으로 인용하고 선전하여, 배동찬 선생님의 연비 160여 명이 집단으로 법종교로 신로(信路)를 바꾸어버렸다.

그런데 이들은 몇 해 후 법종교 대표 김병철(金炳徹) 선생님의 아들 김삼일(金三一)씨가 새로 교단을 세우자 또다시 집단으로 신로를 바꾸었다. 어느 날 내가 병이 나서 누워있을 때 그분들 가운데 몇몇 사람이 금산사를 다녀온 길에 우리 용화도장에 한번 들린 일이 기억난다. 교단의 흐름이나 인간의 삶이란 참으로 예측할 수 없는 숨바꼭질 같다.

나는 가끔 고통스럽고 괴로운 일이 있어서 견디기 어렵거나 억울하고 힘들 때는, 6.25 사변 전후의 일들을 생각하면서 인내하고 살아야지 하고 몇 번이나 다짐한다. 하지만 그런 마음은 잠깐이고 여전히 화가 나고 푸념을 하곤 한다.

오히려 풋각시 시절에 잘 참고 살아온 듯하다. 그때는 부모형제들과 함께 따뜻한 사랑을 받고 자라 세상 물정도 모르고 순진하게 성장했던 탓으로 평화로운 마음이 몸에 배어 있었던가 싶다.

세월이 지남에 따라 점차 신앙심은 깊어간 반면 한편으로는 어지러운 삶의 고통이 나에게 엄습해 오기 시작했다. 예고도 없는 운명의 드라마가 전개되어 갔다.

원제철(元濟哲) 선생

나는 원제철 선생님을 가끔 생각할 때가 있다. 원 선생님은 원래 고귀한 인품의 소유자였으며, 한번 바라다보기만 해도 호인다운 느낌을 주는 분이었다. 1947년 내가 시집가서 처음으로 뵈었던 지방교인 간부셨다. 원 선생님은 평택에서도 산골인 감나무골 인근에 사셨는데, 그 일대에서는 널리 알려진 훌륭한 가문 출신이셨다. 그리고 원 선생님의 아버님은 보천교의 충실한 교인이셨다고 한다. 그러니 그 분의 지극한 신앙심이야 재론할 필요가 없을 정도였다.

원제철 선생님은 직접 농사지은 쌀을 200리 길을 마다않고 기차에 싣고 갖다 주셨다. 그리고 간혹 메주도 쑤어주었다.

원 선생님의 부친께서는 "세상을 살다보니 희한한 일도 있네. 천도(天道)가 무심치 않아서 남주 선생이 새 장가를 들어 살림을 시작하다니, 이런 경사가 어디 있으랴?"라 하시면서, 이 모두가 상제님의 거룩하신 은혜라고 반기셨다고 한다. 그 이야기는 나의 어린 마음을 찡하게 울려 주었다.

그렇게 연로하신 어른들이 모든 것을 다 바쳐 믿어오면서 말로서는 표현하지 못할 엄청난 고초를 겪었지만, 후회없고 변함없는 마음을 가지고 계셨다. 그런 사실이야말로 나의 마음을 조금씩 신앙의 길로 인도해 갔다. 그 어떤 설교보다도 더 영향을 끼치며……

또 하나 생각나는 일은 원제철 선생님이 자손을 두지 못했다는 점이다. 딸 하나도 못 두어, 당질을 양자로 삼으셨다. 그런 원 선생님께서 남주 선생님의 첫 아들이 출생했다는 소식을 듣고, 부처님 같이 만면에 흡족한 웃음을 띠면서 반겼던 모습을 정녕 잊을 수가 없다.

마침 우리 큰아들 생일이 대순절 전 날이어서 대순절 치성 때마다 어김없이 아기 생일잔치를 함께 차릴 수 있었다. 원제철 선생님은 깨끗한 진솔 두루마기를 걸으시고 조끼 속주머니에서 고급 과자를 내어 우리 큰아이에게 주셨다. 그때는 비싼 과자였던 '구리 요깡'과 '쵸코렛' 이 두 가지는 꼭 사다주셨다.

평소 집선생님은 나들이하거나 집에서 군것질을 하지 않으셨고, 아이에게도 그렇게 가르쳤다. 그러니 큰아이는 원 선생님으로부터 너무나도 과분한 사랑을 받은 셈이었다. 가정생활이 어렵게 느껴졌고 가족들과의 사랑에 별로 익숙하지 못했던 남주 선생님은 더더욱 마음 속으로 원제철 선생님의 속 깊은 사랑을 고맙게 여겼으리라 믿는다.

원 선생님의 업적은 이 책 52쪽 〈『대순전경』, 『대순철학』의 출판비〉에서 언급한 바와 같다. 그 분은 순수한 마음과 인격을 지니셨고, 그야말로 하늘을 우러러 한 점의 부끄러움도 없었던 분이라고 생각한다. 그 누구라도 가식없이 한결같은 마음으로 대하셨던 분, 불의한 말은 한 마디도 못하시는 그런 분이셨다. 나처럼 모자람이 많은 사람의 소견으로는 그 선생님의 인격 전부를 다른 사람에게 알리기가 역부족일 따름이다.

내가 철이 든 후로 아버님, 어머님, 이외의 분으로 존경하는 어른 가운데 원제철 선생님은 으뜸이라 하겠다. 평소에 내가 그런 생

각을 가지고 있어서였든지 원 선생님은 타계하시기 전에 큰댁형님
과 내 꿈에 한 날 한 시에 똑같이 현몽하셨다. 꿈 내용은 "원 선생님
께서 도복(道服)을 입고 허리 높이 띠를 매시고 큰 갓을 쓰시고 다
른 두 분과 함께 산으로 올라가시는 뒷모습을 그윽하게 바라본 것"
이었다. 그 꿈을 꾼 지 불과 얼마 안되어 원 선생님의 부음(訃音)을
받았다. 내가 얼마나 슬프게 울었던지, 문칸방에 살던 박지원(朴芝
遠) 선생(집선생님께서 타계하신 후 집안이 너무 호젓해서 국민학교 교사
내외가 함께 살았음)은 내가 친정어머니의 부고를 받은 줄 알았다고
생각했을 정도였다. 1966년 병오년에 청음 대종사님께서 선화하
시고, 1968년 무신년에 는 남주 종사님께서 유명을 달리 하셨고,
그 이듬해에는 원제철 선생님마저 선화하셨으니 어쩌면 꿈이 그렇
게 신기하게 맞췄는지…….

나는 원제철 선생님께서 하늘나라 천상공정(天上公庭)에서도
두 분 종사님들과 함께 교단을 보살피는 일을 보고 계시리라고 믿
는다. 그러므로 나는 혹시라도 교중에 잘못되는 일이 있을지라도
잠시는 고통스럽지만 결과는 잘 풀려나갈 것을 확신한다. 한때 청
음 선생님 생존시에 종사(宗師) 직위 다음에 사성(司成)이 두 분이
있었는데, 집선생님과 원제철 선생님이 맡으셨다.

이 외에도 원 선생님에 대한 일화 한 가지가 더 생각난다. 청음
대종사께서 생각하지도 않았던 만득(晩得) 아들을 두게 되었다. 원
제철 선생님과 고봉주(高鳳柱) 선생님 두 분이 청음 대종사님께 득
남(得男) 축하인사를 가서서 "종사(宗師) 선생님, 축하드립니다."하
고 예를 드렸다. 그러자 청음 선생님께서 옆으로 썩 돌아서시며

"흠, 어흠, 무슨 소리를……"라 하시며 홍안이 되는 품이 소년같은 수줍음을 감추지 못하여 오히려 인사드리러 갔던 두 분이 송구스럽고 웃음을 참을 수 없어서 동시에 밖으로 뛰쳐나와 박장대소했다고 후일에 술회하셨다.

나는 집선생님으로부터 이 이야기를 듣고 웃음이 나오기보다는 오히려 마음 속에 알지 못할 슬픔이 밀려왔다. 새로 태어난 조카가 안타까웠다. 아버지와 어머니가 모두 연로하시니까……. 남의 일 같지만 않고 나도 연관되는 일이라서 더욱 마음이 아팠다.

원제철 선생님께서 어느 해 봄날 수련을 열심히 하셨을 때, 봄볕이 화사하게 비춰던 때였다. 원 선생님의 미간에 동전만한 붉은 기운이 점같이 나타난 적이 있었다. 이를 처음 발견한 사람은 아마 배동찬 선생님이셨던 것으로 기억된다. 배 선생님이 갑자기 "오호라, 여기 도통군자(道通君子)가 나셨다."고 큰 소리로 외치는 통에 수련생 일동이 "와 - 아"하고 모여들었다. 정작 원 선생님은 거울을 보지 않았으니, 당황할 수밖에 없었다. 그렇지 않아도 점잖고 인자하시기만 하셨던 분이셨으니, 어찌 할 바를 모르셨다. 그런데 그 반점이 수련이 끝난 후에 비로소 사그러들었다. 사람들은 마음이 정직하고 거짓이 없는 분이라는 상징의 표시로 나타난 반점이라고 말하였다.

한편 원 선생님께서 그렇게도 사랑하셨던 양아드님은 지금은 이 곳 용화도장을 잊고 있는지, 혹은 마음 속에는 잊지 않고 있지만 시간이 허락하지 않아 한번도 발걸음도 없는지 궁금하고, 왠지 모르게 내 마음에 지금도 앙금처럼 남아있다. 용화도장의 승광사(承

光祠)에 계시는 수많은 영령들은 자신의 후손들이 찾아줄 것을 그 얼마나 고대하고 있을까? 사람이 살아가면서 가깝게 접할 수 있고 일상생활에서 평범하고 쉽게 실천할 수 있는 증산교 교리를 많은 젊은이들이 귀기울여 주었으면 하는 마음, 간절하다.

임경호(林敬鎬) 선생

동화교 창립 당시에 청음(靑陰)·남주(南舟) 두 분 선생님과 함께 한 동지 중에는 훌륭한 어른들이 많았다. 그 중에 특히 『대순전경』의 표제를 쓰신 임경호 선생님을 꼽을 수 있다. 그 분은 독립운동을 하셨으며 중국에 망명생활도 했었고, 일정 때 조선총독부의 고위 관리와도 잘 알고 있었으며 성품이 호탕하신 호걸이셨다.

임경호 선생님의 부인은 내가 1947년 정해년에 서울로 시집갔을 때 처음으로 만났던 적이 있었다. 서로 인사를 나누고 난 후 "이 선생님은 마음씨가 고운 어른이셔서 하느님의 은총이 내려 새 장가를 들어서 새 세상을 보시는데, 우리 집 선생님은 옥살이하다가 병이 나서 보석이 되었지만, 고생만 하시다가 그만 타계하셨다."라고 말하면서 눈물을 금치 못했다.

그 임 선생님께서 동화교 창립 당시에 심부름하던 아이를 데리고 용화동에서 자취생활을 하실 때의 이야기라고 한다. 한번은 임 선생님께서 남주 선생님께 갑자기 "그 사람(제주도에서 온 동지를 가리킴. 가족과 함께 있었음) 아주 못쓰겠어. 나쁜 사람이여"라고 말씀하셨단다. 이에 남주 선생님께서 "어째서요?"라고 물었더니, 임 선생님께서 "아, 글쎄, 쌀을 세 말이나 말도 없이 퍼 갔어."라고 말씀하시며, 그 사람을 도둑이라고 부르며 화를 내셨다고 한다.

다시 남주 선생님이 "아, 그것은 그럴 수밖에요."라고 대답하자, 임선생님이 "아니 그게 무슨 소리요?"라고 반문했다. 남주 선생님이 "글쎄, 형님도 한번 생각해 보십시오. 고향으로 포교하러 나가면 상당한 시일이 걸릴 텐데, 형께 말씀드리면 쌀을 불과 댓되(다섯 되) 정도만 주실 테니, 죽을 쑤어먹어도 얼마 가지 않을 것 같아서 기왕이면 돌아올 때까지 식구들이 연명을 해야 하겠으니까 그랬을 겁니다."라고 해명해 드렸다고 한다. 그 말씀을 들은 임경호 선생님은 수긍이 갔는지 분노가 가라앉은 듯했다고 한다.

그 후 임경호 선생은 서울 본댁에 가 계셨다. 몇 년이 지난 어느 겨울날, 방은 삼척 냉골이고 양식이나 나무도 없었을 때였다고 한다. 쌀을 몰래 가져갔던 그 제주도 교인이 어느 날 갑자기 임 선생님께 나타났다. 그는 방 안을 한번 휘 둘러보고 나가더니, 이윽고 설렁탕 네 그릇을 사들고 들어와서 "선생님, 우선 이 더운 국물로 속을 좀 녹이십시오."라고 말하고 나가더란다. 얼마 후에 그 사람이 백미 2가마와 나무 3평을 마차에 싣고 돌아왔다.

뒷날 임경호 선생님이 남주 선생님을 만나서 "남주는 어진 사람이여."라고 하시면서 "그 사람이 쌀 세 말을 퍼갔을 적에 도둑이라고 책망하고 야단을 쳤으면 원수가 졌을 텐데, 남주의 말을 듣고 내가 눈을 딱 감아 버렸더니, 그 사람이 감지덕지하고 고맙게 생각했든지 마음 속에 내내 간직했다가 내가 어려울 때 그렇게 은혜를 보답했던 게야."라고 말씀하셨다고 한다.

나는 그처럼 아름다운 미담을 듣고 감탄했다. "하루를 참으면 백날이 편하다."는 말이 생각났다. 이처럼 말과 행동은 일순간의 실수로 영원히 돌이킬 수 없는 큰 원한을 사는 수도 있고, 또 잠시 동안 고통스러운 일이 있을지라도 슬기롭게 참고 견뎌 나가면 오래도록 상대방의 기억 속에 남는 아름다운 추억이 될 수도 있다는 사실을 다시 한번 되새겨 보았다.

조학구(趙鶴九) 선생

조학구 선생님도 동화교(東華敎) 창립 동지이시다. 포교에는 그 누구도 따라갈 수 없는 기막힌 재주와 능력을 지닌 분이라고 전한다. 조 선생님이 한번 지방으로 포교를 나가시면 거의 두 서너 달이 지나서야 돌아오는 경우가 많았다고 한다.

옛날이었으니 교통도 무척 불편했을 테고, 누가 오라고 해서 간 일도 아니었으며, 오직 개척정신으로 불모지를 개간하는 상황이었으니 그 얼마나 고생이 많았을까, 짐작만 할 따름이다.

조 선생님께서 집을 떠나신 지 오랜만에 돌아와서 신앙동지들을 만나 그 동안의 경과를 말씀하신다. 옷도 미처 갈아입지 못한 상태였으니, 이야기를 하시는 동안에도 몸을 슬금슬금 긁으셨다. 가려움을 참지 못해서…… 그러다가 마침내 이야기를 마친 다음에 조 선생님은 바지춤을 뒤져 이를 잡거나 양말목을 내리고 이를 잡으셨다. 이를 지켜보는 임경호 선생님은 아주 질색을 하셨다. 임 선생님은 더럽다고 고개를 저으며 상대조차 않으셨고, 나중에는 조 선생님과 마주앉아 이야기하기도 꺼릴 정도로 서먹서먹해진 상태였다.

두 분의 관계가 보기 딱해서였던지 집선생님께서 그분 특유의 어린아이들이 사심없이 천진난만하게 소리내어 웃는 듯한 웃음을 한바탕 웃으시더니 임 선생님께 "아니, 형님! 여비도 넉넉하지 못한 형편에 좋은 여관에 잘 수도 없었을 테니, 하루 이틀도 아니고 이 삼개월간이나 값이 싼 봉로방(여러 사람이 합숙하는 곳)에서 잠을 잤으니, 이도 옮았을 것입니다. 이가 계속해서 무니 잡아서 죽일 수밖에 더 있습니까?"라 말씀하셨다. 그러면 임 선생님께서는 "그래도 사람들이 보지 않는 곳에서 이를 죽이든지 말든지 하지, 정말 더러워서 봐 넘길 수 없네."고 대답하셨다.

이에 집선생님은 다시 "그렇지만 이만큼이나 나이가 먹은 사람의 버릇을 어떻게 갑자기 고칠 수 있겠습니까? 그 분의 포교 재능은 형님이나 제가 따라갈 수 없을 정도이며, 무척 큰 재주를 지닌 사람입니다. 원대한 꿈을 안고 일을 개척해 나가는 마당에 사소하고 작은 허물은 감수하고, 경영하는 일에 보탬이 될 수 있도록 각자가 지닌 장점을 잘 활용해야 할 것입니다."라고 강조하셨다고 한다. 그러면 임 선생님도 호탕한 웃음으로 응수하셨고, 조 선생님과 언제 정이 소연했었던가 할 정도로 열렬하고도 정겨운 사이로 돌아갔다.

그 분들은 오직 참다운 세상을 만들기 위해 이 땅에 상제님의 이념을 펴고자 생사를 함께 하기로 결심한 동지들답게 정신과 육신을 따로 생각해본 일이 없었다고 한다. 약 60여 년 전에 있었던 선현(先賢)들의 일화를 되새겨보면서 오늘을 살고 있는 우리 교우들의 마음가짐과 행동자세는 어떠해야 하는가를 생각하니 가슴이 미어진다. 사람들은 천태만상으로 그 생각과 행동이 모두 다르다. 그칠 줄 모르고 떠오르는 사고의 차이, 과연 누구의 생각이 옳고 어떤 행동이 잘못된 것인지 나는 정말 모르겠다. 나 역시 오랜 세월동안 신앙생활을 해왔으니 옛날보다 생각과 행동이 한 차원 높아져야 할 텐데, 높아가기는커녕 도리어 후퇴하고 있음이 분명하다. 진정 안타깝기 그지없다. 무엇보다 이렇게 생각하고 있는 내 자신부터 잘못이 있겠지 하는 생각이 먼저 든다.

조학구 선생님에게는 훌륭한 며느리가 있었다. 큰아드님 조남관씨의 부인으로 조 선생님과는 1955년부터 3년간 한울타리 안에서 살기도 했다. 시아버님이었던 조 선생님이 만주로 가 계셨을 때인데 그곳에서 그만 병이 드셨다고 한다. 그때 그 며느리는 첫아들을 낳아서 겨우 한 돌이 지났을 무렵이었다. 조 선생님의 사돈이 "외손자가 세 살을 넘기기 전에 큰 강을 건너 만리타국으로 원행하면 그 아기가 살기 어렵다."는 말로 누차 말렸단다. 그때 조 선생님의 며느님은 "자식은 또 낳으면 되지만, 부모는 한번 가시면 다시는 못오신다."고 굳게 다짐하며 만주행을 단행했다고 한다. 조 선생님은 병환이 완쾌되어 무사히 귀국하셨지만 어린 손자는 그만 불귀의 객이 되고 말았단다.

그처럼 무수한 생활고에도 굴함이 없이 용케도 살아갔다. 그 며느리는 성품이 항상 쾌활했고, 가난한 살림을 비관하지 않았고 어떠한 어려운 일도 감수했다. 나는 그 부인에게 믿음이 갔다. 훗날 조 선생님께서 재취해 맞아들인 시어머님에게도 좋은 마음으로 대했다. 조 선생님의 아들은 무골호인이어서 아무런 욕심과 야욕도 없이 마치 성인군자 같았다. 남이 뺨을 때리면 남은 뺨을 대줄 정도의 분이셨으니, 그 부인의 고충이란 붓으로는 형언할 수 없을 정도였다.

더욱이 그 부인은 첫아들을 만주벌판에다 버리고 난 후에는 얼마간 아기도 얻지 못했다. 그 후 오랜만에 얻은 딸은 명이 길어지라고 '못난이'라고 이름을 지어 부르곤 했다. 딸을 얻은 지 또 얼마가 지나서야 늦게 아들 하나를 두었다. 인간 세상에 큰 보람과 즐거움을 느끼지 못했으면서도 얼굴에 검은 흔적 하나도 없이 소탈하게 삶을 꾸려가던 그 부인의 성씨는 송씨였다.

송씨 부인의 언니는 동화교 창립 당시 집선생님과 동지였던 문정삼 선생님의 부인이셨다. 그 부인들의 친정아버님은 상제님의 생존 종도이셨던 안내성 선생님의 휘하에서 중추적인 역할을 하시던 분이셨다. 따님들의 이야기를 빌어보면, 친정아버님은 천제(天祭)를 모시려고 원평장에서 쌀을 팔아 가시다가 본댁에 잠시 들러 며느리한테 메진지 지을 쌀을 얼개미로 흔들어서 떨어진 쌀싸래기를 조금만 줄 뿐 온쌀은 단 한 톨도 주지 않으셨다고 한다. 이 한 가지 사실만으로도 그 어른의 성경신(誠敬信)을 짐작하고도 남음이 있다. 그런 분의 따님들이셨으니 부모를 향한 효성심도 지극했으리라고 나는 믿어 의심치 않는다.

조학구 선생님의 막내 아드님 조남경씨라는 분은 대전에서 목
공예업을 하고 있었는데, 가끔 이곳 용화도장을 찾을 때가 있었다.
그때 마다 내게 들리곤 했다. 하지만 그 막내 아드님은 선친이 믿으
셨던 신앙에는 별로 마음이 없는 모양이었다. 자신의 어린 시절을
회상하면서 아버님을 몹시 그리워하고 상기하면서도, 너무나 많이
고생했던 지난날이 지겨웠던지 교(教)에는 관심을 보이지 않았다.

어쩌면 증산교(甑山敎)에 대한 사회 일반의 인식이 일천한 것에
는 일제강점기 당시의 보천교 활동 이후의 사회혼란과 더불어 증산
교 신도들의 가정적인 처신에도 한 원인이 있다고 생각한다. 가정
생활에 관심을 가지지 않고 희생만 강요함으로 말미암아 그 분들의
2세들이 교단에 대해 좋은 감정을 가지기 보다는 생각조차 하기 싫
은 쓰라림을 가졌던 까닭에 오늘과 같이 교단이 위축되는 현실을
맞이하고 있는지도 모른다.

이런 생각은 혹시 길을 가다가 또는 차 속에서 만난 사람들에게
도 들을 수 있을 것이다. 김제에서 꽤 알려진 어떤 분도 말한 적이
있었다. 그 분의 선친이 보천교를 열심히 신앙했던 분이란다. 해방
후에 보천교 본소가 있던 정읍군 입암면 대홍리에서 나왔는데, 김
제만경 넓은 들판에 가면 밥은 얻어먹을 수 있으리라고 생각하고,
김제에 정착한 후 열심히 일해서 오늘에 이르렀다고 했다.

그런데 그 분의 어머님께서 십여 년 전에 살아계셨을 때의 일이
었다. 그 분의 선친에게 보천교에서 내렸던 임첩(任牒)을 어머니께
서 오랫동안 간수하고 있었다. 선친이 생전에 말씀하시기를 "내가
살아있는 동안에는 믿지 말고, 내가 죽은 다음에는 꼭 이 도(道)를

믿으라."고 했단다. 무슨 뜻인지는 쉽게 납득이 가지 않지만, 뭔가 곡절이 있을 법도 하다.

옛날 보천교가 성할 때는 전국에 무려 6백만 신도가 있었다고 한다. 일정(日政) 때 조선총독부에서 발간한『조선의 유사종교』라는 두터운 책자에 있는 보천교의 전국신도분포도를 보면, 서북(함경남북도, 평안남북도)은 신도가 거의 없었고, 전라남북도도 일반신도는 희소했고, 경상남북도는 최다수였으며, 다음으로 충청남북도, 강원도, 황해도 등의 순으로 되어 있다. 전라남북도는 교조 생존 당시의 종도와 각 교파의 창립주들이 유독 많았다. 이러한 통계를 본다면 그때 우리나라 남북한을 합친 총인구수가 1천 8백만이었다고 하는데, 인구의 3분의 1이 보천교 교인이었던 셈이다. 그 교세가 얼마나 방대했었는가 하는 점을 실감할 수가 있다. 그렇다면 증산교와 인연을 맺은 그 많은 선각(先覺)들의 2세와 3세들의 수는 얼마나 방대한 숫자일까 라는 점을 생각해 보면 가슴이 뿌듯하고 고무되며 신기하리만큼 흐뭇하기도 하다.

그 시절 우리들 할아버지와 할머님께서는 자신들의 안위보다는 오직 후손들을 먼저 생각하는 믿음과도 같은 신조를 가진 분들이라고 들어왔다. 외래종교가 아니라 우리나라에서 탄생하신 교조이고 보니 비록 포교방법이 간혹 왜곡되기도 했고 그릇된 점이 있었다 할지라도 후천(後天) 오만년 선경(仙境) 세상을 맞이한다고 하니, 자손만대를 위하여 몸과 마음을 다해 열심히 믿으셨음을 알 수 있을 것 같다.

당시는 속박당하고 핍박받았던 일정(日政) 때였으니, 교인들이 모여서 수련하다가 일제 경찰에 잡혀가거나 숨어서 피신하다보니 농사지을 시기를 놓쳐서 폐농하는 일도 다반사였다고 한다. 결국 교인들의 가세는 급격히 기울었고 가족들은 늘 배고픔에 허덕이다 보니, 어릴 때 그처럼 참혹한 상황을 직접 목격했던 교인들의 2세들은 증산교라는 이름만 들어도 치를 떨 것이 분명하겠지. 생각하면 통탄할 일이다.

그렇지만 내 마음 한 구석에는 아직도 희망이 남아있다. 100퍼센트는 아니지만 보천교 교인의 후손들은 하나같이 모두 성공적인 삶을 누리고 있다. 일일이 예를 들 수는 없지만 대세가 그렇다는 이야기다. 그때 그 어른들은 교단의 발전을 위해 헌신적인 노력을 하며 아낌없이 재산도 갖다 바쳤다. 이는 차경석 교주님을 위함이 아니요, 오직 하느님께 갖다 바치는 마음이었으리라. 바로 그러한 기운이 하늘에 사무쳤으리라고 나는 확신한다.

인류 사회에 물질은 있다가 없다가 하지만, 인간의 정신기운이란 없어지거나 사라지지 않고, 비록 흔적은 없더라도 어딘가에 사무쳐 보이지 않는 덩어리로 모아져 있을 것이라 나는 믿고 싶다. 그렇기 때문에 먼 훗날에 우리의 후손들은 조상님들의 신의 섭리로 인하여 스스로의 마음과 마음이 통하여, 온 누리에 증산상제님을 숭앙하는 헤아릴 수없을 만치 많은 사람들이 그치지 않는 빛을 보리라고 믿어 의심치 않는다. 이 믿음은 신념(信念)인지 한갓 노파심인지는 알 수 없으나, 나는 꼭 '그 날'이 올 것을 굳게 믿으며 살고 있다.

인공(人共) 때 이야기

1950년 경인년 인공 때의 일이었다. 어수선한 세태 속에 말할 수 없는 고통의 연속이었다. 의용군은 더 이상 진군하지 않고, 모악산 금산사에 집결해 있었다.

그때 나는 첫아이를 임신하고 있었다. 옛날에 있던 성전(聖殿)도 어찌할 수 없이 그들의 손아귀에 들어갔다. 부득이 상제님을 모신 상단을 병풍으로 가린 다음 의용군들이 그곳에서 잠을 잤다. 그리고 용화동 303번지에 있던 옥성광 건물 가운데 헛간채에는 큰 가마솥을 네 개나 걸고 밥을 지었다. B29 폭격기는 머리 위에서 콩 튀듯 했고, 잠시라도 마음을 놓을 수 없는 위험한 형편이었다. 그야말로 난리 그 자체였다.

서산에 해가 높이 떠있을 무렵 이른 저녁을 먹고 나는 청음·남주 두 선생님을 모시고 생면부지였던 동곡(銅谷) 마을 최건봉 선생님 댁(지금의 동곡약방)으로 가서 밤을 지냈다. 이튿날 이른 아침에 길가 풀잎에 맺힌 이슬을 털면서 다시 용화동으로 돌아오곤 했다. 이런 날이 한동안 계속되었다.

그러던 어느 날 내가 성전 앞을 지나다가 보았더니 사방에 흰 종이가 흩어져 있었다. 가까이 다가가 보았더니, "아니, 이 일을 어쩌면 좋을까?" 한 순간 아찔했다. 그때 내 입에서 무심코 튀어나온 말은 "이럴 수가! 이토록 소중한 물건을 이렇게 함부로 몰상식 하게 버리다니……"였다. 그리고는 우두커니 서서 눈물만 줄줄 흘리고 있었다. 주문을 적은 종이였던 것이다.

그런데 갑자기 의용군 한 명이 내게 다가와서는 매고 있던 총대를 쑥 겨누면서 무엇이 어쩌고저쩌고하면서 들이댔다. 나는 너무나 순식간에 벌어진 일이라 아득하기만 했다. 그래도 나는 기어이 정신을 차리고 행주치마에다 흩어진 종이를 주워 담으면서 "당신들에게는 아무것도 아닌 것이지만, 우리에게는 목숨과 같이 소중한 물건입니다."라고 눈물 반 콧물 반 섞어 말했다.

　　그랬더니 그 의용군이 한발 물러나면서 "쳇"하고 무서운 눈망울을 번쩍이며 돌아섰다. 나는 등골에 땀이 서늘했다. "후-우……"하고 긴 한숨을 내쉬었다. 그 누구를 원망하리오. 이처럼 험난한 세상을 어떻게 극복해야 할지……. 먹을 것이 제대로 있나? 입을 것이 있나? 당시의 비참했던 형편을 어떻게 다 말할 수 있으리오?

　　매일 산에 올라가서 땔감을 구해야 했고, 반찬은 달랑 김치 하나였고, 밥을 지어도 식구가 많아서 점심은 생각도 못했다. 그 와중에도 여름이 왔다. 기나긴 해가 저물고 저녁때가 되면 시장기가 엄습했다. 우리나라 전국에서 전라도처럼 보리밥을 먹기 좋게 잘 짓는 곳도 없을 것이다. 보리쌀을 알맞게 불려 돌로 만든 솥에다 넣어서 둥근 마를 돌려 한참이나 갈아서 손으로 쥐면 덩어리가 된다. 그러면 잘 갈아진 것이다.

　　그 덩어리를 깨끗이 행근 다음 초벌로 삶아서 퍼트린 후에 쌀을 조금 안치고 두 번째로 불을 땐다. 그런 후 주걱으로 가장자리에 물기가 있는 보리를 가운데 쌀로 덮어 손질한 다음, 다시 세 번째로 불을 지피면 이내 맑은 김이 솔솔 난다. 그 후 불 때기를 멈추고 솥거죽을 깨끗하게 둘러서 한참 있으면 밥이 뜸이 들어 잘 퍼진 보리밥이 된다.

그런데 이 과정이 얼마나 어렵고 힘이 드는지 보리쌀을 갈 때가 되면 굶주린 뱃속에 든 태아도 내가 팔을 두를 때마다 이리 흔들 저리 흔들거려 나는 몸을 제대로 가눌 수조차 없었다.

불을 지피는데 땔감이 신통치 않아 솔잎가지를 긁어모아 왔다. 그 불도 익숙해야 잘 타는데 연기만 진동하고 불이 잘 안 붙어서 나는 부엌 앞에 꿇어앉아 고개를 땅에 처박고 입으로 불었다. 눈은 캄캄한 밤의 올빼미 눈같이 빨개졌고, 몸은 더럽고 볼 상 사납게 변해만 갔다.

하루는 내가 조반식사를 마친 후 숭늉을 떠갔더니 집선생님께서 벌써 문밖 마루에 나오셔서, 그릇은 받지 않으시고 물끄러미 내 얼굴을 내려보셨다. 나는 얼굴에 껌정이라도 묻어있나 해서 자꾸 얼굴만 문질렀다. 그 때는 아무 말씀도 않으시더니 집선생님은 훗날 "그때 임자 얼굴이 너무 야위어서 내 가슴이 찢어지는 것 같았다."고 술회하셨다.

남주 선생님 형제분 가운데 막내 분이 대한민국 정부가 수립되었을 때 초대 기획처장으로 재직했던 이순탁씨였는데, 경제학자로는 당시 국내에서 상당히 이름이 나 있던 분이었다. 이순탁씨는 일제 때는 시대일보사 주필이었으며, 6.25 사변이 일어나기 직전까지는 교회에서 발간하는 신문의 주간을 맡았었다. 그 분은 사설에서 공산주의를 극히 비판하는 글을 썼었는데, 그 사설의 내용이 발각되었더라면 살아남을 수 없었을 것이다.

이곳 용화동은 아무 것도 모르는 상태에서 좌익사상이 유난히도 성행했던 곳이었다. 더욱이 전라북도 도 단위 공산당 부위원장이 용화동에 살고 있었다. 참으로 살벌하기 짝이 없던 시절이었다. 집선생님의 형제분과 관련된 말이 퍼지기라도 한다면 꼼짝없이 숙청의 대상이 될 터였다. 옛말에 "금강산 구경도 식후경이라."고, 때가 때였으니만치 말단에서 설치고 다니던 사람들의 입이라도 막아주어야 배길 수 있는 형편이었다.

그래서 청음 선생님의 장남인 인화가 돈을 조금 마련해 와서 쌀도 팔고 집에서 기르는 돼지도 잡아 의용군들에게 잔치를 열어주었다. 얼마 후 그때 지서에서 근무하던 면 단위 공산당 책임자가 청음 선생님과 남주 선생님을 데려갔다. 이틀이 지난 후에 남주 선생님한테 논문을 한편 써오라고 했단다. 나는 자세한 내용을 잘 몰랐지만, 아마도 증산교 교리 가운데 평등주의를 활용해서 글을 써주신 것 같았다.

그런데 집선생님의 말씀에 따르면 그 면 단위 공산당 책임자는 고등교육을 받은 사람 같았다고 했다. 그가 글을 읽으면서 이해를 하는 표정을 지었던 모양이었다. 결국 구속은 하지 않고, 집에서 십리 밖으로 가려면 반드시 자신의 승낙을 받도록 하는 금족령만 내렸다.

성전(聖殿) 안팎에서 불경스러운 행동을 거듭 자행하고 무법천지로 날뛰던 의용군들이 얼마 지나지 않아 갑자기 모악산으로 후퇴했다. 아니나 다를까 시국이 금새 변한 모양이었다. 단 일각도 마음을 놓을 수 없었던 어지러운 사태 속에 민심은 흉흉했고, 목숨이 언제 어떻게 될지도 모르던 때였다. 의용군들이 모악산으로 일단 후퇴했다고 해도 이런 산중에서는 여전히 쉽사리 마음을 놓을 수 없었다.

어차피 사람은 굶고는 못사니 의용군들이 밤이면 산에서 내려와 양민에게서 먹을 것과 입을 것을 빼앗아 갔다. 더욱이 의용군들이 밤마다 민가에 내려와 불을 지르고 약탈했으니 끔찍했다. 나는 도저히 이런 상황에서 해산(解産)할 수가 없어서 방주골(지금의 기룡리에서 조금 못 들어간 곳)로 갔다. 송종주 선생의 주선으로 벽만 겨우 바른 집으로 옮겼던 것이다. 사방은 공동묘지였고, 낮에 들에서 일할 때만 잠시 사람구경을 했지 여느 때는 인기척도 찾아볼 수 없는 곳이었다. 이처럼 한적한 곳에 어떤 사람이 공습을 피하기 위해 임시로 지은 움막이 있었다. 벽은 초벌만 바른 상태고 방에서 올려다보면 틈새로 하늘도 보일 정도였다. 문은 간신히 가마니를 펴서 가렸다.

그런 집에서 나는 3일간이나 난산의 고통을 겪었다. 외딴곳이었으니 큰댁 형님도 밤에는 밖에 혼자 못가시고 집선생님께 "서방님, 어려울 때지만 산모가 위급하니 아무래도 청수라도 올렸으면 하는데, 함께 물을 길러 가시지요?"라고 애원하셨다. 이윽고 두 분이 나가신 뒤 나는 홀로 남아 통곡할 지경이었다. 순간 나는 이제 이곳 천리타향에서 부모형제도 한번 못보고 불귀(不歸)의 객이 되는 것이 아닌가 싶어 눈물이 주루룩 쏟아졌다.

얼마 지나지 않아 두 분이 청수를 올리고 배례를 드린 다음 주문을 읽고 심고(心告)를 드렸다. 그럭저럭 동녘 하늘이 희뿌옇게 될 무렵, 고고한 아기 울음소리가 내 귓전을 때렸다. 새벽 4시 이

후 5시 사이였다. 당시 내가 얼마나 기진맥진했었는지는 이 글을 읽는 분들의 상상에 맡긴다.

조그마한 솥에 물을 데워 태아를 씻기고 큰댁 형님이 국을 끓여내고 밥을 지으니 벌써 해가 동천에 높이 떴다. 나는 해산 후 첫국과 첫밥을 먹었더니 지칠대로 지쳐 버렸다. 그때 남주 선생님의 나이는 56세, 나는 24세였다. 이 모두가 얄궂은 운명 속에서 일어난 현상이었다.

집선생님은 일편단심 형님인 청음 선생님을 보필하면서 묵묵히 성업(聖業)에 몸과 마음을 다 바쳤다. 자신의 삶은 제대로 돌보지 않고 평생을 후회없이 지내 오셨지만 그 분도 역시 인간이었다. 60세를 바라보던 인생의 황혼에 접어든 길목에서 자식을 가져 일대 변국에 접어든 셈이었다. 쓸쓸하게 느껴졌던 집선생님의 얼굴에 감출 수 없는 환희가 넘쳐나는 모습을 훔쳐보면서 나는 마음 속에 뿌듯함을 느꼈다.

훗날 집선생님께서 하셨던 말씀 가운데 "어느 때 배를 타고 갈 적에 저 푸른 물결에 몸을 던져버릴까 하는 생각도 했었는데.."하시면서 뒷말을 잊지 못하시던 일이 생각난다. 그 뒷말을 내가 마음대로 상상해 본다. 아마도 이러했으리라. "그래도 사람은 일단은 살고 볼 일"이라고. 분명히 그러했으리라고 나는 믿는다.

방주골 움막은 낮에는 그런대로 지낼 수 있었지만, 밤이 되면 이상한 짐승 울음소리가 들려왔다. "저게 무슨 소리일까요?"라고 내가 말하면, 집선생님께서 큰기침을 하고 용기있게 밖을 내다보고 하셨더라면 내가 겁을 먹지는 않았으련만. 그저 집선생님은 "글쎄, 무슨 소리인지는 나도 모르지."라고 하시면서 홑이불을 머리 위로 덮고 움츠리셨으니 나는 더욱더 심약해져서 견딜 수 없었다.

언젠가 한번은 밤이 꽤 깊었는데, 밖에서 인기척이 났다. 문을 열어보았더니, 세 사람이 서 있었다. 산에서 내려온 의용군인지, 우익측인지, 알 수 없었다. 문득 내 머리 속에 떠오르는 말은 "입산한 사람들한테 우리가 얼마나 많은 곤욕을 당하는지 알기나 하느냐?"는 것이었다. 그 말이 거의 입 밖으로 나오려는 순간, 나는 꼴까닥하고 목구멍 속으로 그 말을 삼켰다. "아니야, 이런 혼란한 때에는 무슨 말이든 하지 않는 것이 좋아, 여자가 자칫 말 한마디 잘못했다가 큰일 나는 수가 종종 있다."고 생각했다.

내가 잠시 그러고 있는 동안 그들은 서슴지 않고 방으로 들어왔다. 용화동이 너무 위험한 처지에 있어서 큰댁에 있던 옷가지도 함께 옮겨놓았었다. 그런데 그들은 이것저것 가리지 않고 몽땅 가져가 버렸다. 지금 생각해도 허탈하기 그지없다.

서울에서 이곳으로 피난올 적에도 충청도 아산까지 와서 중요한 물건들을 어느 교인 댁에 맡겼었다. 그 분은 땅속에 항아리를 묻고 잘 간수했다가 기회를 엿보아 용케도 용화동까지 가져다주었던 것이다. 그런 물건들을 이제 다시 산사람들에 털렸으니 더욱 안타까웠다. 내가 시집올 때 장만해 왔던 물건들이었으니 더욱 애착이 갔지만 다 소용없었다.

당시 나의 유일한 소망은 오직 갓 태어난 아기였다. 아기에게 모든 정신을 쏟고 있던 때였으니 아기만 보면 모든 걱정을 잊을 수 있었다. 이제 입을 것 마저 산사람들에게 털렸으니 옛말에 "사흘 굶는 것은 남이 몰라도, 하루 벗는 것은 남이 안다."는 말이 있듯이, 사람이 살아나가는데 가장 필요한 세 가지가 있다. 흔히 의식주(衣食住)라고들 하는 것이다. 어쨌든 살아갈 길이 정말 막연했던 시절이었다.

두 분 종사(宗師)님께서 모신 영정(影幀)

고천후(高天后)님께서 오성산(五聖山)으로 가실 적에 남주 선생님을 상제님 영정 앞에 꿇어앉히시고 세 가지 굳은 부탁을 하셨다고 전한다. 첫째는 글을 쓰는 일이고, 둘째는 집을 짓는 일이고, 셋째는 상제님의 영정을 다시 모실 것 등이었다.

1952년 임진년 늦은 가을의 일이었다. 6.25 동란에다 극심한 경제난에 부딪혀 천후님의 분부를 수행할 기회가 쉽사리 오지 않았다. 그러던 중 전주에서 다방면에 출중한 역량을 지닌 몇몇 분들이 뜻을 같이 할 수 있는 사람들끼리 유사시에 행동을 통일할 수 있는 모임을 가졌다. 그 모임에는 부시장, 변호사, 대학교수, 기업가, 화가들이 모였다고 한다.

그때 집선생님과 만났던 화가가 바로 증산상제님의 영정을 그리신 국채경 선생님이었다. 그 당시만 해도 대개 인물화는 불교 사찰의 탱화식이 많았고, 음양을 넣은 흑백사진과도 같은 인물화는 흔치 않았던 때였다.

국채경 선생님이 증산상제님의 영정을 그리실 때 참여하신 분

1951년 〈국난극복을 위한 행동통일을 위한 모임〉 후. 가운데 한복 입고 수염 기르신 분이
남편 남주 선생님

이 생전에 상제님을 모셨던 최명옥 어른이었다. 『대순전경』에 증
산상제님께서 맑은 날씨였는데도 불구하고 "이제 우박이 쏟아져
장독 뚜껑이 깨질지 모르니 주저리를 씌워두라."고 말씀하셨는데,
다른 사람들은 그 말씀을 귀담아 듣지 않았고 오직 최명옥 어른만
굳게 믿고 주저리를 씌웠다고 한 바로 그 분이었다.

최명옥 어른, 골상학자 이해운 선생(거대한 체격에 세 되 쌀로 지은
밥을 혼자 드셨다는 대식가), 국체경 선생님, 남주 선생님 이렇게 네
분이 한 자리에 모여서 상제님 영정을 그리는 작업이 시작되었다.

먼저 최명옥 선생님께서 상제님 이목구비의 생김새를 말씀하시
면, 이해운 선생은 골상학적 입장에서 본 대인(大人)의 상에 비추

어 의문점이 있으면 질문하셨다. 이 선생님이 "대인은 반드시 군턱이 있으시다하는데요."라고 말씀하시니, 최 선생님은 "아참, 내가 잠시 잊어버렸군요. 상제님께서는 군턱이 있으셨습니다."라 하시며 무릎을 치셨다. 최 선생님께서는 너무나 신기했던지 "맞았소, 맞았소. 내가 잊었소."라고 몇 번이나 같은 말을 되풀이하셨다.

국체경 선생님은 다시 길일을 택해 치성을 올리고, 두 칸 장방에 도배를 하고 그곳에는 외인은 일체 출입을 금한 다음 영정을 그리기 시작하셨다. 볼일을 보러 잠시 밖으로 나오면 반듯이 정결하게 씻고 붓을 들었다. 영정이 거의 완성되었어도 어안(御眼)에 '동자'는 그리지 않았다. 마침내 점안치성(點眼致誠)을 올린 자리에서 국 선생님은 그야말로 온갖 정성과 기운을 다 모아서 붓을 들어 어안의 동자 자리에 먹을 찍어 올렸다. 참관했던 모든 사람이 숨을 죽이며 바라보던 그 엄숙한 순간을 이 무딘 필설로 알리기는 너무나 부족하다.

오랫동안 간직해 왔던 집선생님의 숙원이 이루어진 셈이었다. 예로부터 내려오는 "진사(辰巳)에 성인출(聖人出)"이라는 말이 있었기에, 1952년 임진년 동지 치성에 맞추어 영정을 봉안하려 했기 때문에 시일이 촉박했다. 미처 표구사에 맡길 겨를이 없어서 그때 우리 식구가 살고 있던 고가 벽에다 세워놓고 국체경 선생님께서 손수 표구작업을 했는데, 그 어느 표구사에서 한 것보다 오히려 보기 좋았다.

어쩌면 집선생님께서는 옛글에 내려온 "진사에 성인출"이란 말이 증산상제님의 실제 용안의 모습이 영정으로라도 세상에 출현하는 것이라고 믿고 있었는지도 모를 일이었다.

연이어 상제님의 영정을 한 벌 더 모시게 했다. 그때는 지방에 있던 신도들 가운데 청수만 봉안하는 분도 있었고, 상제님의 신위를 위패에 써서 붙이고 청수를 모시는 분도 있었다. 상제님의 영정을 사진으로 찍어 여러 장 복사해서 신도들 각 가정에 모시면 좋겠다고 희망하였기에, 두 번째로 모신 영정은 여유있게 표구사에 맡겼다.

영정이 완성된 다음 전북사진관에서 사진찍는 작업을 했다. 나도 그 날 동행했다. 왜냐하면 큰아들 영옥이 사진을 친정어머님께서 보고 싶어 하셨기에 사진관에 따라갔기 때문이었다. 사진관 아래층에서 어떤 신사 한 분이 올라와서 복사한 많은 사진들을 보더니, 영정으로 모신 줄 모르고 "아하! 아주 훌륭한 학자님이시군요." 하면서 감탄했다. 아마 영정의 상제님께서 어수에 붓과 두루마리를 들고 계시니까 그렇게 말한 것이리라.

그때 사진관으로 최명옥 어른도 모셨었다. 최 선생님께서는 상제님의 영정 사진을 보시더니, 정색을 하고 사배(四拜)를 올리셨다. 그리고 최 선생님께서는 영정을 뵈올 적마다 더더욱 상제님의 용안이 틀림없다고 말씀하시면서 눈물을 주루룩 흘리셨다. 아마도 당신이 지난날 상제님을 가까이하던 시절을 회상하신 듯 한동안 말을 잊지도 못하셨다. 이 광경을 지켜보던 남주 선생님은 비로소 안도의 숨을 내쉬며 어깨에 올려진 무거운 짐을 내려놓은 듯한 홀가분함을 느낀 듯했다.

두 번째로 모신 상제님 영정은 내가 전주에 살 때 매번 절후(節

侯) 치성 때에 모셨다가, 치성을 마친 다음에 오동나무 궤짝 속에 모셔놓곤 했다. 그 후 1955년 3월에 온 식구가 전주에서 용화동으로 이거했다. 1957년에 통천궁을 건립하기 시작했고, 1958년 무술년 3월 26일 통천궁 준공식이 거행되면서부터 두 번째로 모신 영정을 봉안했다.

그러므로 이때 통천궁에 모셨던 상제님의 영정은 두 분 종사님들의 역사가 담겨있었다. 그런데 이 엄연한 사실이 어느 날 갑자기 하루아침에 날아가 버렸다. 세간에는 상제님의 영정을 여러 형태로 주장하고 있지만, 누가 뭐라 해도 나는 그 영정이 상제님의 실제 모습과 가장 흡사하다고 자신한다.

1947년 정해년에 갓 시집간 나는 집선생님이 출타하시고 혼자 산도 설고 물도 선 서울시 마포구 합정동 시루 밑 마을에 있었다. 당시 나는 주문도 제대로 익히지 못한 상태였고, 믿음도 신실하지 못했었다. 다만 어리석은 소견에 그저 "시천주조화정 영세불망만사지"를 읽다가 또 "훔치 훔치 태을천상원군 훔리치야도래"를 읽을 따름이었다.

그러던 중 갑자기 사방이 파란 하늘 아래 나 홀로 두둥실 떠있는 듯하더니, 훤한 길이 쭉 뻗어있어서 걸어가다 보니 왼편으로 만경창파 바다가 넘실넘실 보였다. 허허롭게 넓은 모래사장을 지나니 저 멀리서 바다 물살을 가르고 큰 배가 한 척 와 닿더니 나를 싣고 어디론가 떠났다. 잠시 후 배가 멎어 내가 내리자 휘황찬란한 누각으로 인도되었는데, 그곳에 면류관을 쓰고 곤룡포를 입으신 거룩한 어른이 계셨다. 나는 몸둘 바를 몰라 헤아릴 수 없이 절을 드렸다. 감히 고개를 들고 바라보지는 못했지만, 너무도 기억에 뚜렷하게 남아있는 상제님의 모습을 꿈엔들 잊을 수 없다.

임진년에 모신 상제님 영정의 점안치성 때, 나는 그 때로부터 5년 전에 알현했던 상제님의 용안을 상기하면서 감격스러웠던 일을 다시 한번 되새겨보았다.

그런데 지난 1983년 계해년 어느 날 갑자기 정영규 선생님께서 내게 전화를 주셨다. 오늘 상제님 영정을 모시게 되니 그렇게 아시라는 전화였다. 나는 그 일에 대해서는 금시초문이었다. 내가 "아니, 이게 도대체 무슨 말씀입니까? 상제님 영정을 모시다니요?"라고 반문했더니, 정 선생님이 "옛날 영정은 오래되고 낡아서 '영(靈)'이 나갔다는 일부 교회 간부들의 의견이 있어서, 내가 모든 경비를 부담해서 다시 모시게 되었다."고 답하셨다. 나는 어처구니가 없었다.

아무리 생각해도 도무지 이해가 가지 않아 다시 "상제님 영정을 모시는 데는 일정한 절차가 있고, 상당한 시일이 소요되며, 여러모로 구비해야 할 일들이 많이 있습니다. 지난날에 제가 상제님 영정 제작 작업에 시중들었던 경험을 했는데, 저한테는 한마디 말도 없이 그 큰일을 서둘러 이루다니요?"라고 반문했다. 그러자 정 선생님은 "상제님께서 열 석자로 오시리라고 하셨으니, 영정을 열 석자 크기로 모시기로 했습니다. 그런데 너무 크고 작업장 관계도 있으며, 일을 맡은 화가가 얼마 후에는 일본으로 가야 하기 때문에 시간이 없어 서두를 수밖에 없습니다."고 말했다.

아니나 다를까 바로 그날 오후에 영정이 용화동에 도착했다. 얼마나 큰 영정이었는지 입이 딱 벌어졌다. 할 수 없이 성전의 정면 지천을 뜯어 올리고 야단이 났다. 그날 우리 교회 교인들은 별로 안 계셨기 때문에 이웃에서 와서 작업하신 분들이 몇 분 있었다.

마침 김중산 선생님과 월학스님이 오셨다. 그분들도 고개를 가로저으셨다. 영정의 가장 중요한 부분인 어안의 바라보시는 시선이 지난번에 모셨던 상제님의 영정과는 너무 달랐다. 게다가 어수는 말할 수 없을 만큼 어색했다. 어느새 내 눈에서 눈물이 왈칵 쏟아졌다.

내게는 한마디 물음조차 없이 교회 간부회의에서 이미 결정해버린 일에 대해 환멸을 느낄 수밖에 없었다. 이때처럼 내 마음이 아팠던 일도 드물었다. 통곡이라도 하고픈 심정이었다.

나는 내려진 상제님의 영정을 내전의 천후님 영정을 모신 한쪽에다 소중히 모셨다. 행여나 교중에서 어떤 오해라도 있을세라, 송구스러웠지만 전면을 종이로 봉한 상태로 모실 수밖에 없었다.

세월이 흘렀다. 1991년 신미년 7월에 우리 교단의 숙원사업이었던 증산교 서울회관이 마련되어서 상제님의 영정을 모실 때 내가 내전에 간직했던 영정을 사진으로 복사해서 모셨고, 11년 전에 내려진 원래 영정은 현재 용화도장에서 보관하고 있다.

그런데 더 기막힌 일은 1983년에 성전에 모셔진 상제님의 영정이 내려지고 새로운 영정이 모셔진 일이었다. 1992년 임신년 음력 11월에 부산지역의 교우들이 주도하여 성금을 거두어 새로 상제님의 영정을 용화동으로 모셔왔다. 상제님과 천후님을 합봉해서 모실 생각이었는데, 일부 교인들의 반론이 제기되어 합봉이 불가능해지자 상제님만 통천궁에 모시게 되었다. 이 모든 일들이 신계(神界)에서 정하신 일인지 알 길이 없다. 그리고 인간이 바르게 실천하고 있는지 혹은 하늘의 뜻을 거스르고 있는지 나로서는 분간하지 못한다.

어느 쪽이나 모두 한결같이 성경신을 다 하고 있다지만, 과연 어떻게 하는 일이 가장 올바른 길인지 그 누가 알손가? 한 치 앞의 일도 모르는데 이처럼 엄청난 일을 어떻게 함부로 말하고 단정할 수 있을까? 진정 답답한 심정이었다. 우리 모두 다시 한번 자기 마음을 가다듬고 경건한 마음으로 성업에 조금이라도 보탬이 될 수 있는 일을 찾아보며 여러 교우들과 굳건히 결속되어야 하지 않을까 하는 마음이 간절했다.

통천궁 건립

1956년 병신년에 박경진 선생님이 통천궁(統天宮) 건립을 착안하고 두 분 종사(宗師) 선생님께 제안했다. 구(舊) 성전이 재래식 한옥으로 되어 있었는데, 협소하고 그 위치도 미관상 좋지 못하며 성전이 설 대지가 아니며, 성전이라면 으뜸가는 자리에 서야 한다는 논리를 제기했다고나 할까?

아무튼 여러 가지 좋은 면을 선택하여 힘만 닿으면 새롭게 건립하는 것이 좋겠다는 결론이 내려져서 지금의 통천궁을 세우게 되었다. 그 당시 부산지방에서 일본에서 고등교육을 받은 사업가 유박

1963년 수련생과 함께 한 청음 남주 선생. 앞줄 맨오른쪽이 최창헌 선생, 그 옆이 송석우 선생, 가운데 줄수염을 길게 기른 분이 고봉주 선생, 그 옆이 김종호 선생

치(柳博治) 선생이 몸에 병이 들어 최창헌(崔昌憲) 선생을 찾아와 서, 병만 나으면 최 선생님이 하라는 일은 무엇이든 하겠다는 약속 을 했다. 그 후 유박치 선생의 병은 호전되어 건강을 되찾았고, 우 리 교단에 입교도 하게 되었으며, 성전 건립의 필요성을 듣고 한식 건물이 아닌 양식 건물로 설계하고 착공하였다.

　그 때만 해도 건축기술의 발전이 안되었던 상황이어서 멀리 부 산에서 시멘트 한 포라도 운반해 왔으니, 제반 비용이 엄청나게 들 었다. 건축비 조달이 여의치 못하여 때때로 공사가 중단되었고, 인 부들도 일을 쉬었으니, 직영으로 건축하는 일이어서 식사 조달도 큰 문제였다.

이 때 건축인부들의 취사를 전담했던 분은 그야말로 온갖 정성을 다 바쳐 남모르게 희생하셨는데, 나는 아직도 잊지 못한다. 그분은 산중 암자에서 16년간 고요히 청수를 바치며 수도하시던 분이었다. 그러던 중 영(靈)으로 "속가에 환속해서 박씨 성(姓)을 가진 분을 찾아라."라는 계시를 받아, 옷고름 끝에 '박씨'라고 새긴 다음 인연을 찾아다니다가 마침내 우리 교회까지 오게 되었다. 때마침 치성 후 수련할 무렵이었는데, 그 분이 박경진 선생님과 상봉하게 되었던 것이다. 전북 장수(長水) 출신이어서 우리는 '장수 부인'이라고 불렀다.

1957년경 환인·환웅·단군을 모신 삼신전 모습

장수 부인은 목소리를 틔우느라 무려 3개월간 땅에 구덩이를 파놓고 소리공부를 해서 목에서 피도 많이 토했다고 한다. 그 분은 일자무식이었는데, 하룻밤에 한글을 해득했다고 전한다. 특히 소리꾼 못지않게 창가를 잘 부르던 보기 드문 분이었으며, 심성 또한 정직했다. 남을 잘 이해하고 자신의 잘못을 먼저 반성하며, 잘못을 다른 이에게 돌리지 않고 내 탓으로 여기는 성품을 지녔다.

장수 부인이 입산수도하기까지 겪었던 고생살이는 말로 표현하기조차 어렵고, 자식은 딸 하나를 두었다. 이렇게 기구한 인생을 살아온 분이 일꾼들의 식사를 전담했으니, 그 알뜰함과 정성은 긴 말이 필요없을 정도였다.

한 예를 들면 조미료도 별로 없어서 다만 솜씨로 음식 맛을 내야 했는데, 장수 부인은 된장국 하나를 끓여도 먹을 사람의 수에 따라 멸치 한 마리를 더 넣고 덜 넣고 하며 식사 준비에 온갖 정성을 다 기울였다. 그처럼 마음에서 우러나고 골수에서 넘치는 정성이 있었기에 어려운 시중을 아낌없이 들었던 것이다.

나는 장수 부인을 보면서 가끔 감탄했고, 감사한 마음은 끝이 없었다. 바로 이런 분의 노력이 있었기에 햇수로 무려 3년이 걸린 통천궁 건립공사가 천신만고 끝에 이루어진 것이 아닌가 생각한다.

정확히는 모르지만 당시 총 공사비가 1천만여 원이 소요되었다고 들었다. 이 공사는 유박치 선생님을 위시하여 김종호 선생(출자금액은 유선생님 보다 훨씬 많았음) 등 부산교인들만의 성금으로 완공되었음을 알려둔다.

기지(基址)가 있어야 건물이 설 수 있는데 기록에 순서가 바뀐 듯하다. 통천궁 기지는 충남 서천, 장항 지방의 대표였던 최낙홍(崔洛弘), 김창배(金昌培) 두 분의 활약에 힘입어 김장희(金章熙) 선생 이외 여러 교인들의 혈성(血誠)으로 확보되었다.

여기서 한 가지 짚고 넘어갈 일은 박기백 선생님이 앞서 교중사의 기록에 있는 용화공민학교(龍華公民學校) 운영과 더불어 교회 발전에 전념할 생각으로 이 곳 용화도장으로 이거할 적에, 세 식구가 생활할 수 있는 터전으로 논 700평과 밭 600평을 마련해서 들어왔던 점이다.

사람이 살아가는 데는 모든 것이 내 마음과 생각대로 진행되는 일이 없는가 보다. 주변여건, 사람들 사이의 유대관계, 서로의 생각 차이 등등의 문제가 나타나기 마련이다.

1957년경 후천 4대종장과 조선명부·관성제군을 모신 무극전의 모습

결국 박기백 선생님께서는 다시 부모님 댁으로 되돌아 갈 때 논 700평을 교단에 희사하고 가셨다. 그 논은 환평마을 건너편에 있어서 지금의 통천궁 자리 일부를 차지했던 논 주인 서순덕씨 소유의 논과 바꾸었다. 이렇게 해서 통천궁 건립을 위한 기지 확보 때 도움이 되었음은 오로지 박기백 선생님의 선견지명이라고 생각하고 머리 숙여 감사할 따름이다.

통천궁을 건립할 때 주관하던 분들은 멀리 부산에 계셨고, 인근에 사시던 홍기화 선생님께서 주로 관리하셨다. 직영으로 모든 일을 지시해야 했으니 하나하나 주관했던 분들의 뜻을 따라야 했다. 그런데 무슨 물건이 필요해도 그것이 금방 조달이 안되고 지연되어 공사에 무척 차질을 빚었다. 가령 방수제가 꼭 필요한데도 주관하시던 분들은 상관없다고 말하는 식으로, 제반사가 경비 조달 문제로 지연되고 완벽하게 이루어지지 못했다.

하지만 오늘날 우리 교인 모두가 알아두어야 할 일은 통천궁을 건립하는데 오직 부산교우님들의 힘으로만 이루어졌다는 것이다. 이는 길이 우리 교우들 가슴에 깊이 새길 일이라 생각한다.

성전에 있는 「통천궁기(統天宮記)」는 남주 종사님께서 적으셨으며, 기지 확보와 건립비에 힘을 모으신 교우님들의 명단이 적혀 있다.

세월이 흘러 지나면 건축물은 낡기 마련이겠지. 48년이 지난 오늘에 이르러 통천궁에 흠이 가고 건축기술 미숙으로 비가 새고 금이 가니, 새로 건립하자고 원하는 교우님들도 있지만, 말처럼 쉬운 일은 아니라고 생각된다. 1993년 계유년에 부분적으로나마 개축되어 다행스럽게 생각한다.

306번지의 토지와 용화공민학교, 도장 건립, 내전 건립 경위

  우리 교회 토지와 건물에 대해서 교인들이 확실히 모르고 있는 사실을 적어본다. 지금은 다른 사람의 소유로 넘어갔지만, 원래 동화교(東華敎) 창립 당시 충청도에 살던 홍모(洪某)씨의 특성(特誠)으로 4칸 함석집을 건립해서, 상제님 회갑년을 맞이하여 고천후님을 모셔오셨다고 들었다.

  이 마을사람들에게 옥성광(玉成鑛)이라고 불리는 구 성전 터 일대의 지번(地番) 303번지부터 306번지까지는 『대순전경』의 제자를 쓰신 임경호(林敬鎬) 선생님의 약혼녀(한일합방 전의 궁녀)였던 이경옥(李京玉) 여사가 잠시 경영했던 광산(鑛山) 집터다.

  8.15해방을 맞아 임경호 선생님이 상경하면서 구두로 "남주 선생님은 타고 나신 삶이 있으니 용화동을 떠나실 수 없을 겁니다. 하느님의 명을 받은 분으로, 이제야말로 나래를 활짝 펴시고 성업(聖業)에 진력을 다하십시오. 후일에 여유가 생기시면 저한테 10만원만 주시고 저 집터를 맡으세요."라고 해서 오늘에 이르렀다.

  간간이 여유가 생기면 임 선생님께 돈을 조금씩 드렸지만, 총금액의 3분지 2도 채 못 갚았다고 한다. 당시로는 거대한 초가집이었다. 몸채, 행랑채, 문간채, 사랑채 등 집이 4채였다. 거기에다 마당, 후면, 전면 모두해서 넓은 대지였다.

우리 교단 진입로 좌측은 원래 배밭이었는데, 6마지기라고 했다. 6.25 사변 직후 빨치산이 지리산 일대에 뒤끓을 때 진해의 조도영, 거창의 채대명(蔡大命) 두 분 선생님이 그 난리 중에 황색 바랑에다 돈을 넣어가지고 날이 저물 때 용화동에 오셨다. 그 때는 용화동도 위험할 때였다. 혹시라도 산 사람들이 습격할 새라, 밤이 깊어갈수록 모두들 긴장했다. 두 분은 용화동으로 오다가 남원에서 여관에서 잤었는데 바로 옆방에 빨치산이 습격해서 매우 놀랐다고 했다. 그리고는 "어떠한 일이 있을지라도 교회를 운영해서 명맥을 이어나가도록 해 주십시오."라고 간절히 말씀하시며 그 바랑을 남주 선생님께 주셨다. 그때의 강박감은 55년이 지난 오늘에도 생생하게 기억난다. 두 분 모두 이제는 유명을 달리 하셨다. 무뚝뚝했으면서도 가식이 없었던 소박함과 곧은 정신은 길이 빛나리라. 그 돈으로 진입로 좌측의 배밭을 샀다.

그리고 지금은 성전 전면 우측에 일부만 남아있지만, 처음에 도장 건립을 시작하게 된 동기는 경주에 살던 교인이었던 조용환(趙庸煥) 선생(태인 미륵교의 교주이자 한 때는 부산 태극도(太極道) 교주 조철제씨의 측근 수행자였음)의 혈성으로 이루어졌다.

조 선생님이 태인에 계셨을 때 어느 날, 가족들이 기다림에 지쳐 부인이 아기들과 함께 천리 길을 찾아왔다가, 먹고 살 길이 막연하여 다시 고향으로 돌아가는데 아이 어른 할 것 없이 모두 맨발이었다. 그 고생을 어찌 말로 다 표현하리오?

훗날 8.15 해방이 되자 조 선생님은 교단에 와서 상주하시면서 경주지방 교인들의 녹사성금(綠史誠金)을 거출하여 2칸 장방 6개의 집 두 채를 지었다. 또 아산 지역 교인들의 특성으로 목수가 와서 직접 재목을 다듬어서 집을 한 채 더 지었다.

앞으로 낸 두 채 중 가운데 한 채는 뒷날 통천궁 앞이 막혀서 뜯었고, 한 채는 지금의 살림채로 옮겼다. 세 번째로 지은 집은 1991년 신미년까지 보존되다가, 일부는 헐고 일부는 지금도 남아있다.

어쨌든 당시에 용화도장 소유의 집이 3채 2칸짜리였으니 모두 36칸이었다. 그때는 왜를 얽은 흙벽이었다. 마분지로 초배를 하고 벽지를 발랐고, 방과 방 사이에는 나무를 드물게 짠 다음 종이로 풀칠해서 팽팽하게 만든 미닫이문을 달았다.

밀 2입(叺)을 빻은 밀가루로 풀을 쑤었다. 큰 솥에 풀을 그득히 쑤느라 큰 나무주걱으로 젓는데, 어찌나 힘이 들던지…… 어린 아이는 옆에서 울어대고, 지금 생각해도 아련히 꿈만 같다.

수련할 수 있는 도장이 완공되어 두 분 선생님과 간부 13명이 처음으로 수련을 하셨는데, 동지 치성을 마친 다음 입공(入工) 치성을 올렸다. 나는 장 흥정을 마치고 막차로 물건을 들여와서 부랴부랴 치성준비를 해서 올린 다음 음복도 하지 못하고 신열이 나서 자리에 누워버렸다. 그때 배문철(裵文哲) 선생의 따님인 옥선(玉仙)이와 만순(萬順)이가 밥을 해서 도장까지 날랐다. 나는 입맛이 없어 제대로 먹지도 못하고 누워만 있었다. 날이 갈수록 병이 악화되어 사경을 헤매게 되었다.

그때 서천에 사시던 한의사 조진이(趙眞伊) 선생이 처방을 내려약을 지어왔지만 허사였다. 왼쪽으로 누우면 바른쪽 어깨 아래가무거운 돌을 달아 놓은 듯했고, 반듯이 누우면 숨이 하늘에 닿는 듯

해서 할 수 없이 집선생님이 내려와 보시더니 의사를 불렀다. 의사
가 진맥을 한 다음 늑막염이라고 진단하고, 큰 주사바늘을 내 옆구
리에 찔러 물을 빼니 한 되도 더 나왔다. 그제야 주변에서 보던 사
람들이 눈시울을 적셨다.

1957년 증산교단 각 교파 대표자회의를 마치고. 앞줄 왼쪽부터 보화교 김재헌 선생,
삼덕교 서상범 선생, 증산교 남주 선생, 보화교 김환옥 선생, 법종교 김병철 선생

젊은 것이 누워만 있다고 구설을 들었던 나는 그저 비통할 따름이었다. 옆구리에서 물을 빼고 나니 열은 내렸지만, 피골이 상접해서 몸을 제대로 가눌 수조차 없었다. 게다가 그때 나는 임신중독증까지 겹쳤으니 그 고통은 짐작하고도 남음이 있으리라.

내 나이 33세 때의 일이었다. 통천궁을 건립할 때 취사를 담당했던 장수 부인에 대해 좀더 남기고 싶은 이야기가 있다. 당시 우리집에서 대소사를 열심히 도와주신 충직하셨던 이춘성(李春成)씨라는 할아버지를 위해서 하루 세끼 더운밥을 지었는데, 하루는 그 분이 우리 식구가 조반을 마친 후에 오셨다가 내가 부엌에서 나오자마자 "부잣집 업 나가듯" 몰래 돌아가시는 것이었다. 그러면 내가 기어이 뛰쳐나가 불러와서 밥을 드시게 해야, 마음이 흡족해졌다. 그렇게 해야만 편안했으니, 이것도 보이지 않고 알지 못하는 전생의 깊은 인연이 있었나 보다 라고 생각했다. 내 마음이 그러했으니, 그 분 역시 이심전심이었다.

그러던 어느 날 내 나이 34세 때 척추 칼리애쓰라는 중병에 걸렸을 무렵, 혼자서 생각해보니 내가 재생의 희망이 없을 경우에는 장수 부인을 집선생님께 천거하고자 했다. 내가 마음 속으로만 생각하다가 어느 땐가 실토를 했더니, 집선생님도 침통한 표정으로 듣고만 있으셨다. 그러다가 집선생님께서 "교인들이 과연 용납해줄까? 나는 상관없지만……"하고 말씀하셨던 적이 있었다. 나는 내 슬픔보다는 집선생님과 남겨질 아이들을 위해서 뒷일을 염려하는 마음이 간절했다. 지금 생각해 보면 신앙한 햇수가 훨씬 오래된 지금보다 오히려 그때 내 마음이 더욱 깨끗했고 순수했으며 세상의 때가 묻지 않은 타고난 본연의 상태가 아니었나 싶다.

우리네 삶은 무상하다는 말이 있듯이, 장수 부인이야기에 어우러져서 그만 내 이야기가 되어 버렸다. 성전이 완공된 지 5년 후인 1962년 임인년에 내전을 건립했다. 그때 남주 선생님께서는 68세여서, 기력도 쇠진해져서 뒷일을 걱정하지 않을 수 없었다. 수련을 하여 신계(神界)에 문의하고자 정읍에 사시던 배동찬(裵東燦) 선생님에게 약간의 입공(入工) 준비를 해 오시라고 부탁했다. 남주 선생님은 배 선생님과 함께 2주간 수련을 하셨다.

수련을 마쳤을 때에도 후계자문제는 뚜렷한 결과를 얻지 못했고, 7월 6일 이른 새벽 "지운편발(地運偏發), 신기처세화(神機處世化)"라는 글귀를 보고 비로소 까마득한 옛날 기억을 되살렸다고 말씀하셨다. 그 해로부터 30년 전이었던 임신년 어느 날, 고천후님께서 "오늘은 바람이나 쏘이러 나가자."라 하시면서, 지금의 내전 터(그때는 다른 사람 소유의 논이었음)를 가리키시며 "후일에 네가 꼭 여기에다 집을 지어야 한다."고 간곡히 부탁하셨던 일이 생각났던 것이었다. 그 당시에 집선생님이 생각하기에 앞으로 좋은 세상이 오면 여기다 사가(私家)를 지어 살라는 말씀으로 받아들였다고 한다.

그런데 수련 때 나타난 계시로 미루어 불현듯 반평생 전의 생각이 났던 것이다. 더욱더 놀라운 사실은 박점분(朴点紛) 여사님께서 그 해 치성 후 남주 선생님께 공부를 좀 해 보시라는 간곡한 부탁을 하고 가셨던 것이었다.

박점분 여사는 8.15 해방 이후 우리 교단에 와서 일편단심으로 오직 외길을 걸어오신 분이었다. 박 여사는 일찍이 청수(淸水)만

1962년 박점분 여사와 함께 통천궁에서 치성을 드리며

잡수시며 100일 수련도 하셨고, 쉴 새 없이 믿음의 길을 변함없이
지켜오셨다. 또 박 여사가 올린 신명(神明)을 대접하는 치성은 수
를 헤아릴 수 없으며, 어떨 때는 직접 치병을 해서 많은 사람에게
희망과 삶의 기쁨을 안겨주었다. 그 분이 교회 운영과 발전에 물심
양면으로 기여한 공은 길이 빛나리라 믿는다.

그 해 박점분 여사는 통천궁에서 주문을 읽다가 내전 건립에 대
한 신계의 알림을 들었다고 한다. 하지만 일개 아녀자의 말이 얼마
나 설득력이 있을까 걱정하여, 남주 선생님으로 하여금 직접 공부
해서 알아보시라는 생각으로 수련공부를 권유한 모양이었다.

남주 선생님이 이러한 수련 결과를 청음 선생님께도 알렸지만

최종 결정은 못 내리셨다. 그런데 6월 화천절(化天節) 때 박점분 여사께서 남주 선생님께 자신있게 "선생님, 이번 수련에 중대한 계시를 받으셨지요?"라고 물으셨다. 이에 남주 선생님도 "그렇습니다. 그런데 경제력이 뒤따르는 일이라 망설여집니다."라고 답했다. 그러자 박 여사께서 "아, 이 집을 헐어서 그대로 옮겨 지으면 되지 않겠습니까?"라고 하시는 것이었다.

박 여사님의 그 말씀에 힘입어 구(舊) 성전(聖殿)을 헐어서 삼신전(三神殿), 승광사(承光祠), 내전(內殿), 사랑채 등을 건립하였다. 건물 대지는 부산의 유박치 도현(道賢)께서 특성(特誠)을 내어 구입했다. 그 때는 논이었는데, 용화불교(龍華佛敎) 교주였던 진공(眞空) 스님이 그 땅을 구입하려고 노력했으나 우리 교단에서 한 발 앞

1953년 동지치성 드린 후 구 성전(현 금산여관 자리) 앞에서

서 매입했던 것이다. 천만다행이었다.

그때 나는 척주 칼리애쓰라는 중병으로 전주 적십자 병원에 입원 중이었다. 집선생님과 아기 3형제는 장수 부인이 보살펴 주었고, 이춘성 할아버지께서는 낮에는 나무를 해 오시고 밤이 되면 장시간 주문을 읽으시면서 내가 하루 속히 완쾌하여 집으로 무사히 돌아올 수 있도록 지성(至誠)을 다 바쳐 기도를 드렸다. 훗날 나는 이 이야기를 듣고 피를 나누지 않은 타인에게도 이렇게 진한 사랑을 받을 수 있다는 사실에 대해 깊은 감명을 받았다.

훗날 이춘성 할아버지께서는 누님 댁에서 지내시다가 발병한 지 불과 3일만에 세상을 뜨셨다. 집선생님께서 큰아들 영옥이와 함께 장례식에 참여하여 양지 볕 따뜻한 곳에 안장(安葬)하셨다. 내게는 오래도록 기억에 남는 잊지 못할 분이시다.

앞의 이야기는 1961년 신축년에 일어났던 일들이다. 1962년 임인년 내전 대지에 건물을 짓는 일은 엄두도 못내고 모를 심으려고 못자리를 했는데, 갑자기 3일 사이에 병이 들어 못쓰게 되었다. 할 수 없이 서숙을 갈았더니, 바로 그 날 저녁에 억센 소나기가 내려 또 못쓰게 되었다.

그 무렵 강원도 김화교인(金化敎人) 이빈연(李彬淵)씨가 영(靈)이 밝다고 했다. 그 분 말씀에 따르면 연세가 한 50대 중반 같아 보이는 어떤 부인이 "집을 지으라니까, 왜 자꾸 농사만 지으려느냐?"고 매우 꾸짖으셨다고 했다.

그러던 중 그 해 여름에 집선생님이 열(熱)장부여서 약간 탈이 나도 견디시는데 이상하게 약도 듣지 않아 꽤 오랫동안 배탈이 계속되었다. 그리고 집선생님께서 새벽 3시쯤 일어나 주문을 읽으면 선화(仙化)하신 도인들이 '와아 ---' 하고 환호성을 지르며 깃발을 든 분에게로 몰려드는 광경이 매일 보인다고 말씀하셨다.

그래서 청음 선생님께 말씀드려 의론 끝에 선망(先亡) 교우님들의 대위령제(大慰靈祭)를 올리도록 하니 모든 교인들이 대환영이었다. 위령제는 그 해 처서절(處暑節)에 거행하였다. 교인들의 성과 열을 다하여 위령제를 행하고 난 후, 비로소 신명(神明)들의 가호와 유족들의 호응에 힘입어 성전 건립을 추진하게 되었다. 구 성전이었던 옥성광(玉成鑛) 건물을 허는데만 무려 백 여 명의 인부가 작업해야 했다. 이리하여 성전 건립에 뒤이어 내전, 삼신전, 승광사 증축이 연이어 이루어졌다.

1987년경 고수부님을 모신 수부전 전경

내전은 그 해 8월 13일에 개토(開土)를 해서 8월 20일에 입주(立柱)했으며, 9월 6일에는 상량(上樑)을 했고, 마침내 10월 4일에 입주(入住)하여 10월 6일 고천후님(高天后任)의 지화절(地化節)을 맞이하였다.

이 공사를 진행하던 중 교인들 사이에는 약간의 오해가 설왕설래하였다. 내용인즉 남주 선생이 사사로이 사용할 집을 내전(內殿)이라는 미명 아래 짓는다는 것이었다.

내전이 완공된 후 고봉주(高鳳柱) 선생으로 하여금 "동도교(東道敎) 사택(舍宅)"(그 때는 정부에서 동도교라는 명칭을 내렸음)이라는 명판(名板)을 써서 대문 기둥에 붙였다. 고 선생님이 집선생님을 물끄러미 바라보시는 그 눈에 "역시 당신은 사사로운 욕심은 추호도 없는 분이시다."라고 말하는 듯하여, 나는 한 사람이라도 진의(眞意)를 알고 있다는 사실이 흐뭇했다. 고 선생님께서 32년이나 연하(年下)인 나에게 그 말을 하시던 그 숭고한 모습을 평생토록 잊을 수 없다. 거짓이 없고 꾸밈없는 그 순수한 마음을 나의 재주와 솜씨로는 도저히 표현할 수 없다.

제비산을 입수하게 된 경위

1963년 음력 윤 3월 15일, 해가 서산으로 넘어가고 어둠이 짙어질 무렵이었다. 키가 훤칠하게 크고 젊은 분이 한 손에 짐을 들고 용화동으로 들어오셨다. 오리알터에 있던 선불교 총무로 있는 정성태라고 자기를 소개했다.

정성태씨가 지리산에서 수련하던 중 비몽사몽간에 갑자기 50여세 되신 부인이 긴 담뱃대를 들고 나타나더니 "나를 모르느냐? 내가 곧 천하의 어머니 아니냐?"라고 하더란다. 그때서야 그는 꿈에서 깨어난 듯 깨달았단다.

그동안 까맣게 잊고 있었던 일이었다. 그럴 수밖에, 선불교에서는 정씨 사모님을 모시고 있으니까. 그는 갑자기 정신이 번쩍 나서 "예, 이제 알겠습니다. 고씨 어머님을 몰라본 제 죄를 용서하십시오."하며 지금껏 잘 알지 못했던 일을 깨달았다고 털어놓았다.

그 후 정성태씨는 선불교를 떠난 후 동지 몇 십 명이 뭉쳐서 신앙을 계속하면서 지냈다고 한다. 그 날은 유명한 안동소주 한 병, 집에서 정성껏 빚은 약주 한 병, 편육과 갖가지 안주 등을 마련해 가지고 고수부님 성묘를 왔단다.

가까이 살던 남자교인과 여신도 한 분과 함께 나도 그 분들을 따라 휘황찬란한 밝은 달밤에 제비산에 올라갔다. 필요한 물품은 모두 챙겨 온 것 같았다. 잔까지 모두 다 갖추었는데 내가 수저를 챙겼더니 당연히 있을 것이라고 하기에, 그냥 고수부님 묘소에 올라 갔다. 그런데 수저가 빠졌다.

정성태씨가 "매사가 주인없는 공사는 없다."면서 나한테 먼저 예를 드리라고 말했다. 내가 먼저 예를 드린 뒤에 정성태씨가 밝은 달빛 아래 양팔을 높이 쳐들어서 온 우주를 품에 안은 듯 정성스럽게 예를 올렸다. 얼마나 성스럽고 존엄하던지, 사방은 고요한데 가끔 속삭이듯 우짖는 산새소리가 들릴 뿐이었다.

의식을 마친 후 정성태씨 등 일행과 함께 고수부님 묘소 앞에 둘러앉았다. 그 자리에서 정성태씨는 앞으로 고씨 어머님 묘소를 잘 가꾸기 위한 일을 열심히 할 것이라며 굳게 각오했다. 그 후 1965년 초가을 정성태씨가 제비산을 용화불교 교인이었던 김석충씨로부터 사기로 매매계약을 했다. 음력 10월말쯤 잔금을 완불하기로 약속했다. 그 당시 계약금으로 10만원을 치르고, 13만원이 잔금이었다.

때마침 나의 친정아버님의 1주기 기일이 음력 10월 24일이었다. 내가 출가 후 16년 만에 어머님의 슬픈 서신을 받고 첫 친정나들이를 한 후 불과 1년 뒤에 아버님이 세상을 떠나셨다. 당시 집안 형편도 여의치 못했지만, 남주 선생님께서는 장가드신 이후 처가댁에는 발도 들인 일이 없었다. 이번 기회가 아니면 영원히 못 가실 것 같아서, 나를 대신해서 집선생님이 가시는 편이 나을 듯해서 그렇게 했다. 그 이후 친정어머님 1주년 기일에는 내가 친정에 갔다.

나는 친정에 오랜만에 갔지만 정성태 선생이 잔금지불관계로 오실까 하여 불과 3일 만에 급하게 돌아오려고 대구에서 서울행 열차를 탔다. 기차 안에서 구석진 자리에 유리가 깨어진 문을 신문으로 가리고 중절모자를 깊이 눌러쓴 분이 이상하게 신경이 쓰였다.

그때만 해도 나는 나이도 젊고 하니 혹시나 실수할세라, 동행한 형님께 저 손님의 행선지가 어디인지 여쭈어보라고 부탁했다. 형님이 말을 건네자 그 분이 모자를 벗으며 얼굴을 들고 나를 보더니 깜짝 놀랐다. 너무나 의외라는 표정이었다. 바로 정성태씨였다.

내가 천안에 살던 형님댁에 들러 새벽 1시 열차를 타서 김제역에서 내렸더니, 정성태씨도 같은 시간에 내려 또다시 만났다. 우연히 이렇게 자주 뵙게 되어 흐뭇했다. 남주 선생님께서도 무척 반기셨다.

이렇게 해서 제비산 일부 1만 4천 평 가운데 1천 평은 원래 산주인의 선친 묘가 있는 까닭에 제외하고 나머지를 우리 교회에서 인수하게 되었다. 정성태씨의 마음은 그렇지 않았지만 돈을 낸 동지들의 입장을 생각해서 일단 정성태씨 명의로 수속을 매듭지었다.

그 후 훨씬 뒤에 나라에서 특별조치법이 시행되어, 홍기화, 최창헌, 황수찬, 민영환, 장옥 5인 명의로 소유자 명의를 대체하고 오늘에 이르렀다. 그리고 얼마 지나지 않아 증산교본부 대표 명의로 이전했다.

천후님을 제비산에 장사 모신 일

1963년 계묘년은 우리 교단으로서는 다사다난했던 해였다. 천후님의 묘소가 오성산에 있다가 『대순전경』을 기본으로 정통을 이어받은 우리 교단에서 천후님을 받들어 모시게 되었기 때문이다. 그 후 묘소 관리가 소홀했다고나 할까, 적극적으로 살피지 못했던 것은 사실이었다. 그런데 이상하게도 교회에 내분이 일어나곤 했다.

나중에 알고 보니 고천후님의 유골을 묘지기가 일금 30만원에 상관마을에 살던 용화불교 교인 최 모씨에게 팔아 넘겼단다. 그 후 그 묘지기는 갑자기 발병해서 사망했다고 전한다. 더욱이 놀라운 일은 천후님의 자손인 신씨가 돈도 벌었고 살기가 풍족했는데, 갑자기 몸이 아프고 집안이 뒤집히는데 정신을 차릴 수가 없었단다.

그래서 우리 교단에서는 먼저 신씨에게 연락해서 상면하여 의논한 결과, 최씨에게 내용증명서를 발송하였다. 그리고 남주 선생님, 신씨, 당시 교단 총무였던 김형관씨께서 상관마을로 가셨다. 그 집 마당에 들어서자마자 신씨가 소리높이 최씨를 불렀더니, 최씨가 나오다가 높은 마루에서 거꾸로 굴러 마당에 나뒹굴었다. 최씨는 얼마 후 정신이 돌아온 뒤 자기의 잘못을 뉘우치고 순순히 가매장한 장소를 고백했다. 그리하여 우리 교단에서는 급히 고천후님의 이장을 서둘렀다.

그때 충남 서천에 살던 홍승찬이라는 교인이 풍수에 조예가 깊었는데, 사방으로 이장할 장소를 모색하던 중 제비산에 좋은 자리가 있다고 말씀하셨다. 그 자리는 산주(山主)는 따로 있고 묘를 쓸 곳은 경작자가 따로 있었다. 산을 어렵게 개간해서 작물을 심은 곳이었다. 3백 평도 못되어 백미 2가마니로 경작지를 샀다는데, 우리 교단에서 물으니 백미 8가마니를 불렀다. 한 톨도 감하면 팔지 않겠다고 고집이었다.

그래서 남주 선생님이 강원도 이천에서 남하하여 부산에서 입교한 최창헌 교인에게 이 문제를 의논했더니, 두 말 없이 응하여 빚을 얻어 충당했다.

신씨 내외분, 증손자 세 사람의 상복을 내 손으로 지었다. 처서절(處暑節)이 임박했지만 늦더위가 무척 심했다. 내가 골방에 틀어앉아 바느질을 했더니, 손등까지 땀띠가 나서 몹시 따가웠고 힘들었다. 그때는 힘든 줄도 모르고 그저 열심히 일했을 뿐이었다. 모든 일은 순조롭게 잘 이루어졌다. 길일은 처서절이었다.

우리 교단의 원로이신 배문철 선생님을 위시하여 박귀원씨 등 여러분이 이장하는데 가셨는데, 나도 이 세상에 계실 적에 못 뵈었던 천후님의 옥골이라도 배알하고자 배문철 선생님께 여쭈어 동참했다.

그곳은 제비창골 후미진 골짜기였다. 배문철 선생님께서 말씀하시길 "이런 곳에 모셔서 시일이 조금만 더 경과되었더라면, 천후님의 옥골이 완전히 흔적이 없게 될 뻔 했는데 천만다행이다."라고 하셨다.

파묘를 하고 옥골이 발견되자, 내 눈에도 눈물이 비가 오듯 쏟아졌다. 나는 아무런 깊은 뜻도 모르면서 즐거우나 슬프나 이 마음 다 바쳐 지극 정성으로 천후님을 모시리라고 다짐하며 머리 숙여 참관했다.

칠성판에 천후님의 옥골을 정렬하여 예를 드린 후, 백화상여로 모시고 칠성경(七星經)을 읽으며 행렬을 지어 제비산으로 모셨다. 옛날부터 제비산이라 말하여 날짐승인 제비로만 여겼는데, 이제 보니 바로 제비산(帝妃山)이라고 모두들 이구동성으로 찬양했다. 이제 영원토록 천후님의 옥체는 안장이 되셨다. 이날이 있기까지 얼마나 기원하며 바랐던 일이었던가?

그날 남주 선생님은 "우리 교단에서 고천후님을 받드는 것은 어디까지나 『대순전경』에 근거를 두고 상제님께서 공사보신대로 행하는 것입니다. 모든 일은 순리로 이루어져야 하는 법이니, 이번 일도 우리가 순리대로 했던 일이니 다행으로 생각합니다."라고 말씀하셨다.

이 큰일이 이루어지기까지는 적지 않은 애로도 있었다. 관계된 분들의 잦은 왕래를 대접하는 일이었다. 찌는 듯한 더위 속에 당시에는 냉장고가 있을 리가 없었으니, 음식은 우물에다 채울 수밖에 별다른 도리가 없었다.

그럴 때는 콩국수를 대접해드리면 시원해서 사랑방 어른들이 매우 좋아하셨다. 나는 있는 힘을 다해 그 분들의 시중을 들었다. 내가 스스로 마음이 내켜 봉사했던 일이었으니 힘이 드는 줄도 모르고 그냥 보람을 느꼈다. 세상만사가 남이 시켜서 억지로 하는 일은 마음도 내키지 않는 법이지만, 자기가 하고 싶어서 하는 일은 마냥 좋기만 하다.

고천후님 묘소를 이장한 다음 신묘한 일이 일어났다. 군말 한 마디 없이 빚을 얻어서 천후님의 장지를 마련하는데 기꺼이 참여했던 최창헌 선생님과 관계된 일이다. 최 선생님의 성경심과 남이 잘 되게 덕을 베푸는 일은 자타가 공인한 바 있지만, 결혼하신지 몇 해가 지나도록 일점혈육도 없이 지냈었다.

천후님 묘소를 이장한 해로부터 2년이 지난 1965년 초여름, 최창헌 선생님께서 원평 면사무소 앞에서 셋방에 사실 때였다. 내가 갑자기 심한 배탈이 나고 너무 아파서 놀란 집선생님을 따라서 최 선생님 댁에 가서 급히 약을 급히 달여서 먹었는데도 허사였다.

해가 저물어 갔으니 집선생님은 집으로 돌아가시고, 나는 하루를 그 댁에 머물렀다. 내가 그날 밤에 꿈을 꾸었다. 여름이어서 모기장을 치고 잤는데, 흰 무지개의 서기(瑞氣)가 잠자던 방에서 뻗어 바깥쪽 동편 하늘로 쭉 뻗쳐지는 꿈이었다. 나는 직감적으로 혹시 삼신(三神) 꿈이 아닐까 라는 생각이 들었다. 아니나 다를까 그 후 최창헌 선생님의 부인이 병원에 가봤더니 벌써 임신 3개월이라는 진단이 내렸다.

사람은 역시 무엇인가 소원하고 염원하면서 살아간다. 나는 성경신을 다하는 분은 어느 때인가는 반드시 신의 가호가 내릴 것이라는 사실을 믿어 의심치 않는다.

최 선생님의 장남은 병오생인데, 좋은 체격에 중후하게 생겼다. 또 마음씨가 순하고 점잖다. 어쨌든 최창헌 선생님은 그 후 2남 1녀를 두었다. 온 가족이 지극한 신심을 가지고 지금까지 성업(聖業)에 동참하고 있다.

예방수련

1963년 계묘년 이른 봄 남주 선생님께서 부산에 가셨다. 아마지난 겨울부터 계시가 있었던 모양이었다. 원체 말씀이 적은 분이었으니 옆에 있는 사람도 속내를 알 길이 없었다.

집으로 돌아오시는 길에 전주에 들려서 한약재를 꽤 많이 사오셨다. 내전을 건립할 때 『대순전경』에 기록된 '약장(藥欌)'은 마련되어 있었다. 약재를 사는 값은 황해도 출신 박귀원씨가 모두 담당했다. 박 선생은 한약에도 조예가 있었고, 마음이 정직했으며 거짓과 가식은 전혀 볼 수 없었던 40세의 장년이었다. 그 분은 최선을 다해 성심껏 교회 일에 임했다.

1인당 4첩의 약을 지어 약 이름은 원(元), 형(亨), 이(利), 정(貞)으로 정했고, 많은 교인들이 앞을 다투어 가며 예방수련에 임하였다. 그 해 2월부터 수련을 시작하여 동지까지 계속되었다. 주문은 칠성경(七星經)을 주로 읽었다. 일과를 시작하는 첫 시간과 마지막 시간에는 반드시 활문사(活文詞)를 노래조로 장구소리에 맞추어 수련생 모두가 흥겹게 불렀다. 활문사는 남주 선생님께서 지으신 것이었다.

당시 취사를 담당했던 사람은 홍 선생님 부인, 김재원 선생 부인이 나와 교대로 도맡아했다. 수련이 진행되던 중 먼저 끝내신 어

1963년 추분절 원형리정이라는 약 4첩을 먹으면서 하는 양명(養命)수련을 마치고 나서

떤 교우님의 배려로 나도 한차례 공부를 하게 되었다. 그때 나는 난생 처음으로 수련을 한 셈이었다.

마음이 벅차올랐고 평소에 소망하던 수련석에 임했으니 신비로웠다. 항상 이런 마음이 생활화되어야 했을 테지만, 그렇치 못했던 자신이 부끄러웠다. 처음 하는 수련이어서 마음과는 달리 육신은 굳어 1주일간을 밤낮없이 강행했지만 별다른 진전이 없었다. 예전에 부엌에서 쉴 새 없이 일할 때는 수련생이 부러웠고, 나는 언제 한번 공부방에 앉아보려나 하고 원했었는데……. 애써 만든 자리를 소득없이 만들어버려 오히려 부끄러운 생각이 들었다.

남들이 하는 일은 수월하고, 자기가 하는 일은 힘겹다고 생각하는 일이 얼마나 어리석은 일인지 다시 한번 깨닫게 되었다. 이런 일을 체험하는 것도 한 가지 공부려니 하는 마음이었다.

인간 세상은 정말 천태만상이다. 사람의 얼굴이 십인십색이듯이 그들의 생각과 움직임도 천만가지로 갈려 모두 다르다. 그 해 나는 무려 1년 동안 많은 교인들을 직접 접하게 되었으니, 느끼지 못하는 사이에 나에게 큰 공부가 된 것 같았다. 다른 사람의 좋지 않은 행동을 보면서는 "나는 저러지 말아야지."라고 생각했고, 다른 이의 선한 일을 대하면 감탄하며 마음에 깊이 심었다. 이런 일들이 모두 정말 값진 공부였던 듯하다. 하지만 얼마나 실천하느냐가 열쇠가 아닌가 싶다.

예방수련에서 교인들에게 거둔 성금으로 단주사(丹朱沙)를 사서 1인당 3포씩 15세 이하의 교인 자녀들에게 무료로 나누어주었다. 그 즈음 교회에서 매입한 땅은 거의 정식으로 등기가 되어있지 않았다. 매매계약서 한 장으로 몇 차례에 걸쳐 여러 명의 명의로 건네졌다. 거의 정리가 되어 있지 않았다. 한번 손을 대면 소모될 비용이 문제였으니, 차일피일하다가 그때까지 지연되었다. 그 부분은 교회의 커다란 걱정거리 가운데 하나였다.

그런데 김형관(金炯官) 선생님이 교회에서 구입했던 토지의 등기문제에 관한 실무에 착수하셔서 온갖 어려움을 겪으면서 정리했다. 여러 사람의 명의를 거친 토지는 원주인이 별세한 일도 있었고, 연고지가 확실치 않은 분도 있어서, 김 선생님의 고초가 이만저만이 아니었다.

1961년 통천궁 앞에서. 맨앞이 김형관 선생

몇 해 전에 충북 청주에 살던 김성식씨가 그 문제를 책임진 후 비용을 엉뚱하게 사용하고 우리 교회를 떠난 뒤 객사한 안타까운 일도 있었다. 이 모든 일들이 후회스럽고 돌이킬 수 없는 일이었으니, 가슴이 아플 뿐이다.

　거룩하고 참다운 진리에 입각하여 신앙생활을 열심히 해 온 교인들이었지만, 좋은 분도 많았지만 조금 이상한 분도 간혹 있었다. 김형관 선생님의 노력으로 교회의 토지 등기 문제는 일단 마무리 되었다.

　그런데 어느 사회단체나 가정에서도 흔히 볼 수 있듯이 제대로 진실을 파악해 보지도 않고 매사를 속단하는 경향이 있다. 너무나 놀라운 사실은 당시에 집선생님께서 내 명의로 많은 땅을 사놓았다는 헛소문이 났던 것이다. 정말 말문이 막혔다. 더욱 기가 막힌 일은 내 친정이 있던 울진에 땅을 마련했다는 것이었다.

　내가 출가한 지 당시에 16년이 지났지만 친정에 한번 찾아가 본 적도 없었고, 6.25 사변이 지난 후 친정아버님이 못난 여식을 불쌍하게 여기시어 용화동을 한번 다녀가셨던 일이 있었을 뿐이지, 친정과는 별다른 소식을 주고받지도 않았었다. 내가 몹시 분해 했더니, 집선생님께서는 사필귀정(事必歸正)이니 시간이 흐르면 오해가 풀릴 것이라고 위로하셨다.

　6.25 동란이 일어났을 때 『대순전경』의 "혈통줄을 바로잡는다."는 구절에 현혹된 많은 우리 교회 신도들이 선불교(지금의 증산법종교)로 옮겨갔다. 경북 일대에서 한 집을 찾아 산중에서 무려 십리 길을 걸어다니면서 쉴 새 없이 헤매며 포교했던 분들이 일시에

다른 교파로 가버렸으니, 그 심정이 오죽 아팠으리요? 경북지역 신도들 대부분의 연원주(淵源主)였던 배동찬 선생은 당시에 피까지 토했다고 전한다.

지금 돌이켜 생각해도 능히 이해할 수 있다. 배 선생님은 불의를 방관하지 못하셨으며 대쪽같은 분이셨다. 배 선생님의 선친께서 경북 영덕군에서 전북 정읍군으로 이거하셔서 보천교를 믿었으니 철저한 증산교 신도 집안이었다. 배동찬 선생은 우리 용화도장 창립 무렵부터 교단의 중추적 역할을 하셨던 인물이었는데, 1989년 음력 7월 4일 유명을 달리하셨다. 우리 교회사의 한 면을 거뜬히 채우실 만한 분이며, 포교활동과 공헌이 혁혁한 분이었다.

1968년 남주 선생 영결식 때 유사를 보시는 김형관 선생

치성 때 사용하는 진지 그릇을 도둑맞다

1963년 무렵의 일이었다. 집선생님은 출타하셨고, 김형관 선생이 총무로 계실 때였는데 마침 그 분도 본댁에 다니러 서울에 올라가시고 안 계셨다. 고추 수확이 한창인 때였으니까, 음력 7월 중순께였으리라.

구성산에서 수련을 많이 하셨고 증산교에 심취하여 나름대로 굳건하게 외길로 매진하던 서상근 선생이, 증산교본부 통천궁 정문에서 오십여 미터 떨어진 곳에 방을 얻어 기거하며 지극한 수련을 하고 있다는 이야기가 들려왔다.

내용인즉 우리 대법사(大法社)의 기운을 빼내가기 위해서란다. 기분 좋은 일은 아니었지만 그런 일은 구태여 왈가왈부할 일이 아니라며, 청음·남주 두 분 선생님께서는 오히려 좋은 쪽으로 해석하고 계셨다.

그런데 우리 교단에서 도둑맞은 일을 필두로 건너 마을, 환평마을, 새터 등 인근 온 동리가 도둑에 휩싸였다. 여기저기서 고추를 말려서 방에 두었던 것까지 없어졌다. 앞마당에서 고추를 말리고 있으면 뒷문으로 도둑이 들어오는 듯한 느낌이었다. 도둑 출몰 사건은 온 동네를 공포의 도가니로 몰아넣었다. 그때 도장에서 살림하시던 노인이 밭을 가꾸어 수확해 놓은 것도 없어졌고, 김 총무님 가방 속에 들어있던 옷가지도 없어졌다.

가장 놀라운 일은 치성 때 사용하는 진지그릇이 없어진 것이었다. 나는 정신이 아찔했다. 일제 때 그렇게 유기 공출이 심했어도 큰댁형님께서 땅에다 묻는 등 갖은 노력으로 지금까지 보존해 왔던 귀한 물건을 눈 깜짝할 사이 잃어버리다니, 무척 당황스러웠다.

나는 오랜 생각 끝에 큰댁 막내조카가 등교하는 편에 당시 동도교총본사(東道敎總本社, 원평 장성백에 있던 보화교에 사무실이 있었음)의 사무총장으로 계시던 김팔주 선생께 편지를 보냈다. 유기그릇이 독특하게 생겼으니 서두르면 찾을 수 있다는 감이 잡혔던 것이다.

막내조카가 보화교에 막 들어가니까 마침 김팔주 선생께서 서울에 가시려고 나오시더란다. 어쨌든 만나서 바로 도난신고를 했고, 경찰의 수색작업이 시작되어 결국 훔쳐간 사람이 살던 하숙집에서 그 물건이 나왔다. 그랬더니 구릿골 일대에 도난신고가 무수히 접수되어 그 수를 헤아릴 수 없을 정도였다. 집선생님은 그런 줄도 모르고, 이튿날에야 용화동으로 터벅터벅 걸어오셨다. 그때는 버스도 너무 적어 기다리기 지루하니 많이들 걸어 다녔을 때다. 어쨌든 나는 진지그릇을 찾게 되어 무척이나 다행스러웠다.

내가 6,25사변이 일어나기 전에 갓 시집가서 서울 마포구 합정동 시루미 마을에 있던 최규석, 최위석 형제분 댁에 살았을 때 빨래해서 널어놓은 것을 몽땅 잃어버린 일이 있었다. 그때는 도난신고도 하지 않았는데 도둑이 경찰에 잡혀서 자복을 해서, 경찰이 잃어버린 물건을 확인하고 찾아가라는 통보가 왔다. 경찰서에 가 봤더니 틀림없는 내 물건이어서 찾아온 일이 있었다.

집선생님은 내가 도둑맞을 때면 이상하게 꼭 찾게 되니 묘하다고 하셨다.

용화도장의 풍수 비보(裨補)에 관한 조언

1965년 을사년 봄에 내 고향인 울진에서 손님이 찾아오셨다. 내게는 삼종숙 뻘 되시는 분이었다. 그 분은 어려서부터 재사(才士)라고 주변에서 말했을 정도였고, 정신통일법과 풍수지리술에 능하셨다. 1964년 갑진년 나의 친정아버님 상을 치르러 집선생님이 울진에 가셨을 적에 만나서 그 분께 이곳 용화동의 산세지리나 구경 오시라고 했더니 굳이 들리신 모양이었다.

그런데 그 분이 이튿날 새벽같이 나가셨다. 마땅히 갈 곳이 없었는데 어디로 가셨나 했더니, 뒷산에 올라가 산세를 살피며 지리를 답사하신 모양이었다. 그 분이 다녀와서는 과연 천하의 대명지(大明地)라고 찬사를 보냈다. 통천궁(統天宮)의 위치를 가리키며 "하운동 고개가 없었더라면 명지라고 할 수 없는데, 사람들이 보기에 그 고개가 좀 허한 듯하니, 성전 뒷면에 속성수를 심어 수림이 울창하게 하면 아주 유리하리라."고 당부하셨다. 집선생님도 지리를 전공하셨으니 납득이 가는 모양으로, 나한테 "장씨 문중에도 저런 재주꾼이 있었나 보다."고 말씀하셨다.

그때 도장에 계셨던 홍기화 선생에게 말하여 속성수인 대나무를 1미터 남짓 잘라서 심었지만, 윗 논에서 물을 대고 농사를 지으니 물심을 받아 대나무가 자라지를 못하고 말았다. 알고 있으면서도 여건이 맞지 않아서 이제껏 실천하지 못하고 말았다.

사람이 이 세상에 살아있는 동안 하고 싶은 일을 빠짐없이 완성한다는 것은 정말 어려운 일이라고 생각한다. 세월은 속절없이 흘러 그때로부터 벌써 40년이 지났다. 오래 전에 써놓은 글인데, 이 부분만은 조금 첨가해서 적어본다.

1996년 말부터 우리 교단에 뜻하지 않았던 분쟁이 일어나서, 뜻있는 분들의 정신적·물질적 고통이 이만저만이 아니었다. 더군다나 교세는 날로 쇠퇴해지고 법적으로까지 물의를 일으켰으며, 결국 김제경찰서에까지 적지 않은 누를 끼치게 되어 교단의 체면이 말이 아니었다.

어느 날 김제경찰서에 계시는 담당 직원 한 분이 나를 만나기를 청해서 나갔더니, 청도리 쪽을 가리키면서 "대법사가 민족종교이기에 저도 관심을 가지고 지켜보고 있습니다. 그런데 왜 이렇게 어지러운 사건이 생겼나 근심입니다. 제가 언젠가 알고 지내던 풍수지리에 능한 분과 같이 왔었는데, 그 분의 말씀이 성전 뒷면이 좀 허한 탓으로 분쟁이 일어나면 6~7년은 갈 것이라고 말한 적이 있습니다."고 하신다. 내심 나는 감탄했다. 40여 년 전에 거의 같은 말씀을 해주셨던 장씨 아저씨가 생각나서 놀라움을 금치 못하였다.

청음선생님의 서거(逝去)

집선생님께서 만주에 계셨을 때 하루는 신문에 큰 활자로 "중국 손문(孫文) 장군, 북벌(北伐) 단념"이라고 적힌 것을 보고 무릎을 치면서, "아아, 장군의 죽음이 도래했구나!"라는 말을 하셨다고 한다. 그때 함께 자리를 한 몇몇 분들은 영문을 몰라 그저 집선생님만 멍하니 바라보았다고 한다.

　과연 그 후 얼마 안 되어 손문 장군이 발병하여 북경(北京)병원에 입원해서 요양하였으나 3개월을 못 넘기고 타계했다. 이 일은 중국과 만주 온 천지를 떠들썩하게 만든 대사건이었으니, 신문을 보고 집선생님께서 했던 말이 전파되어, 여러 사람들이 집선생님만 보면 어떻게 알았냐고 묻느라고 야단이었다고 한다. 집선생님은 "인간은 정신이 꺾이면 살아갈 수 없는 법, 육신은 삶에 있어서 정신의 부수물에 지나지 않으며 오직 정신기운(精神氣運)으로만 생명이 지탱할 수 있습니다. 손문 장군은 일찍이 북벌에 대한 강한 집념을 간직한 분이셨는데, 그 뜻을 체념했으니 육신이 지탱될 수 없을 것으로 생각했었습니다."라고 대답했다고 한다.

　내가 이 이야기를 들은 때는 1966년(병오년) 음력 십이월의 일이었다. 청음대종사(靑陰大宗師)님(이상호 선생님, 내게는 시아주버님이 되시는 분)께서 아우인 남주(南舟) 선생이 신열(身熱)이 높고 여러 날 편치 않다는 소식을 듣고 문병을 오셨다. 그 날따라 유례없이 형제분이 무척 진지하게 말씀을 나누셨다. 훗날 내가 생각해보니 "인명(人命)은 재천(在天)이라."는 말이 있듯이, 형제분께서 이별을 맞을 시기가 닥쳐옴을 느끼고 전에 없이 깊은 이야기를 나누셨던 모양이었다.

　두 분 어른들은 남다른 투철한 민족정신을 간직하셨던 인물이었고, 성업(聖業)에 입문하게 된 동기가 "종교의 힘으로 민족정신을 한데 뭉쳐보려는 원대한 꿈을 펴기 위함이다."고 했으니 세상 사람들이 착안 못했던 어려운 일을 해냈으리라고 믿는다.

그 날 형제분의 말씀에는 이러한 뜻이 함축되어 있다고 믿는다. 때는 저녁노을이 서녘 하늘을 발갛게 물들이고 있었다. 내가 시숙이신 큰선생님을 모시고 큰댁까지 갔다. 나는 일찍이 그렇게도 온화하고 평화로운 그 어른의 모습은 본적이 없었다. 왠지 모르게 돌아오는 내 발길이 알 수 없을 허전함을 느꼈다.

그런데 이튿날 큰선생님을 찾아가 뵈오니 언제나 그러하듯이 반듯이 누우신 채 두 눈은 감고 계신 모습이 가히 신선을 대한 듯했다. 나는 이상한 예감이 들었다. 그때부터 큰선생님은 맑은 미음만 조금 드실 뿐, 미동도 않으셨다. 무려 2주일을 그대로 계셨다. 드디어 그 해 음력 12월 18일 새벽, 바람이 거세게 불고 겨울 뇌성이 진동하여 우리집 장독뚜껑이 깨지는 등 요란한 천기(天氣)의 변화가 일어난 후 오전 6시에 큰선생님께서 고요히 선화(仙化)하셨다.

나는 여기서 다시 말하고 싶다. 앞서 말했던 손문 장군 이야기와도 연관된다. 청음대종사님 역시 한평생을 통해 대성인(大聖人)의 도문(道門)에 입문하여 강철과 같은 신념으로 지내셨는데, 아우인 집선생님으로부터 대의(大義)에 입각한 진실한 말을 듣고 모든 일에 안심하시고 "이제는 마음을 놓을 수 있겠다. 역사는 거짓이 없겠지."하고 정신을 놓으셨으니, 부수적인 육신이 사라지게 되었다고 나는 생각한다.

의통(醫統)을 준비하다

오늘을 살고 있는 우리 증산교인들 모두가 궁금하고 신기하게 생각하고 있을 의통에 대해 생각나는 대로 기억을 더듬어가면서 기록해 본다. 『대순전경』에는 의통에 대해서 상제님께서 1909년 기유년 6월 23일 화천(化天)하시기 전날 박공우(朴公又) 선생님께 주위를 물리치고 남기셨던 말씀이 적혀 있다.

또한 천사(天師)님께서 천지공사를 행하실 때 부자는 돈을 써야 하니 백남신(白南信)으로부터 천 냥의 각서를 받아 불사르신 기록이 전한다.

때는 1951년 신묘년의 일로 기억한다. 8.15 해방 후 우리 교단에서 처음으로 의통인패(醫統印牌)를 만들 때에 그 자금을 백남신 종도님의 손녀 사위(후일에 이리 남성중고등학교 교장으로 남주 선생님을 천거하신 일도 있었음)가 조달했다. 그 분은 집선생님과 친분이 두터웠는데, 집선생님께서 백남신 종도님의 이야기를 꺼냈더니, 토를 달지 않고 거금 십만 원을 내놓았다고 전한다. 나는 바로 그 돈으로 제 1차 의통 준비를 실천에 옮겼다는 말을 집선생님으로부터 들은 일이 있다. 당시는 내가 아직 시집오기 전의 일이었다.

두 번째가 신묘년 정삼(正三) 고사 치성 때였다. 당시 살림이 여의치 않아 원래는 소를 한 마리 올려야 하지만, 소머리, 소꼬리, 네 발 이렇게 하여 겨우 소의 형태만 갖추어 치성을 올렸다.

그 자리에서 청음 선생님께서 "우리 모두가 가장 으뜸으로 생각하고 있는 의통에 대해서는 이미 증산천사님께옵서 공사를 보셨습니다. 나와 동생 남주라는 혈연관계를 초월하여 정해진 인연에 따라 앞으로 의통에 관계되는 총책임을 남주에게 맡김을 엄숙히 선언하노라."라고 말씀하셨다.

이후 그해 음력 2월 중순 무렵 원평 장성백(지금의 금산면 상업중고등학교 전면) 금산사 진입로에 4칸 전셋집을 얻어서, 처음에는 집선생님이 손수 식사준비를 했고 나중에는 교인 2, 3명이 함께 자취를 하며 의통 준비를 했다.

때는 6.25 사변이 일어난 직후였으니 모든 형편이 어려웠다. 그 후 나는 당시 생후 6개월이 되던 큰아들 영옥이를 업고 집선생님을 도왔다. 그릇이라곤 밥그릇, 국그릇, 김치그릇, 간장그릇까지 모두가 질그릇이었으니, 그릇에 물이 먹으면 무겁기가 한량없었다.

그때 의통 준비에 종사하던 분은 서울에서 피난오신 일가족인 정윤조 선생, 70살이 넘은 정 선생의 모친, 부인, 18세 된 손녀, 손자 등이었다. 정 선생님이 재단을 맡으셨고, 정읍 대흥리에 살던 박기백 선생의 큰아들 수호, 배동찬 선생의 큰아들 효구, 한인희 선생의 장남, 한인희 선생의 조카(1990년 12월경 정읍 호남고등학교 동창회장으로 동창회에 참석했다가 귀로에 부인과 함께 용화동에 들렀음) 등 당시 15세, 14세, 16세로 아직 이성을 모르는 청순한 소년들이 의통 준비작업에 종사하였다.

그때 경면주사(鏡面朱沙)는 안흥찬(安興燦) 선생이 전량 충당했다. 그래서 완성된 의통은 대부분 양일환(梁一煥)씨가 충청도로 가져갔다. 이에 경상도 밀양에 살던 이원호(李元浩)씨가 크게 화를 내고, 청음 선생님께 항의하여 일대 분란이 일어났다.

당시 그 작업을 준비하느라 하루에 무려 쌀 3말을 소모했다. 한 가지 일화가 생각난다. 식량도 그렇지만 부식 준비가 더 어려웠다. 5일 간격으로 서는 장이니까, 다음 장날까지의 부식 준비가 힘들었다.

그런데 아침 일찍 장에 김치꺼리를 사러 갔던 양일환씨와 또 다른 한 분이 오후 3시가 지나도록 오지 않았다. 내가 문득 이상한 생각이 들어 걱정했더니, 집선생님께서 나가셨다. 거의 2시간이나 지났을 무렵에야, 집선생님과 장보러 간 사람들이 다 시들어빠진 채소를 지고 돌아왔다. 사유인즉 집선생님이 장을 한바퀴 돌아다녀도 못 만나고 돌아오는 길이었는데, 지서(支署) 마당에 웬 채소 지게가 두 개나 받쳐있더란다. 그래서 집선생님이 지서에 들어가 봤더니 이처럼 많은 채소를 사 가는 것을 보니 틀림없이 빨치산 소굴로 가는 것이라고 단정하고 조사하던 중이라고 했다.

그때는 6.25 사변이 일어난 직후로 모악산 일대에 좌익사상을 가진 사람들이 가득 있었고, 이들은 밤이 되면 민가에 내려와 식량과 옷가지를 탈취해 가던 때였다. 그래서 매일 밤마다 창문으로 불빛이 새어나가지 않도록 검은 보자기로 가려야 했다. 지금 생각하면 암흑시대였고, 동지섣달 기나긴 긴 밤보다 더욱 지루하고 불안한 밤을 보냈던 시절이었다. 다시는 그런 시대가 없도록 우리 모두가 노력해야 하겠다.

그런데 그 해 음력 4월 19일 저녁에 나는 평생을 두고 잊지 못할 생생한 꿈을 꾸었다. 너무나도 감격한 나머지 나는 그 후 오늘날까지 조석(朝夕)으로 청수를 올릴 적마다 심고(心告)를 드리면서 앞으로 그 언젠가는 올 모두가 희구하는 영광스러운 때를 간절히 바라고 있다. 다만 조용히 서둘지 않고 마음 속으로만 염원할 뿐이요, 조금도 내색해 본 적이 없다. 이는 천하의 모든 증산교인들의 한결같은 바람이라고 믿는다.

아무 것도 잘 이해를 못하면서도 어쩐지 의통에 대해서는 나도 모르게 자꾸 생각에 생각이 꼬리를 문다. 천사님께서는 오직 우리나라가 세계의 종주국(宗主國)이 되고, 우리 민족이 세계 인류에게 선생 대접을 받을 수 있도록 공사를 보셨다. 그렇다면 그럴만한 이유가 반드시 있어야 할 터이다.

그래서 나는 의통이 두 벌로 전해졌다는 이야기에 의문을 가지고 집선생님께 " '참'은 하나만 있어야지, 왜 둘이 있습니까?"라고 질문했던 적이 있다. 그러자 집선생님께서는 "이 험한 세상에 진귀한 물건을 다른 사람에게 전하라고 하는 심부름이 제대로 이행될 수 있겠느냐? 너도 가지고 다른 하나를 그 사람에게도 전하라고 해야만 그 심부름이 제대로 전해질 것이 아니겠느냐?"고 반문하셨다. 내가 그 말을 듣고 보니 진정 그렇겠다는 생각이 들었다.

1928년 무진년 동지(冬至)에 동화교(東華敎)가 창립된 훨씬 뒤의 일이다. 갑자기 박공우 종도님께 '와사증세'가 생겼다. 어느 날 집선생님이 가까운 동지와 함께 박공우 종도님께 가서 의통의 비밀을 유지하는 일에 대해 재확인한 일이 있었다고 한다. 바로 그때 박공우 종도님은 눈물을 머금고 손으로 방바닥을 치시며 "하늘에 다시 맹세하노라."고 몸을 떨었다고 한다.

그 후 함께 갔던 동지가 집선생님께 달려와서 "참으로 신기한 일이 일어났습니다. 어저께 원평 장에서 박공우 종도님을 만났는데, 입이 반듯해졌습니다."라고 하면서 참으로 기이한 일이라고 탄복했다고 전한다.

그런데 여기서 또 한 가지 우리가 분명히 짚고 넘어갈 일이 있다. 항간에는 의통을 부인하는 사람들도 적지 않다. 그 분들은 "증산교 여러 교파 가운데 그 유명하신 만국대장(萬國大將) 박공우 선생의 도(道)판같이 씨도 싹도 없이 소멸될 수는 없는 일"이라고 말한다. 그 말의 의미인즉 의통에 대해 박공우 종도님이 거짓말을 했다는 주장이다. 그러나 이제는 『천지개벽경(天地開闢經)』이 출판되었으니, 더이상 재론이 필요치 않겠지만……

박공우 선생님 수제자였던 송종수(宋鍾洙)씨는 얼굴의 이목구비가 선명했고 상투를 하셨는데 선비로서의 풍모가 조금도 손색이 없는 양반이었다. 6.25 사변 직후 용화동에는 저녁마다 불이 났을 정도로 소란하여, 당시 첫 아기를 잉태했던 나는 그해 가을에 산달이 닥쳐서 지금의 금산면과 봉남면 사이에 있던 용발리(龍發里)에 방을 하나 빌렸다. 이 일에 송 선생님이 수고를 아끼지 않으셨다.

집선생님과 송 선생님은 원래부터 아는 사이였지만, 이 일로 인해 더욱 진지하게 이야기를 나누게 되었으며, 마음 속에 깊이 간직했던 지난날의 일도 남김없이 토로하는 계기를 마련하게 되었다.

박공우 종도님께서 타계하시기 전에 가끔씩 일제 경찰이 가택수사도 했기 때문에 거처하던 방의 아랫목에 있던 벽을 뚫고 도장을 넣은 다음 벽을 다시 발라버렸다. 송종수 선생이 수제자였으니 박공우 종도님께서 그 사실을 일러 주었다. 시간은 흘러 박공우 종도님이 세상을 뜨시자 장사를 치른 다음 송 선생이 2~3일 동안 집에서 쉬다가 박공우 종도님 댁에 찾아갔더니, 그 사이에 박공우 종도님의 부인께서 그 방을 싹 뜯어버렸더란다. 방을 뜯으면 부시막은 자연히 뜯기게 마련이었다. 송 선생은 방을 뜯은 흙을 버린 곳에 가서 채로 쳐보았지만 도장 2개가 보이지 않아서 할 수 없이 체념을 했다고 당시의 상황을 진술하게 술회하였다. 그리고 송 선생은 이제 대법사(大法社)에서 그 중대한 사명을 완수하는 것이 순리일 것이라고 말하였다.

이 일은 그 당시 송종수 선생님과 대화하신 집선생님께서 곧바로 내게 해주셨던 말씀이다. 그 후 세월은 흘러 1964년 계묘년(癸卯年)에 김종호(金鍾浩)씨가 경면주사(鏡面朱沙) 7근(왕모래같은 생긴 진품이라고 했음)을 구해 왔다. 그것을 집선생님이 손수 갈아서 일일이 수비(水飛)를 하셨다. 그때 총무를 김형관(金炯官) 선생이 봤다. 김형관 선생은 성품이 온유하고 인품이 좋았으며, 특히 글씨를 잘 써서 총무직을 맡기에는 아주 적임자이셨다. 김 선생님은 허약한 몸에도 불구하고 두 분 종사님들을 부모와 같이 평안하게 보필하셨으며, 때때로 내가 고생하는 것을 위로해 주시기도 했던 다정다감했던 분이셨다.

그리고 김종호씨가 자금을 대고 특별히 구상해서 꽤 큰 철(鐵)로 만든 기계 한 대를 만들어 온 일도 있었다. 하지만 그 기계는 무용지물이 되었다.

그리고 김제군 죽산면에 사시던 서헌교(徐憲敎) 선생(밀양 출신으로 4대 종령을 역임하셨음)과 홍기화(洪基和) 선생께서 수고하셨다.

두 분은 전북 부안군 변산(邊山)에 가셔서 도목(桃木)을 벌채하여, 심야에 동진강(東津江)의 배 편을 이용해서 서헌교 선생 댁까지 운반했다. 그 후 대강 마전해서 서 선생님 며느리(정묘생으로 당시 그 마을 부녀회장이었음)가 동리 집집마다 다니면서 양해를 구하여 저녁 식사 후에 부엌불 땐 아궁이에 도목을 가득 넣어 두었다가, 새벽에 아침밥을 짓기 전에 동리를 돌아다니면서 다시 전부 꺼내 놓는 작업을 일주일간 계속하여 완전히 건조시켰다.

지금 생각하면 지극한 정성의 소산이 아닐 수 없다. 서 선생님은 중후한 인품에 사심이 없는 정직한 분이었다. 또 한학에 능하셨던 매사에 끈기가 있는 분이었고, 노령에도 우리 용화도장을 지키면서 몸으로 할 수 있는 일도 거리낌없이 하셨고 신앙에도 특별한 고집과 끈기가 있으셨다. 서헌교 선생님께서는 1985년 음력 8월 7일에 별세하셨다.

이렇게 기록하고 있는 동안에도 선생님의 무게있는 모습이 아롱아롱 새겨져서 눈물이 내 볼을 적신다. 갑자기 서 선생과 관련된 일화 한 가지가 떠오른다.

어느 때 동네 아이들 중 손버릇이 좋지 않은 아이가 있어 집집마다 돈이 없어진다고 한다. 우리 집도 내가 장에 다녀왔더니 다락, 벽장 등을 흩어놓고 사랑방 문고리도 잡아당긴 흔적이 있었다.

그래서 돈 5만원을 당시 도장의 사랑방에 계시던 서 선생님께 맡기고 밭에 제초작업을 하고 왔다. 2, 3일 후 서 선생님으로부터 돈 봉투를 돌려받아 가지고 와서 보았더니, 돈의 액수가 많이 틀렸다. 하지만 서 선생님께 다시 물어볼 수도 없고, 혼자서만 애태울

뿐이었다. 그때가 마침 6월 화천절 치성을 올린 뒤였다. 지방에서
오신 교인들도 모두 떠난 후에 내가 아침설거지도 끝내기도 전에
서 선생님이 오셨다. 내가 "일찍 오셨습니다."하고 인사드렸더니,
서 선생님께서 "그것 참, 내가 그만 실수를 해서…… 그것 참."하시
며, 주머니 속에서 봉투를 꺼내시며 "『증산교요령(甑山敎要領)』 책
을 판 얼마 안되는 돈 봉투하고 사모(師母)님이 맡긴 돈 봉투가 바
뀌었나 봅니다."고 하시면서 아주 난처해하셨다.

　순간 나는 '내가 그때 정말 잘 했구나. 액수가 틀린다는 말을 그
때 했었더라면 공연히 귀찮게 돈을 맡기더니 군말만 듣게 생겼다고
속으로 언짢아하셨을 것'이라고 생각했다. 새삼 참는 것이 좋다는
진리를 다시 깨달은 듯하여 기쁨을 느꼈다. 하루하루를 살아가는
일상생활에서 일어나는 모든 일들이 배움의 연속이고 공부과정인
듯하다.

　을사년(乙巳年) 이후 인육(印肉)도 만들었고 의통도 많이 만들
었으며, 무신년(戊申年) 봄에는 만족할만한 숫자는 아니었지만 거
의 완성시켰다.

　1968년 음력 10월 11일 집선생님께서 유명을 달리 하셨다.
어쩌면 남주 선생님께서 의통에 대한 자신의 사명을 그만하게라도
끝냈으니 떠나셨나 보다고 말하는 분도 계셨다.

　1984년 갑자년 봄에 정영규(丁永奎) 선생이 홍기화 선생에게
호부(戶符)는 많지만 호신부(護身符)가 부족할 듯하다고 말하셨다.
그때 홍기화 선생님이 "그렇다면 경면주사 1근 반이면 되겠다."고
말씀하시자, 교인들이 자진 참여해서 다시 의통을 준비했다.

경면주사가 태부족했다. 수비(水飛)를 하지 않고 그냥 갈았으니 그럴 수밖에 없었다. 그래서 경면주사를 다시 마련했는데 일반적으로 내놓은 공인품 주사 다섯 봉지(한 봉지가 1근)를 사다가 20만 장을 추가로 만든 것으로 알고 있다.

무신년(戊申年) 이른 봄의 일이라고 기억한다. 아침에 흰 고이 적삼에 개나리봇짐을 짊어진 40대 후반쯤 보이는 분이 집선생님을 찾으신다. 우선 아침 식전이라 밥을 차려 드렸다. 그 분의 이야기인즉 자기는 13~14세 때부터 산공부(山工夫)를 했는데 어느 날 산신령이 나타나 "금산사(金山寺) 밑에 가서 인간을 구할 수 있는 은침(銀針)과 기(旗)가 준비되었는지 알아 오라."는 계시가 있어서 경북 청도에서 왔다고 사정을 설명했다. 그때 집선생님이 "옛날에 사람이 병이 나면 침이 제일 빠르니, 영계(靈界)에서는 그렇게 볼 수도 있을 것이다."라고 생각하시고, "이미 준비가 되어 있으니 걱정하지 말라고 전하시오."라고 답하셨던 일이 있었다.

모든 일은 길고 짧은 것을 재어보아야 한다는 옛말이 있듯이, '그때'를 당해 보아야 알지 지금은 그 누가 장담을 할 수 있을까? 오직 마음을 잘 닦기에 정신을 모아야 할 때라고 다짐해 본다.

『현무경』에 얽힌 이야기 하나

온 천하의 증산교인들은 한결같이 『현무경(玄武經)』의 신비함을 동경하며 형언할 수 없는 존경심을 늘 간직하고 있으리라고 믿는다. 나는 일찍이 공부한 적도 별로 없었고, 가정주부의 일상생활에서 벗어날 수 없었으며 집중력도 신통치 않아 제대로『현무경』공부를 한 적이 없었다.

다만 집선생님께서 타계하신 이후 나는 교인의 하루일과로서 아침에 청수를 봉안한 후『현무경』에 나오는 부(符)를 그렸고, 고점(鼓點)을 찍으며 나라의 안녕과 교단의 발전을 간절히 빌었을 뿐이었다.

1969년 기유년 우리 교단은 창립주이신 청음·남주 두 어른이 세상을 떠나고 안 계셨을 때였다. 느닷없이 용화도장의 정문 앞에 사시던 분이 자기 집에 화장실을 지으려고 돌과 흙을 섞어 쌓아 올리기 시작했다. 우리 도장의 사무실과 마주 보이는 곳에다 옛날 도로 쪽에 화장실을 지을 속셈이었다. 교단 측에서 극구 만류해도 듣지 않아 할 수 없이 지서에 신고했다. 경찰관이 나와서 그렇게 하시면 안된다고 주의를 주었는데도 아무 소용이 없었다.

나는 별다른 대책이 없어서『현무경』의 부(符)를 그리기로 결심했다. 어른들이 계시지 않는 슬픔이 솟아났고, 그 분들이 사무치도록 그리웠다. 상제님께 청수를 봉안한 후 나는 있는 정성을 한데 모아 부를 그려서, 집선생님께서 재세시에 사용하시던 방법을 기억해서 그대로 사용했다.

불과 3일이 지난 날 그 집의 9세 된 아들이 큰 감나무에 올라갔다가 떨어져서 위독했는데, 급히 병원에 데리고 가서 응급치료 끝에 무사했다는 이야기를 전해 들었다. 결국 그 집에서 전주까지 가서 점을 쳐보았더니, 그곳에다 화장실을 지으면 안좋다는 공수가 내려

1970년 수련을 마친 교인들과 함께

화장실을 원래 지으려던 곳보다 훨씬 안쪽에 다시 지었다.

나는 마음 속으로 그 집 어린 아들이 무사한데 우선 마음이 놓였다. 또 한편으로는 그 집 부모들이 더 이상 오기를 부리지 않고 부당한 처사에 대해 뉘우쳤다는 점이 매우 다행스러웠다. 다시 한 번 마음 속 깊이 상제님께 감사드렸다.

배용덕 선생과 『대순전경』 출판 거절

1972년 어느 날 서울에서 증산사상연구회 배용덕 회장님께서 오셨다. 박종설 선생님과 일본 유학시절부터 지면이 있는 분이시라, 우리 교단에도 몇 차례 다녀가셨다.

배 회장님께서 남주 선생님 청수상에 새로 나온『증산사상연구』한 권을 올려놓고 심고를 드리며 감격하면서 흐느끼셨다. 옆에서 지켜보던 나도 함께 눈시울을 적셨다. 집선생님께서 선화하신지 오래

1982년 대순절 때 배용덕 선생님과 함께

되지 않았던 때여서 나는 더욱 슬펐다.

그렇지만 나는 속으로 "어째서 저 어른이 저렇게 감정이 격하도록 슬퍼하실까? 혹시 우리 교단과 관계가 있는 일이라도 있나?"라는 생각을 하고 있을 때였다.

배용덕 회장님이 일어나서 다시 정좌하시고 "지금은 옛날과 달라서 여러 교수님들이 민족종교를 연구하려고 해도 연구자료가 없습니다. 그래서『대순전경』을 이제 내가 직접 출판해서 학자들에게 공급해야 하겠습니다."라 하셨다.

그래서 나는 "선생님,『대순전경』은 하느님께서 굽어보시리라 믿는 책입니다. 그러니 이렇게 저와 사사로이 이야기하실 일이 아닙니다. 도장으로 가셔서 교회 중요인사들과 함께 이야기하시는 것이 좋겠습니다."라고 대답했다. 그때 도장에는 경상도 출신으로 선친 때부터 보천교를 신앙하셨던 박기백 선생과 통천궁 건립을 착안하셨던 박경진 선생이 계셨다.

당시 우리 교단에는 양위 종사님이 타계하신 후『대순전경』을 다시 출판하는 일은 생각도 못하고 있던 상황이었다. 이런 형편이었으니 박기백, 박경진 두 분은 앞뒤 생각할 것 없이 대뜸 배 회장님의 제안에 찬성하셨다.

그렇지만 나는 생각이 조금 달랐다. 이것은 아주 중차대한 문제였다. 내가 청수를 봉안하고 고민에 고민을 거듭하던 중, 마침 군에 입대한 큰아들 영옥이가 첫 휴가를 나왔다. 아직은 철이 없었을 때였지만 집안의 장자였기에 의논했더니, 영옥이가 "어머니,『대순전경』은 우리 교단의 생명이니 절대로 교단 밖에서 출판하는 일은 있을 수 없습니다."라고 단호하게 대답했다.

그래서 나도 결심하고 간단한 서신을 작성하여 배용덕 회장님께 내용증명서를 보냈다. 그러자 배 회장님에게서 섭섭하다는 답신이 왔다. 나는 그 서신에 다시 답변을 써서 먼저 박기백 선생께 보여드리고 배 회장님께 우송했다. 그 당시는 배 회장님께서 무척 서운하셨을 것이다.

후일에 또 어떤 사람이 『대순전경』과 『현무경』을 종합한 책자를 임의로 발간했을 때에는, 배용덕 회장님께서 먼저 격노하시고 우리 교단에 시정책을 요구한 일도 있었다. 배 회장님은 지식인이고 사리분별을 잘 하셨고, 모든 일에 옳고 그릇됨을 헤아려서 처세하셨다. 그 분이 세상을 떠나가신 뒤에도 길이길이 감사할 따름이다.

1972년 대순절 치성을 마치고 교인들과 함께. 앞줄 가운데 두루마기 입은 분이 배동찬 선생, 가장 오른쪽이 최창헌 선생

천후(天后)님 영정(影幀)을 내전(內殿)에 모시다

1973년 9월 대순절(大巡節) 무렵의 일이었다. 통천궁에서 치성을 마치고, 나는 내전으로 갔다. 그런데 송석우 선생님 외에 두세 분이 천후(天后)님 전에는 재배(再拜)만 드리겠단다. 나는 잠시 아무 말도 하지 않고 있다가 "여러분께서는 재배를 하시든 삼배(三拜)를 하시든 마음대로 하십시오. 저는 그렇게는 못하겠습니다."라고 말하고는, 곧장 방으로 들어와 문을 걸고 오랫동안 생각에 잠겼다.

방문 밖이 웅성웅성하더니 문고리가 흔들렸다. 나오란다. 나는 응하지 않았다. 그랬더니 예전과 같이 사배(四拜)를 할 테니 부디 나오라고 했다. 그제서야 나는 순응했다.

치성을 무사히 올린 후 내가 여러 교인들에게 "우리 모두는 아직 통(通)하지 못해서 어떤 것이 옳은 길인지 알지 못합니다. 점차 연구를 해 가면서 세월이 흘러 도력(道力)이 원숙해 진 다음에는 얼마든지 시정책을 강구할 수도 있을 것입니다. 하지만 아직은 양위(兩位) 선생님께서 생존시에 행하던 대로 따르는 것이 좋을 듯합니다."라고 말씀드렸다. 교인들의 마음 속을 남김없이 알 수는 없었지만, 모두들 조금은 수긍하는 듯 느껴졌다.

그 후 오늘에 이르기까지 예배드리는 문제에 대해서는 이견이 없었다. 다만 청음, 남주 두 분 선생님께서 생존하셨을 때에 성전(聖殿)에 증산상제님과 고천후님의 영정을 합봉(合奉)하셨었는데, 홍범초 선생이 종령으로 취임한 후 "일월(日月)이 하나이듯이 하느님은 오직 한분이시기 때문에 앞으로 대국적인 견지에서 볼 때 통천궁에는 상제님만 모셔야 한다."고 주장한 적이 있었다. 당시 교인들 중에는 홍 종령의 의견에 반대하는 분들이 많았다. 특히 부산 교우들이 심하게 반대했다. 그 이유는 청음, 남주 두 분 선생님께서 하신 일이니, 그대로가 좋다는 것이었다.

내가 의견을 제시해서 그대로 되고 안되고 할 차원의 문제는 아니었지만, 당시 나의 사견은 이러했다. 지난 날 통천궁에 상제님과 천후님의 영정을 합봉했을 때도 내전에는 따로 천후님의 영정이 모셔져 있었다. 그러나 이 영정은 어디까지나 남주(南舟) 선생님께서 개인적으로 모신 것 같았다. 이제 통천궁에서 천후님의 영정을 내려버린다면 내전에 모신 영정이 공적으로 인정받을 수 있다. 어찌 생각하면 그렇게 되는 편이 오히려 좋은 일이라는 생각도 들었다.

그래서 나는 그저 관망만 했다. 교인들은 이 문제를 깊이 생각하는 분도 계셨지만, 남이 하자는 대로 따라가는 사람들이 많았다. 결국 보정원(保政院) 회의에서 통천궁에 두 분의 영정을 함께 모시는 쪽으로 결의했다. 이리하여 오늘에 이르기까지 내전(內殿)에도 천후님의 영정이 모셔져 있으며 공식화되었다.

나는 지난 1962년 임인년 음력 10월 4일에 내전에 입주해서 갖은 풍상을 겪으면서, 강산도 몇 번이나 변했을 오랜 세월을 지나왔다. 비록 상(像)으로 모셨지만 나는 천후님의 사랑스런 보호 아래 집선생님께서 세상을 떠나신 후에도 아들 삼형제와 더불어 내전에 머물러 왔다고 생각한다.

나는 의무라고도 생각해 본 일도 없이, 그 누가 시켜서가 아니라, 오직 스스로의 숙명으로 여기며 초하루와 보름이 되면 천후님께 조촐한 진지라도 한 상 올려야만 마음이 흡족했다.

사람들은 하고 싶어서 즐겨 하는 일에는 고달픔과 괴로움도 느끼지 않는다. 양철지붕을 녹일 듯한 삼복더위와 매서운 북풍이 휘몰아치는 동지섣달 한풍에도 나는 내전 청소를 마다하지 않았다. 그렇지만 어떨 때는 내 힘이 닿지 못해 겪었던 어려운 일도 한두 가지가 아니었다.

때때로 나도 힘들어서 남몰래 울었던 적도 많았다. 문득 긴 인생 역정을 살아오신 할머니와 어머님들이 "내가 살았던 지난날은 마치 비단옷을 입고 밤길을 걸었던 격"이라고 하셨던 말이 생각난다.

구설도 많고 조심스러운 교중(教中) 생활은 날마다 첩첩산중이었다. 젊었을 때는 그런대로 희망에 부풀어 자식 삼형제를 위하여 힘든 일이 있어도 인내하면서 살아왔다. 하지만 나이가 들면서는 육신과 마음이 자꾸만 멍이 들기 시작했고, 점차 허탈감을 느끼는 횟수가 늘었다. 이래서는 안되는데 하면서도…….

내 심신이 그렇게 된 것은 여러 가지 이유가 있었다. 첫째는 새마을주택을 지었던 일이 큰 화근이었다. 장남 영옥이가 자상하고 살뜰한 마음은 없었지만 제 어머니가 평범하지 않은 운명 속에서 살아왔던 일과 지난날 중병에 시달렸던 몸으로 바쁜 교중생활에 제시간에 맞추지 못하는 식사문제 등등을 감안해서, 자기가 직접 나를 모시면 최소한 식사만은 거르지 않고 정해진 시간에 할 수 있으리라고 생각하고 새 집을 지어 전주에서 용화동으로 이사했다. 나는 큰아들에게 차마 오지말라고 말할 수는 없었다. 큰아들은 중고차를 한대 마련해서 학교로 통근했는데, 25분 정도면 충분히 직장에 도착했으니 그럭저럭 다닐 만했다.

그러나 나는 큰아들이 지은 새집으로 옮기지 않았다. 그 이유는 언젠가 홍기화 선생님과 함께 전주에서 철학관을 하시는 성 선생을 찾아가서 물었더니, 새집이 나와는 맞지 않는 집이라고 했다. 나는 고민한 끝에 내전에 그냥 머물면서 회갑이나 지나면 새집으로 옮길까 하는 생각을 굳혔다.

그 해 가을이 되어 연탄아궁이를 새로 고치던 날 갑자기 류상률 선생님이 오셨다. 그 분은 근 수 십 년을 겪어봤지만 행동에 일관성이 있는 분이었다. 별일이 없더라도 치성일 때나 다른 일로 도장에 오시는 날과 떠나시는 날은 반드시 내전에 들러 내게 인사하고 가시는 분이셨다. 단 한번도 거르는 일이 없었다. 그처럼 신심이 돈독했고, 주체성이 강하셨으며, 꾸밈이 없으신 어른이셨다. 그런데 그 분이 "교인들이 사모님께서 살라고 지어준 집에 왜 아들이 사느냐?"고 말씀하셨다. 처음에는 어처구니없이 들렸지만, 그럴만한 이유가 있는 듯도 했다. 그 물음의 뜻은 왜 아들이 지어준 집으로 가지 않고 내전에 그냥 머물고 있느냐는 것이었다.

내가 욕심이 과해서 이 집 저 집 모두를 차지하려는 욕심꾸러기로 알고 그런 말을 하셨을까? 진작 내 뜻을 교단기구인 보정원에 밝혀서 양해를 구했으면 이런 일이 발생하지는 않았으리라고 후회하면서 한편으로는 교인들이 야속하기도 했다. 훌륭한 진리를 신앙하는 도인들이 어쩌면 그렇게도 사람 마음을 몰라줄까 라는 생각이 들었다.

1974년 새마음부녀회 활동을 하며 강의하는 모습

하기야 내 마음을 깊이 이해하실 분들은 이미 세상을 뜨셨고, 신앙생활이 얼마 되지 않는 분들은 깊은 사정을 알 리가 없겠지 라고 자위했다. 그러면서도 나는 그렇게 말하는 사람들에게 부끄럽다고 생각하니 견딜 수 없었다. 아무리 어려움이 닥치더라도 내 마음을 달래고 살아가는 수밖에 없었다.

옆구리를 찔러 절을 받는다는 말과 같이 류 선생님의 말씀을 듣고 보니, 내 자신의 우둔함이 새삼 떠오르고 해서 고친 아궁이에 불도 지피지 않고 곧바로 아래채 사랑방(돌아가신 집선생님께서 생전에 즐겨 사용하시던 방)으로 옮겼다. 오랫동안 믿으신 교인들 가운데 특히 배동찬 선생, 이차조 여사 등은 깜짝 놀라시기도 했다.

그래도 마음이 편하지 않았고, 겁먹은 마음으로 지내던 어느 날 밤 비몽사몽지간에 어떤 사람이 내게 불경스러운 말을 하는 꿈을 꾸었다. 많은 교인들이 나의 행동을 주시하고 있어서 1977년 무진년 음력 동짓달 19일에 나는 또다시 비좁은 문간방으로 거처를 옮겼다.

그 해 음력 10월 10일이 돌아가신 집선생님의 20주년 기일이었

1981년 이차조 여사와 함께

다. 나는 오래간만에 장문의 글을 적어 집선생님의 영전에 올리고 울면서 읽었다. 사람이 한 평생을 사는 일이 이다지도 뼈저리고 굽이굽이마다 힘든 일을 겪어야 하나 싶어 슬프기가 한이 없었다.

천후님을 모신 내전에서 햇수로는 27년 만에 물러나야만 했던 그 심정을 그 누구도 헤아릴 길이 없으리라! 행복하고 즐거웠던 일은 잠깐이고, 슬프고 고통스러웠던 갖가지 사연들이 주마등같이 머리를 스쳐갔다.

또 한번 나를 슬프게 했던 일이 있었다. 그 해 동지 치성 후 수련하던 도중 어떤 분이 내게 "최창헌 선생이 한의사를 데려다가 내전에다 한약방을 여실 계획을 가지고 있으시다."고 귀띔을 해주셨다. 더군다나 시일이 늦어지면 다른 곳을 택하려 한다고까지 덧붙여 말했다.

한마디로 말해서 내게는 그 말이 협박처럼 들렸다. 그래서 나는 공부하다가말고 부랴부랴 짐을 옮겼다. 가재도구라고 해야 별것이 없었지만, 그래도 살던 살림살이가 한두 가지가 아니었다.

시집온 지 16년 만에 비록 공적인 성격의 건물이었지만 내가 처음으로 안착해 살아왔던 보금자리를 떠나게 되어 착잡한 마음을 형언하기 어려웠다. 사람은 역시 현실적인 상황을 받아들일 수밖에 없다는 사실을 다시 한번 실감했다. 훗날 이 일을 최창헌 선생님께 여쭈어 보았더니, 전혀 그런 일이 없었다며 깜짝 놀라셨다.

이미 지난 일이라 더 이상 거론할 여지도 없었지만, 한 두 사람의 조작극이라는 사실을 알게 되었다. 나는 일체 체념하고 이 일을 거론하지 않았다.

유난히 나를 사랑해주셨던 존경하던 아버님, 호랑이만큼이나 무서웠던 어머님, 사랑하는 동기들을 뒤로 하고 고향과 멀리 떨어진 지방으로 출가한 이후, 내가 그 험한 인생의 가시밭길을 헤쳐 오면서 가장 오래도록 머물렀던 곳이 내전이었다. 또 나의 80 평생을 통해 가장 용기와 힘을 불어넣어준 안식처 역시 천후님을 모신 내전이었다. 내 인생의 파란만장했던 역사가 담긴 곳. 내가 살아있는 동안 내전은 내 기억 속에 길이 남을 것이다.

첩첩이 쌓인 내 가슴 속 응어리가 풀어질 날이 있을까? 아니 설령 풀지 못하더라도 나는 한 치의 후회도 하지 않겠다. 그 누구도 원망하지 않겠다. 내가 타고난 팔자 탓이라고 여긴다. 어느 때인가 내가 이 "모든 일이 내 탓이다. 전생의 업장이어서 그런 듯하다."고 혼잣말을 했더니, 둘째 영석이가 "아니, 어머니께서 도대체 무슨 잘못을 하셨게요?"라고 애써 부정했다.

박경진 선생의 금산여관 건축

때는 1974년 박기백 선생님이 도장 살림을 도맡아서 교회제반사 운영에 매우 어려운 시기를 맞고 있을 때였다. 박 선생님은 철두철미한 성격이었으며 근면절약을 몸소 실천하는 분이었다. 그야말로 주경야독(晝耕夜讀)의 모본이라고나 할까, 박 선생님은 낮에는 완전한 일꾼이었고 밤에는 신실한 수련자였다. 또 박 선생님은 때에 따라서는 포교사 역할을 하시기도 했으며, 어떨 때는 대중 앞에서 교리를 설명해 주시는 선생님이셨다.

　때마침 박경진 선생님이 용화도장을 찾아오셨다. 박경진 선생님은 통천궁(統天宮) 건립을 처음으로 착안하셨고, 건립과정에 부산지방 교인들을 독려하여 물심양면으로 적극 참여케 하신 분이다. 한때 박경진 선생님은 부산에 있는 태극도(太極道)의 많은 도인(道人)들이 그 분의 인격에 머리를 숙일 정도였다. 나아가 박 선생님은 허신(虛神)이 접신(接神)되어 시달리거나 고통받고 있는 수많은 사람들을 구해서 신앙적으로 정도(正道)를 걸어갈 수 있도록 인도했으며, 어떨 때에는 병마(病魔)에 허덕이는 사람들에게 약을 써서 새로운 삶을 누릴 수 있도록 도와주기도 하셨다.

1974년 용화동 새마을부녀회원들과 금산사 미륵전 앞에서

그러나 자연과 마찬가지로 사람에게는 성한 운과 쇠한 운이 있나보다. 그렇게도 활발하게 발돋움해 나가던 부산지방 교우 몇 사람에게 뜻하지 않게 사신(邪神)이 발동하여, 잔잔한 호수에 돌이 던져진 격으로 한바탕 소동이 일어났다. 그래서 부산교회가 분열되었고, 교우들간에 불신(不信) 풍조가 심화되었다.

결국 박경진 선생님은 함양군에 있는 어느 심심산골로 들어가서 나무를 베고 거친 땅을 개간하여, 염소를 기르고 감자도 심으며 사셨다. 한쪽 편에는 돌을 쌓아 거처를 마련하고, 황소처럼 일만 열심히 하면서 다른 사람들과의 인연을 거의 끊다시피 했다고 한다. 그런지가 1960년대 후반부터였으니, 무려 15~16년이나 묻혀 지내셨던 것이다.

그런 박경진 선생님께서 1974년에 홀연히 용화도장에 나타나셨다. 그 후 어느 날 박기백 선생님께서 우리 교단의 재기를 도모하기 위해서 출중한 옛 동지들의 힘을 다시 규합해서 발전시키기 위해 박경진 선생님의 주소를 내게 전해주시면서 "곧 도장으로 오시라." 는 내용의 전보를 치라고 부탁하셨다 내가 심부름을 한 셈이었다.

그때 박경진 선생님이 용화도장에 두 번째로 방문하셔서 구상한 일이 옛 성전(聖殿) 터(지금의 금산여관)에다 집을 지은 것이었다. 그 일을 도왔던 동지 가운데 한 분이 바로 김장희 선생님이었다. 당시 김장희 선생님은 매사에 박경진 선생님이 하시는 일이라면 무조건 옳은 일이라고 생각했던지, 오랫동안 용화도장에 발걸음이 끊었다가 박 선생님과 함께 출현하셨다.

어쨌든 나는 박경진 선생님의 넓은 아량으로 증산교 각파의 신앙동지들이 한 덩어리가 될 수 있다면 얼마나 다행스러운 일이겠느냐고 생각하여 나름대로 물심양면으로 힘닿는 한은 그 분을 도와드렸다. 그러나 채무는 점점 쌓여만 가고 뭔가 일은 계획대로 잘 되지 않아서 또 말썽이 나고야 말았다.

그때 우리 교단에 계셨다가 당시에는 금산사 미륵숭봉회(彌勒崇奉會)를 맡고 있으시던 정혜천 여사님도 박경진 선생님이 큰 일꾼이 되겠다고 판단하여 금전도 주선해 주시곤 했을 정도였다.

당시 나는 아들 삼형제의 뒷바라지에 여념이 없을 때였지만, 쌀을 얻어주거나 연탄을 한 차 외상으로 가져다주거나 했다. 그런데 내가 농협의 일반융자금을 얻어준다고 협조를 해 주었던 일이 크게 화근이 되었다.

박경진 선생님은 자기 나름대로 열심히 생각해낸 교리 해석 내용을 기록했다가, 치성 때 전국 각지에서 모여든 교인들에게 설명하시곤 했다. 어떤 때는 대구에 사시던 우종화 선생도 처음 들어보는 말이라며 도장에서 하루 이틀을 더 묵어가면서 박경진 선생님에게 설명을 듣기도 했다.

그러다가 일부 교인들의 반대에 시달리면서 견디다 못한 박경진 선생님이 대전방면으로 가서 한동안 머무른 적이 있었다. 그때 박 선생님이 내게 기별이 보내왔다. 내가 한번 다녀갔으면 하는 청이었다.

내가 어렵게 시간을 내어 찾아가 보았더니, 박 선생님의 조그마한 하숙방에는 작은 책상이 있었는데 그 위에 청수를 올려놓았고 청수 그릇 앞에 『춘산채지가(春山采芝歌)』가 놓여 있었다. 그때 내가 뵈었던 박경진 선생님의 모습은 약간 초췌한 기색이 있었지만 청아해 보였다. 온전히 수도하는 사람인 것 같아 보였다.

순간 나는 마음 속에 뭔가 짚이는 것이 있었다. 사람은 고통 속에서 새로운 것을 얻는다고들 하는데……라고 혼자 생각했다. 어쩌면 그러한 고난 속에서 『춘산채지가』를 읽고 또 읽고 했으니 뭔가 얻음이 있었을 것이라고 짐작했다.

그때 나도 몇 가지 들었던 이야기가 있었다. 앞으로 시간이 좀 더 흐르면 알게 될지 모르지만, 아직은 수수께끼 같은 숙제로 접어 둘 수밖에 없다.

후일에 내가 박경진 선생의 부인인 문연수 여사에게 전해 들었더니, 당시 박 선생님의 생활비도 김장희 선생이 모두 제공했다고 한다. 그리고 김장희 선생이 공주군청에 근무했는데 군청에 출퇴근하면서 거의 매일 박경진 선생에게 들렀다고 한다. 인간 관계는 참으로 묘한 구석이 있다. 비록 남남이지만 뭔가 마음이 통하는 사이가 있는 법이다.

내가 용화동으로 돌아온 지 얼마 안되어 박경진 선생님은 심화(心火)가 겹쳐 자리에 누운 지 불과 5일 만에 파란 많은 일생의 막을 내렸다. 박 선생님은 농악놀이의 명수였으며, 해원 치성 때 읊으시던 그 분의 「회심곡」은 듣는 이의 구곡간장을 다 녹일 정도로 애달픈 감정을 불러 일으켰다.

아무튼 누가 뭐라고 평가하더라도 나는 박 선생님은 어쩌면 순직하셨다고 해도 과히 잘못된 이야기는 아니라고 믿는다. 왜냐하면 치성을 마친 후 박경진 선생님께서 도장에서 강연하실 때 어떤 사람이 대중 앞에서 했던 무례한 말에 심하게 충격을 받으셨고, 바로 그날 오후부터 식음을 전폐하고 말문을 닫았던 것이었기 때문이다. 진정 애석한 일이었다.

박 선생님은 무오생(戊午生)이셨으니, 58세 되시던 1976년에 돌아가셨다. 박 선생님께서 돌아가시자 홍기화, 최창헌, 우종화 선생님은 훌륭한 인재를 잃은 애석함에 상심이 컸다. 때로는 교회 안에서 언짢은 일도 많았다. 그래서 야속할 때도 많았다. 하지만 이처럼 허무한 일은 다시는 없을 것 같았다.

최창헌 선생 부인은 박 선생님과 부산에서 살 때부터 숱한 사연과 정이 있어서, 나와 함께 부산까지 가서 부산시립묘지에서 있었던 박 선생님의 장례식에 참석했다. 그때 참석한 사람들이 묘 자리가 깜짝 놀랄 만큼 좋다고들 야단이었다. 나는 자세한 사정은 잘 몰랐지만, 좋게 여겼다.

박 선생님께서는 파란 많은 이 세상을 살면서 마지막에는 성업(聖業)에 이바지하시다가 여러 방면에 업적을 남기시고 가셨으니, 하늘나라에서도 천지공정(天地公庭)에 참여하사 이승에서 못 다 이룬 일을 후인들로 하여금 반드시 이룰 수 있도록 신계(神界)에서 영적(靈的)으로 도와주고 있으시리라고 나는 믿어 의심치 않는다.

용화도장의 토지 문제

금산면 청도리(淸道里)에 있는 논 1,060평에 대해 1952년에 교인들간에 많은 의논이 오가고 했다. 청음·남주 두 분 선생님댁 가운데 한 댁만이라도 식량을 걱정하지 않도록 당시 간부들이 자진해서 주머니를 털어 모금했다. 요행이 산중답(山中畓) 중에서는 독보에다 세배미로 된 꽤 일등호답(一等好畓)이었다. 아무리 가물어도 모를 못 심는 일은 없는 논이었다.

그 논을 청음대종사(靑陰大宗師)님 댁에서 한동안 직영했다. 그러던 중 청음 선생님 아들들도 자립하여 1975년에 교중재산으로 반환했다. 그런데 그 무렵 우리 교단은 경제적 여건이 좋지 않아 채무가 늘어나고 있었다. 당시는 박기백 선생께서 교중 살림을 도맡아 있는 힘을 다해 봉사하고 있을 때였다.

그리고 그때는 통천궁(統天宮) 건립을 착안한 부산 신도 박경진

1975년 3월 고수부님 탄신치성을 마치고

선생께서 오랜만에 교회 발전을 위해 일조할 복안으로 구(舊) 성전 (聖殿) 터에다 집을 지으려던 무렵이었다.

교단의 채무도 증가되고 했으니 우선 그 논 1,060평을 팔 계획을 세웠다. 그 결과 당시 금산사(金山寺) 화주보살로 미륵전(彌勒殿)을 보살피고 있는 정혜천(鄭惠天) 여사에게 1마지기당 백미(白米) 15입(叺)씩 해서 넘기기로 의론이 거의 된 모양이었다.

어느 날 아침에 박기백 선생님이 내가 있던 내전(內殿)에 오셔서 그 이야기를 하기에 나는 가슴이 철렁했고 슬픔이 앞섰다. 두 분 선생님이 유명을 달리 하신 지 얼마 되지 않아 벌써 논까지 팔아야 하다니. 이렇게 생각이 미치자 나는 겁도 없이 화가 북바쳤다. 나는 단호히 "선생님, 그럴 수는 없어요. 정히 남의 손에 넘길 바에는 청음 선생님 큰 아들에게 의론해 보겠습니다."라고 말하고, 곧바로 전주에 나가서 조카에게 말했더니, "돈도 잘 안되겠지만……" 하고 망설였다.

그래서 내가 "정 여사님께 15입(叺)으로 했으니, 유족이라는 점을 감안해서 다른 데로 그 논이 넘어가지 않도록 하기 위하여 17입 (叺)에 인수하면 어떠냐?"고 제의했다. 그러자 조카가 "그럼, 그렇게 하지요."라고 대답했다. 나는 용화동으로 돌아와 이 일을 종령 (宗領) 이하 여러 교인들에게 전했다.

그때 이 고장의 논 값은 하루가 다르게 올라가는 때였다. 내가 "정히 팔려면 아주 고가로 방매할 수밖에 없겠지."라고 생각하고 25입(叺) 선으로 못을 박았다.

그런데 길 건너 환평마을에 살던 안성옥(安成玉)씨라는 분이 그 논에 욕심이 나서 흥정을 해왔다. 등기소에 가서 확인해 보았더니, 교인들에게 증여한 것으로 되어 있다고 했다. 박기백 선생이 계약서를 작성했다. 매주(買主)가 잔금을 완불함과 동시에 이전 등기를 완료해 줄 것을 요구하면서 계약서에 기입하자고 말했다.

나는 잘 알지는 못하지만 개인 소유가 아니고 여러 사람에게 증여한 것이니, 근거가 될만한 총회의 결의서 같은 것이 필요할지 아니면 이처럼 중요한 문제는 조금 더 깊이 알아보고 치성 때나 총회 때 한번만 더 거론하고 난 후에 결정하는 것이 좋겠다고 의견을 제시했다. 그러자 박기백 선생님도 그렇게 해야겠다고 하시며 계약서 쓰는 일을 중단했다.

그 전년도 가을부터 거론되던 일이 이른 봄에 결정이 나려던 찰나에 중단된 것이었다. 그 해 3월 26일 치성을 맞이하여 내전에서 간부회의가 열렸을 때 김복동(金福童) 선생께서 "논을 팔다니요, 마음 같아서는 용화동에 있는 논을 전부 샀으면 좋겠는데요."라고 말하셨다.

안방에서 이런 저런 말을 듣고 있던 나는 간부회의에 참견할 자격은 없었지만 염치불구하고 한마디 올렸다. "여러 교인들께서 그렇게 염려하는 덕택에 천사님의 가호 아래 논 1,060평이 타인에게 넘겨지지 않고, 아슬아슬한 순간에 시정되어 무사하니 안심하셔도 좋습니다."고 말했다.

언젠가 내가 원평으로 걸어서 가는 길에 홍기화(洪基和) 선생님을 뵈었다. 당시 홍 선생님은 대목(大木)을 맡을 정도로 손재주가 있으셔서 일을 많이 하실 때였다. 따라서 홍 선생님께서 교중의 전반적인 경제를 거의 전담하다시피 하셨고, 사재 또는 돈을 융통해서라도 교단의 대소사를 보살피곤 했었다.

나는 홍 선생님께 "인간사 모든 일은 잘 했다는 칭찬에는 인색해도 아차하고 잘못된 오해는 너무나도 많습니다. 선생님이 이다지도 고생하시는 실상은 모른 채, 만일 그 논을 팔게 되면 선생님께서 빌려오신 빚을 청산하기 위해 그 논을 팔았다는 소문이 없다고는 단정할 수 없는 일이 아니겠습니까? 본의 아니게 역사에 오점을 남기는 일은 없어야 하지 않겠습니까?"라고 진지하게 말했다.

홍기화 선생님은 나이도 나보다 15~16세나 위이신 어른이셨는데, 내가 괜한 말을 했나 싶어 걱정도 했다. 그러나 홍 선생님은 언제나 말씀이 적은 분이셨다. 속내를 내색하지 않으시는 분이었다. 내 성품이 온유하지 못해서 결례를 하는 때가 한두 번이 아니었다고 지금도 자인한다.

그러나 그때 그 논을 팔았으면 교중 채무를 청산한 다음 일부는 박경진 선생의 집을 짓는데 꾸어주었으리라고 생각한다. 그렇게 되었더라면 교단의 고정재산만 없어지는 상황이었다. 이는 그 누구도 책임질 수 없는 결과를 초래할 것이었다. 이미 지난 일이지만 정말 다행한 일이었다.

한편 도장 큰 문 밖 우측에 있는 밭(원래는 700여 평이었으나 지금은 길을 내는데 많이 들어가 평수가 적음)을 사들일 때에도 잊지 못할 애로사항이 있었다. 김종호(金鍾浩) 선생께서 친우 한 분과 함께 1976년이나 1977년 무렵에 내전의 사랑방에서 공부하고 있을 때였다. 내가 김 선생님께 "도장 전면에 있는 밭을 샀으면 좋겠다."고

했더니, 조금은 생각이 달라지는 듯하셨다.

황수찬(黃修燦) 선생이 도장에 계실 때였는데, 증산교단 초교파 협의회에서 증산교 도인들이 모여서 함께 수련할 수 있는 도장을 건립했으면 좋겠다고 했다. 이를 전해들은 김종호 선생은 이미 마음이 그 쪽으로 기울어지고 있었을 때였다.

나는 할 수 없이 이차조(李且祚) 여사와 이야기를 나누었는데, 부산교회의 최 총무가 황원택(黃源澤) 종령께 그 이야기를 서신으로 보냈다. 황 종령님이 나를 찾아오셔서 자세한 상황을 묻기에 내가 다시 그 내용을 말했다.

그렇게 해서 당시 『대순전경』출판비를 모금한 것 가운데 일부와 나머지는 김복동 선생에게 빌려서 200만원에 인수했다. 우선 그렇게 처리하고 나서 급한 대로 단위 농협에서 단기융자를 받아 일단 김 선생님의 돈을 갚았다. 11월에는 최창헌(崔昌憲) 선생 부인의 적금을 융자받아서 농협에서 빌렸던 돈을 갚았고, 이듬해 1월이 지나면 다시 일반 융자를 받아서 최 선생 부인의 적금 융자를 갚곤 했다. 이렇게 해서 2년 후에는 빚이 완전히 청산되었다.

지금까지도 도장 경내에 외부인 소유의 땅이 있지만, 그것은 팔의사가 없다고 한다. 너무나 안타까울 따름이다. 경제적 여건이 풍요하지 못한 우리 교회지만 어렵사리 한 자리 두 자리 마련된 용화도장(龍華道場) 기지(基地)는 그야말로 소중하고 값진 곳이다. 이제는 거의 대부분 타계하신 선배 도현(道賢)님들의 소중한 피와 땀, 그리고 감히 흉내낼 수 없는 고귀한 정성의 결실이 아닐 수 없다. 다시 한번 두 손 모으고 머리숙여 감사드린다.

박달수 선생이 발병한 이야기

1977년 지화절(地化節) 2~3일 전이었다. 그냥 흘려버리기는 아쉬운 꿈을 꾸었다. 깨끗한 곳은 아니고 그저 일반 농가에서 흔히 볼 수 있는 재칸에 '민비(閔妃)'라고 쓰인 팻말이 세워져 있었다. 그 옆을 박달수 종령(宗領)께서 두루마기 자락이 휘날릴 정도로 힘찬 걸음으로 지나가시는 꿈이었다.

그때는 박점분 여사가 건재하셔서 몸과 마음을 다 바쳐 밤낮을 가리지 않고 포교에 힘쓰는 한편 어려운 형편에 봉착한 교인들의 문제에 있어서 항상 해결사 역할을 하시며 도장에서 봉사하고 계셨을 때다.

훗날에 들으니 박점분 여사님이 박달수 종령에게 '민비 해원(解冤)'을 시켜야 한다고 말했단다. 이를 들은 박달수 종령님은 "아, 민비는 국모(國母)이신데, 왜 하필이면 나 같은 사람에게 해원을 바라시겠느냐?"고 반문했단다. 이에 박점분 여사는 "민비의 맺힌 원한을 풀기 위하여 오랫동안 별 일을 다 했겠지만, 실제 그 분이 원하는 해원은 안되어 있다."고 말했다. 그러면서 박 여사는 "박 종령님 개인의 입장에서 생각하면 안될 말이지만, 증산교본부의 종령이기 때문에 가능하다."고 덧붙였다고 한다.

원래 박달수 종령님이 건강이 조금 안좋았었는데, 그 일이 있은 직후 갑자기 심하게 몸져눕게 되었다. 이 소식을 들은 나는 최창헌 선생님을 찾아가서 "우리 교단의 종령이 병이 났는데 아무리 어려우시더라도 최 선생님 같은 명의(名醫)가 한번 다녀오셔야 하겠습니다."라고 부탁드렸다.

　당시 본부에서 살림을 주관하고 있던 박기백 선생과 최창헌 선생 두 분이 박달수 종령 집에 가보니, 식음을 전폐하고 돌아눕지도 못하고 누워만 있는 상황이었단다. 최 선생님께서 급히 화제(和劑)를 내어 인근 약방에서 약을 지어 계속 연첩으로 달여 먹은 다음 기적처럼 다음날 아침에는 손님들 전송도 하더란다. 그야말로 기적같이 효험을 본 셈이다. 말이 종령이지 신계(神界)의 지위로 보면 그 위치가 얼마나 중요한지, 우리 모두 각성하고 한결같은 마음으로 교단의 사명을 새롭게 다짐할 때라고 생각되었다.

『현무경』에 대한 이야기 둘

　1980년에 일어난 일로 기억한다. 길 건너 환평마을에 살던 어떤 분의 옛날 초가삼간이 너무 오래되어 그만 방 천장이 무너졌었는데, 낡은 누런 봉투 속에서 빛바랜 종이가 있었다. 종이에 글씨가 적혀져 있었는데, 백미 몇 가마니를 주고 어떤 땅을 샀다는 토지매매 계약서였다. 계약년도도 소화(昭和) 몇 년이라고 적혀 있었다.

　그런데 그 땅은 사찰 소유지라고 알려져 그동안 매년 토지세를 바치던 곳이었다. 그 분의 선친이 생존해 계실 때부터 알고 지내던 독실한 증산교 신자의 아들이 마침 그 사찰의 주지스님과 친분이 두텁기에 이 일을 해결해주는 중간 역할을 맡기로 약속했다. 사찰 측에서는 땅값을 물어주기로 하고 만날 약속까지 했었단다.

그런데 막상 당일이 되어 약속장소에 가 보니 그 봉투의 내용물은 하얗게 세탁이 되어 환평마을에 살던 분은 사문서 위조죄로 그리고 중간에 다리 역할을 하신 분은 변호사법 위반죄로 검찰에 고발되어 즉각 구속이 되었다. 참으로 어처구니없는 일이 벌어진 것이었다.

두 사람이 억울하게 구속된 지 1개월여 만인 어느 이른 새벽, 변호사법 위반죄로 구속된 분의 선친(청음 선생님과 연세가 같은 무자생(戊子生)이었음)께서 내 꿈에 나타나셔서 "우리 아들집에 좀 가 봐 달라."고 하셨다. 꿈을 깨고 나서도 이상했다. 그래서 새벽에 결례인지는 알았지만 그 집에 전화했다. 그 집 부인이 긴장해서 선잠을 잤었는지 몰라도 즉각 전화를 받았다.

나는 전화에 대고 꿈 이야기를 다할 수도 없어서 "다름이 아니라 언제 전주에 가시면 저도 함께 남편분 면회를 갈까 합니다."고 말했더니, 그 부인이 갑자기 흐느끼면서 "아이고, 사모님! 오늘이 바로 우리 그이 첫 공판 날입니다."라고 말했다. 그래서 나도 부랴부랴 내가 살던 곳에 가까이 살고 있던 장본인의 사촌 여동생에게 기별하여 서둘러 그 분의 선령(先靈)님께 진지를 한 상 올리게 한 다음, 난생 처음으로 재판하는 일을 참관한 적이 있었다.

그 분의 억울한 사정이 너무 안타까워서 나는 그 부인으로 하여금 다음 재판이 있던 날마다 『현무경』의 부를 그려서 솥에 안친 밥이 부글부글 끓을 때를 맞춰 소화(燒火)시키게 했다. 그렇게 하던 중 그 사찰의 주지스님이 가벼운 교통사고를 당한 일이 있었다.

그리고 나도 한번 그 주지스님을 차 안에서 뵌 적이 있었는데,

"용화동 사람들이 저한테 많이 욕하지요?"라고 물었다. 나는 "무슨 일이든지 사람은 몰라도 하느님은 아시겠지요. 명분이 있고 경우에 어긋나는 일만 아니라면, 남의 구설이 무엇이 그리 무섭습니까?"라고 대꾸해 주었다.

그 후 얼마 지나지 않아 피해자들도 유치장에서 풀려나왔고 그 사건은 유야무야해졌다. 피해자 가운데 중간 역할을 했던 분은 너무나 어처구니없고 허무하다면서, 증인이 될만한 사람들을 모두 동원해서라도 기어이 사건의 본질을 밝혀보겠다고 나더러 도와달라고 부탁했다. 그래서 나는 "사람이 신의 가호에 대해 지나치게 욕심을 내면 지난 일이 오히려 허사가 됩니다."고 말하고 단호하게 거절했다.

김종호 선생의 시계

1980년 연수회에서 각 교파 사람들을 모아서 공부할 때였다. 일체 경비는 김종호 선생님이 충당하셨다. 주선은 조남춘 선생님이 하셨고, 당시 우리 교단의 종령은 홍범초 선생님이셨다.

김종호 선생님이 젊은 시절부터 함께 지내셨던 명씨 할아버지와 함께 내전 사랑방에서 요양할 때의 일이었다. 김 선생님이 차고 있던 시계는 당시 시가로 70~80만원이나 나가던 비싼 물건이었다. 하지만 시계를 잃어버렸다가 용케 찾은 일이 있고나서야 그런 이야기를 하셨지, 없어졌을 당시는 고가라는 말은 꺼내지도 않으

1979년 동지치성을 드리는 모습

셨다.

하루는 김종호 선생님께서 시계가 없어졌다고 하신다. 내 마음
이 좋지 않았다. 사랑방과 옆집 사이에는 있는 돌담은 낮고 허술했
으며, 그 건너편이 바로 동네사람이 빈번하게 다니는 길이었다. 그
래서 아이들이 항상 왁자지껄하게 모여 놀기도 하던 곳이었고, 더
욱이 안채하고는 거리가 떨어져 있어서 그곳에서 일어난 일은 감쪽
같이 모를 수 있었다.

나는 "물건은 훔친 사람보다 오히려 잃어버린 사람의 죄가 더욱
크다."는 말도 생각났다. 한편으로 나는 혹시나 손버릇이 나쁜 아
이들의 소행이 아닌가라는 생각도 해보았다. 그렇지만 '도둑은 앞

으로 잡지, 뒤로는 절대 못잡는다."는 말도 있다. 그리고 공연히 이런저런 생각도 잘못 비약시키면 큰일이 난다는 생각도 들었다.

어쨌든 우울하면서도 조용한 며칠이 훌쩍 지났다. 나도 괜히 마음이 편하지 않아서 견딜 수 없었다. 하루는 두 분이 바람 쐬러 금산사 쪽으로 출타하고 난 뒤, 나는 사랑방을 대청소하기 시작했다. 내가 이불을 바깥마루로 내어다가 먼지를 털려고 했더니, 뭔가 마루에 부딪쳐 "철컥"하는 소리가 났다. 내가 이상해서 이불을 쭉 펴놓고 만져 보았더니 쇠붙이였다. 그래서 이불깃을 따고 보니 김 선생님께서 잃어버렸다는 바로 그 시계였다.

아마도 사랑방의 외풍이 심해서 두 어른이 이불로 무릎을 덮고 책을 보시다가 잠시 시계를 끌러 이불 위에 놓아두고 그냥 일어나버렸던 모양이다. 나이롱으로 만든 이불은 매끄럽고 이불깃을 시친 바느질 땀수가 드문드문하게 되어 있었으니, 시계처럼 무게 있는 물건이 안으로 미끄러져 들어가 버린 것을 알 턱이 없었을 것이다.

저녁이 되어 김종호 선생님이 돌아오시자 내가 시계를 찾았다고 말씀드리니 무척 반가워하셨다. 내가 시계를 찾은 상황을 말씀드리니 비로소 납득이 가신 모양이었다.

김 선생님은 그제야 그 시계가 로렉스 시계라며 큰아들이 사왔는데 쓸데없이 비싼 시계를 사왔다고 야단을 친 적이 있다고 말씀하셨다. 그렇게 비싼 물건인 줄 진작 알았으면 내 걱정이 더욱 컸으리라고 생각되었다. 아마도 김 선생님은 내가 걱정할까봐 그런 말을 하지 않았으리라.

그런데 사람의 앞일은 알 수가 없다. 3차 수련을 할 때 많은 사람들이 모였다. 그때는 얼굴도 이름도 잘 모르는 사람들도 많이들 오셨다. 김종호 선생님은 팔에 무게가 느껴지면 시계를 끌러 놓는 습관이 있었나 보다. 수련 중에 김 선생님께서 시계를 끌러서 앞에 놓고 있다가 그냥 일어나서 쉬고 다시 들어갔을 때는 이미 시계가 없어진 뒤였다.

우리 모두가 반성해야 하지만 수련장에서 물건을 잃어버리다니, 어떻게 그럴 수가 있을까? 비록 금덩어리가 코앞에 떨어져 있어도 주인을 찾아주어야 할 텐데……. 아직은 수양이 모자라서 그런지…….

나는 그 이야기를 듣고 신앙생활을 하지 않는 보통사람들과 수련하는 사람들이 다를 점이 무엇일까 하고 한탄했다. 어쩌면 이러한 일이 바로 오늘의 현실이 아닐까 하는 허전한 생각을 머리 속에서 지울 수가 없었다.

옛말에 사람이 "하루에 길을 걷다보면, 중도 보고 소도 본다."는 말과 같이, 그 시계가 없어져서 이불 속에 감추어져 있는 줄도 모르고 며칠을 가슴앓이를 하다가 다행히 발견해서 감격에 넘친 일도 잠깐이었다. 또 다시 그 시계가 영영 찾지 못할 물건이 되어버렸다고 생각하니, 지난번에 없어졌을 때보다 더욱 서글퍼졌다.

왜 이렇게 가슴이 허전할까? 믿었던 주변사람들이 김종호 선생님께 안겨준 허탈감 때문일까? 생각할수록 내 마음은 더욱 착잡했다. 특히 우직한 것도 같으시고, 소박하면서도 말이 많지 않았던 김 선생님을 바라보는 내 마음이 괴로웠다.

아마도 시계가 아까운 것이 아니라 교인들의 행동에 대한 허탈감이 엄습해서였든지, 그때 김 선생님은 몹시 우울해 하셨다. 김종호 선생님은 사랑방에서 꽤 오래 동안 요양하셨지만 항상 겸손하고 마치 어린소년같이 예의를 깍듯이 지키던 분이셨다. 식대도 꼬박꼬박 지급해주셔서 늘 나는 마음이 쓰였다.

김종호 선생님께서는 우리 교단에 입교하신 이후 남 앞에 나서서 말씀 한마디 하신 일이 없었지만, 통천궁을 건립할 때부터 담장 만들기, 큰길 내기 등의 많은 비용은 물론 크고 작은 수많은 일 특히 남주 선생님의 유고인『증산교사(甑山敎史)』를 출판할 때도 많은 비용을 부담하셨다. 그때도 김종호 선생님은 초대 승선을 역임했던 김형관 선생님께 비용을 내놓으시면서, 전체 비용의 단 1 퍼센트라도 모든 교인들이 함께 해야지 혼자서 전액을 부담한다는 말을 듣는 일을 몹시 싫어하셨던 성품이었다.

또 김 선생님은 교인들과 주변 사람들도 소박하게 대하셨고, 1980년도에는 서울에서 큰 공장을 헐은 목재와 스레트를 모아 용화동까지 운반해 왔다. 그 덕택에 넓은 강당도 지었고, 식당을 확장하는 작업에도 유효하게 사용했다.

그런데 그 무렵 최창헌 선생님이 사정이 생겨 우수(雨水) 절후부터 1년간 절후 치성 올리는 일을 중단한 적이 있었다. 우리 교단에서는 최창헌 선생님 혼자서 무려 20년 동안이나 모셔왔던 절후 치성을 갑자기 중단할 수는 없었다. 그래서 내가 개인적으로 약소하게 치성물을 준비하여 경칩과 춘분 치성을 올렸다.

당시 도장을 수호하고 계셨던 박기백 선생님께서 하시는 말씀이 교단 내에 예산이 없어서 앞으로는 절후 치성을 못 올릴 것이라고 하셨다. 그 말을 듣는 순간 내 마음이 무거워졌다.

그래서 나의 작은 소견으로 생각해낸 일이 내전에서 고천후님 전에 올리던 초하루와 보름 치성을 생략하고 대신 도장에서 절후 치성을 올리기로 결심했다. 그때 김종호 선생님이 참관하시면 꼭 일금 5천원을 내 놓으셨다. 나는 마음 속으로 대단히 고맙게 생각을 하면서 뜻이 있는 곳에 길이 있다는 말을 실감했다.

또 김종호 선생님이 박기백 선생의 부인이 입원했을 때에도 인정을 베풀어주셨던 일 등 갖가지 일이 많이 생각난다. 그 분은 매사에 공치사하는 일이 없었고, 그저 묵묵히 지켜보기만 하셨다.

어느 날 저녁 김종호 선생님께서 남주 선생님과 조촐한 술상을 앞에 놓고 이야기를 나눈 적이 있었다. 원래 낮에는 술을 들지 않으신다고 하셨다. 김 선생님은 어린 나이인 6~7세 때 어머니를 사별하고 계모 슬하에서 자랐다고 말씀하셨다. 계모의 구박이 심했는데, 하루는 부엌에서 솥에 불을 지피는데 계모가 너무 심하게 나무라며 못살게 굴어 당그래(재를 걷어낸 것)를 집어 계모의 등을 후려 갈기고는 무작정 도망쳤단다. 정처도 없이 달아나다가 경상북도 어느 절에서 불목하니 노릇을 하고 있었는데, 김 선생님의 아버지께서 아들을 찾아나서 결국 만나게 되었다고 한다. 이후 김종호 선생님은 부산으로 가서 일본사람들이 구워낸 사기그릇을 조금씩 사서 지게에다 짊어지고 집집마다 돌아다니며 행상을 했다고 한다. 그때 한푼 두푼 모은 돈은 기본 생활비만 제하고는 무조건 통장에다 넣었다고 한다.

언젠가 일제 때 '저축의 날'이 되어 부산지역에 있던 은행계좌의

잔고조사를 실시한 적이 있었는데, 보통예금통장에다 입금만 하고 한 푼도 인출한 적이 없는 통장이 발견되었다. 그 장본인이 바로 김 선생님이어서, 표창을 받은 일도 있었다고 말씀하셨다.

그런데 김종호 선생님께서 갑자기 나한테 "사모님, 부자가 되고 싶으시지요."하신다. 내가 "세상 사람들이 부자가 되는 일을 싫어하는 사람이야 없겠지만, 그 일이 어디 마음같이 이루어질 수야 있겠습니까?"라고 답하니까, 김 선생님은 "아닙니다. 부자가 되어야겠다고 마음만 먹으면 됩니다. 그런데 비결은 돈 안 쓰기, 아껴쓰기를 실천하기만 하면 꼭 부자가 됩니다."고 말씀하셨다.

김 선생님은 돈이 조금 더 저축되자 그릇을 많이 사서 작은 배에다 싣고 섬으로 찾아다니며 장사했다고 한다. 어느 때는 큰 재미를 보았고, 어느 때는 손해도 볼 때도 있었단다. 그때쯤 김 선생님의 부친께서 타계하셨는데 3일 동안이나 눈물이 쏟아지는데 걷잡을 수 없었다고 회고하셨다. 아마도 너무나 많은 고생을 겪은 일이 사무치도록 서러웠던 것 같았다. 김 선생님은 자신이 몇 십년간 신앙해온 증산교를 아들 가운데 한 사람이라도 신앙을 이어주었으면 하는 마음이 간절하셨는데 그 소원은 이루어지지 않았다.

1981년 봄 최창헌 선생님과 그 분의 아들, 우리 집 막내, 김종호 선생님, 나 등 일행 5명이 홍도에 놀러간 적이 있었다. 기묘한 바위를 구경할 때 물결이 세서 파도가 뱃머리를 쳐서 더러는 놀라기도 했고, 기암괴석에 가려져 바닷물이 잔잔한 호수인 듯 고요한 곳에서 잠시 쉬면서 비싼 생선회 한 점에 소주 한 잔을 곁들이는 운치 또한 추억의 한 장면으로 남는다.

그때 홍도까지는 목포에서 쾌속선을 타고 왕래했는데 중도에 간판에 올라 저 멀리 바다를 바라보던 그 시원함에 만 가지 시름을 다 잊을 것 같았다. 돌아오는 길에 흑산도에서 하루 밤을 머물렀는데, 비싸기는 했지만 그때 먹은 진짜 홍어회 맛은 일품이었다. 바닷물을 거칠게 갈라놓으며 앞으로만 나아가는 쾌속선에 몸을 싣고 목포를 거쳐 집으로 돌아왔다. 하지만 김 선생님은 그해 여름을 다 보내지 않고 서울 본댁으로 올라가셨다.

긴 여름이 지나고 가을이 돌아왔다. 그 해 사랑방 앞 텃밭에 김장밭을 손질하다가 내가 무서워하고 싫어하는 뱀이 스쳐지나갔다. 갑자기 섬뜩했다.

그 순간 이상한 생각이 들었다. 혹시 김종호 선생님께서 건강이 악화되어…… 라는 생각이 내 머리 속에 떠올랐다. 아니나 다를까, 개천절 이튿날인 10월 4일, 용화동을 자주 방문한 적이 있던 김종호 선생님의 둘째 아들이 부친의 부음을 전해왔다. 지난날 원제철 선생님, 김형관 선생님에 이어, 나로서는 너무나도 못 잊을 분들이시다.

내가 허위허위 천리 길을 달려갔더니, 유족들이 애통하는 모습은 이루 말로 다 표현할 수 없을 정도였다. 그런데 김종호 선생님의 빈소에서 어떤 스님이 목탁을 치고 염불을 하고 있었다. 둘째 아들도 통곡을 하면서 못내 아쉬움을 금치 못했다. 하지만 어찌 할 수도 없는 일이라고 생각했다. 이 시대가 불교 아니면 기독교가 주도권을 쥐고 있으니, 아직 널리 알려지지 않은 증산교를 이해한다는 일은 정말 어려운 일이라 생각했다.

무척 안타까웠다. 내가 애써 연락한 결과, 서울에 살고 있던 교인들이 몇 분 오셨고, 지방에서도 교인들이 많이들 오셨다. 홍범초 교수님이 증산교를 대표하여 조화를 올렸다. 나는 그 날로 바로 용화동으로 돌아왔다가, 사십구재 때 황수찬 선생님과 함께 참석했다.

역시 불교의식이었다. 서울 도선사에서 사십구재를 했는데, 많은 비용을 들여서 진행되는 극락세계로 간다는 거창한 행사에 참여하면서도, 나는 가슴이 아려왔다. 그래서 나는 마음속으로 김종호 선생님께서 생존시에 즐겨 읽으셨던 "시천주조화정 영세불망만사지"라는 시천주와 태을주를 번갈아 읽으면서 고인의 영생을 염원했다.

세월은 흘러서 벌써 김종호 선생님께서 세상을 떠난 지 20여년이 지났지만, 오늘날까지 유족들이 용화동을 찾아오는 일은 없다. 비단 김 선생님 댁 뿐만이 아니다. 오늘날 우리 증산교도들의 현실은 아버지와 어머니가 신앙을 열심히 했었어도, 그분들이 타계하고 나면 자손들이 뒤를 이어 신앙하는 일은 매우 드물다.

그러니 이 얼마나 가슴 아픈 일인가? 그래도 이상한 꿈을 꾸었다며 유족들이 승광사(타계한 선대 교인들의 위패를 모신 곳)를 찾는 일이 간혹 있다. 그들의 갖가지 사연을 듣고 나는 감상에 젖을 때가 한두 번이 아니었다.

한 가지 예를 들면 경북 울산체육관 근처에 사는 김중건이라는 사람은 어머니가 일찍 돌아가시자, 할머니와 아버지를 따라 이 고장에서 어린 시절을 보낸 일이 있었다. 얼마 후 김씨는 이곳을 떠났다. 그런데 25~26년이 지났을 때 갑자기 꿈에 아버지가 나타나셔서 짚고 있던 단장으로 자기 종아리를 갈기면서 "배은망덕이다. 은혜를 몰라? 왜 용화동으로 안 가보느냐?"고 호통을 쳤단다. 내가 김씨와 함께 승광사에 가서 위패를 찾아보니, 충남 서천군 출신 김경배라는 위패가 놓여 있었다. 김종건씨는 천만가지의 감회가 서린 듯 얼마동안 상념에 잠겼고, 그를 바라보는 내 머리 속에도 옛날 그 분의 모습이 떠올랐다.

한쪽 팔이 없는 분이셨다. 노모를 모시고 홀몸으로 아들 둘, 누이동생 등 모두 다섯 식구가 연명해 나갔는데 어려움이 무척 많았다. 그래도 영계에서 옛 신앙을 잊지 않고 후손에게 꿈 속 알림을 주어 위패라도 찾아볼 수 있게 한 실례였다.

김종호 선생님에 관한 이야기를 쓰고 있으려니 헤아릴 수 없이 많은 일들이 상기된다. 아무쪼록 하늘나라에서 천지공정(天地公庭)에 참여하시사 영원한 안식처에 고이고이 머무시옵소서!

수련회(修鍊會)와 증산대도원(甑山大道院)

1981년의 일이었다. 홍범초(洪凡草) 선생님이 종령(宗領)으로 계셨으며, 황수찬 선생님 내외분이 도장의 안살림을 하실 때였다. 6월 치성 후 성전에서 80여명이 수련한 일이 있었다.

치성 전일 서울에서 김종호씨에게서 "조남춘씨에게 지난번에 추진하던 일을 결정했으니 그대로 실천하도록 전해달라."는 내용의 전화가 왔다. 조 선생은 가끔 교회의 규범질서를 어지럽게 하는 일을 종종 행했기에 내가 전화를 받으면서 "집행부와 상의해서 이루어진 일이냐?"고 반문했더니, "그런 것으로 알고 있다."고만 했다. 마침 홍범초 선생과 한상기(韓相基) 선생이 찾아오셨다. 내가 전화 내용을 전했더니 잘하셨다고만 하고 구체적인 내용은 가르쳐 주지 않으셨다.

뒤에 알고 보니 "김종호씨가 병이 있으니, 초교파적인 입장에서 각파의 교인들을 한 자리에 모아서 수련하는 비용을 충당하면 병이 낫겠다."고 말한 모양이었다. 그때 내가 "우리 교단에서 행하는 일이면 비용을 일단 집행부에 입금시키고, 그 출처도 알아야 하지 않겠습니까?"라 했더니 그것은 밝히지 않았다.

내용은 그런데 표면으로는 우리 교단 교인들과 타교파의 교인들이 함께 통천궁에서 수련을 하게 되었다. 대표적인 분으로는 박점분(朴點粉) 여사가 있었는데, 광명을 잘 보았다. 돌아가신 집선 생님께서도 "지금 영(靈)이 밝은 사람들을 도통(道通)했다고 할 수는 없지만, 박점분씨의 경우는 많이 다르다."고 했을 정도였다.

그런 박 여사님이 수련을 시작한 지 2일째 되던 날 이상한 기미를 감지하고 집으로 가버리셨다. 또 처음에 수련을 참가했던 우종화(禹鍾和)씨 등 우리 교단 교인들은 시간이 지나가자 거의 동참하지 않았다.

그런데 수련하다가 김종호씨는 몸도 좋지 않았고 손목에 부담이 가서 시계를 끌러놓고 주문을 읽었는데, 휴식시간에 그냥 나왔다가 수련방에 들어가서 찾으니 벌써 시계가 없어졌단다. 그 시계는 시가로 70~80만원 나가는 고급시계라고 했다.

나는 뭔가 잘못되어도 한참 잘못되었다고 느꼈다. 동기야 어쨌든지 뭔가 좋은 생각이 아니라고 생각했다. 아니나 다를까 그 후 김종호씨는 상경해서 건강이 더욱 악화되어 추분절 저녁 마침 내가 홍범초 선생과 한 자리에 있을 때 그 아드님으로부터 부음을 전해 들었다.

뒤에 들은 일이지만 1회 수련에 50만원씩 모두 3회분을 내기로 선친이 약속했다며 김 선생님의 아드님이 100만원을 대도원(大道院)에 내놓았다고 한다.

2차 수련은 황원택 종령 때 있었다. 그 전 해 동지에 전임 홍 종령의 임기가 끝난 뒤였다. 1982년 정삼치성(正三致誠) 후 가칭 증산수련회(甑山修鍊會, 황수찬씨가 시작한 연진회(硏眞會)가 수련회로 개칭했던 것) 주최로 80여 명이 수련을 시작했다. 이 모임 역시 비공식적인 듯한 느낌이 들었다. 내게는 아주 낯선 분들의 모임이었다. 정혜천 여사도 뒤늦게 알고 온 모양이었다.

나는 내전에 청수 봉안을 하고 살림하는 틈틈이 뒷자리에서 주문을 읽으며 조용히 사태를 관망했다. 얼마 전부터 꼭 집어 말할 수는 없었지만 어쩐지 마음이 불안했다. 그래서 나는 전주로 나갔다. 청음 선생님의 장남을 만나 도장 상황 이야기는 하지 않고, 다만 이제 직장을 나와 한가할 테니 이번 기회에 수련을 좀 해 볼 생각이 없느냐고 권했다.

그 후 장조카가 정삼(正三) 때 수련에 참가할 준비를 해 가지고 용화동에 왔기에 다행스러웠다. 처음이었지만 장조카는 맨 앞줄에서 열심히 글도 읽었고, 또 막간을 이용해서 법문파(法文派)의 김광

수(金光洙)씨의 강연도 듣고 했다. 강연할 때 이상한 말이 가끔 나왔고, 특히 의통(醫統)에 대한 비소가 섞인 말이 튀어나왔다.

뒷자리에 앉아있던 내 얼굴이 굳어지기라도 했던지, 온양에서 온 이판진(李判眞)이라는 젊은이가 나에게 "건강을 해치면 안됩니다. 조심하십시오."하고 걱정해주었다. 나는 평소에 여유있는 마음을 갖지 못한 자신을 한탄하면서, 덕망높으신 선생님들도 안 계시고 교세가 약화되어 이제 타교파에서 얕보고 공공연하게 저런 결례를 저지르고 있다고 생각했다. 눈물이 저절로 나와 앞으로의 교운(敎運)에 대해 걱정하지 않을 수 없었다.

당시 내가 할 수 있었던 일은 있는 힘을 다해 상제님과 천후님 전에 성심껏 심고를 드리는 것 뿐이었다. 하루는 장조카가 생각해도 이상했든지 황원택 종령님께 "잘못하면 교단이 두 조각이 나게 생겼으니, 잘 생각하시라."고 말하면서 "아아, 이런 일이 벌어지게 생겼으니 숙모가 내게 공부하라고 권유했구나."라는 말을 했다고 한다.

그래서 황원택 종령님이 수련생들에게 "장차 우리가 대동단결해서 성업(聖業) 완수에 유종의 미를 거두고자 하는 마음은 간절합니다. 하지만 우리 모두가 지금의 이 사고방식으로는 어려울 것 같고, 또 우리 교단에서는 청음 남주 두 분 선생님의 지도이념에 위배되는 일에는 절대로 문호를 개방할 수 없다는 것이 우리 교단의 방침입니다."라고 단호하게 말씀하셨다.

그 후 3월 26일 치성에 즈음하여 마침내 황원택 종령님이 성명서를 낸 모양이었다. 어느 날 차 안에서 온양의 강태호씨를 만났더

1996년 칠순기념식 때. 앞줄 오른쪽 황원택 종령님과 뒷줄 왼쪽 한상기 선생 등 서산교회 교인들과 함께

니, 주머니에서 뭔가를 꺼내 내게 주었다. 내가 받아보니 우리 교단의 종령님이 낸 성명서였다.

강태호씨가 나한테 "이래도 되는 것입니까?"라고 물었다. 내가 아무 것도 모르는 줄 아시나 보다. 나는 내심 종령께서 마침내 결단을 내렸구나싶어 통쾌감마저 느꼈다.

김종호씨가 병이 깊어서 후임 대표를 내정했다. 그때 김장희(金章熙)씨가 정해졌고, 후일에 증산대도원장(甑山大道院長)이라고 불렀다. 나의 속단인가는 몰라도 황수찬씨가 우리 교단의 수호사(守護師)로 계시면서 일이 순조롭게 진행되었다면 그냥 우리 교단명을 증산대도원으로 개칭했을지도 모를 일이었다고 생각한다.

정혜천 여사가 김장희 선생과 함께 내전에 오셔서 대도원 원장으로 선출되셨다고 한다. 나는 몹시 화가 났다. 왜냐하면 김 선생은 남주 선생님을 유난히 존경하셨던 분이기에 믿고 싶었으니까……

그런데 믿는 도끼에 발등이 찍힌다는 말이 있듯이, 이럴 수가 있을까 싶어서 또 한 번 놀랄 수밖에 없었다. 또 알 수 없는 것이 사람의 마음이라고 생각하니, 나는 더욱 화가 치밀었다. 지금 생각하면 우습고 건방진 행동이었다.

나는 "김 선생님, 제가 분명히 말씀드립니다. 이 모임은 어디까지나 우리 교단에서 볼 때는 정당하지 못한 이단적(異端的)인 행위입니다."라고 말하면서, 마음 속으로 "당신마저 남주 선생님을 배신하는구나. 이럴 수가, 알지 못할 것이 사람의 마음이다."라고 생각했다.

슬프고 허무했고, 남주 선생님이 생존해 계셨던들 이럴 수는 없었겠지 하고 생각하니 통곡을 하고 싶었다. 그러나 닥친 현실을 누가 막으리요? 나가시는 두 분의 뒷모습을 바라보며 차라리 인사차 오지나 말 것이지, 내 마음을 이렇게 아프게 산산조각을 만들다니…… 라고 생각했다.

그래도 그렇게 두고 볼 수가 없어서 나는 황원택 종령님께 "김장희씨는 절대로 그럴 분이 아닐 것입니다. 뭔가 잘못되어도 한참 잘못되었어요. 귀갓길이 힘이 드시더라도, 공주에 들려서 다시 한 번 생각할 수 있도록 김장희 선생과 허심탄회하게 이야기를 나누어 보십시오."라고 간청했다.

그랬더니 황 종령님께서 공주에 가셨던 모양이었다. 그런데 김 장희 선생이 "우리 교단을 배신하는 것은 아니지만, 대도원장(大道院長)을 포기할 수는 없다."고 말했다는 사실을 훗날에 황 종령님께 전해 들었다. 그 뒤 김장희 선생이 내게 보낸 서신을 지금껏 간직하고 있다.

나는 하늘을 우러러 맹세코 그 분을 한 번도 나쁜 사람이라고 생각해 본 일은 없다. 더군다나 우리 교단을 저버린 분이라고는 생각하지도 않았다. 그렇지만 열 번 아니 백 번을 생각해도 현실은 그대로였다. 허무감을 느꼈다. 오랜 세월동안 교인들이 보여준 마음가짐과 행동은 천태만상이었다. 산천이 변한다 하더라도 반석과 같이 변하지 않았던 사람도 몇 분 있었지만 정말 희소했다.

대도원(大道院)을 처음으로 생각하신 분이 바로 황수찬 선생이었고, 앞에서 말한 바와 같이 김장희 선생이 원장이었지만, 얼마 안 가서 황 선생도 대도원을 떠났고 원장이던 김 선생도 그만 두셨다. 그 후 정혜천 여사님께서 원장을 맡아, 결국 증산교 교단 하나가 더 늘어난 것 뿐이었다.

우리 교단에서도 소수의 교인들이 대도원을 찾아가 머물다가 다시 옛정을 못 잊어 되돌아 온 분들도 있었다. 이 대도원 관계로 한 가지 잊혀지지 않는 일이 있다. 세월이 흘러가는 동안 각 교단과 단체의 시각이 30~40년 전과는 많이 달라졌다.

대도원은 우리 교단에서 문제가 되어 장소 관계로 난관에 봉착하자, 법종교(法宗敎)에 교섭을 했다. 처음에는 법종교 측에서 쾌히 승낙을 했다. 그런데 어느 날 법종교의 김춘도 총무로부터 내게 전화가 왔다. 대법사(大法社) 교인이 찾아와서 초교파적으로 교인들이 모여 수련할 곳을 빌려주시라고 해서 허락했는데, 가만히 생각해 보니 우리 교단 측에 결례가 되는 듯해서 취소했다는 내용이었다. 이런 점을 보더라도 증산교 각 교단간의 유대도 점차 원만해지고 있고, 정의롭게 진전되어 가는 듯해서 한편으로는 다행스럽기도 했다.

어쨌든 그 사건으로 인하여 김장희 선생은 또 우리 교단에 나오지 않았다. 세월은 흘러 1989년에 박달수 선생이 종령에 임명되었을 때, 홍기화 선생의 천거로 김장희 선생이 우리 교단의 종무원장으로 취임하여 2년 동안 재임하셨다.

정영규 선생의 『대순전경해설』 발간과 의통(醫統) 준비

증산교단 최초의 경전으로 인정받고 있는 『대순전경(大巡典經)』의 깊은 뜻을 알고자 하는 마음은 증산교 교인이면 누구나 가지고 있을 것이다. 세간에서는 증산교단 각파에 대하여 하기 좋은 말로 붙여놓은 그럴싸한 별명이 있다. 법종교(法宗教)는 집 자랑, 대법사(大法社)는 글 자랑, 보화교(普化教)는 돈 자랑이란다. 나름대로 그 교단의 장점을 지적한 것이라고 볼 수 있다. 우리 대법사에서는 청음(靑陰) 남주(南舟) 양위(兩位) 선생님께서 타계하신 후 홍범초 교수님이 『범증산교사(凡甑山教史)』와 『증산교 첫걸음』 등을 저술한 바 있다.

1984년 충남 서산의 황원택 선생님이 종령(宗領)으로 계시고 정영규 선생님이 종무원장으로 재임할 때였다. 정선생님이 『대순전경해설』을 집필하고자 의논이 정해진 듯했다. 정선생님이 집필을 시작하겠다는 치성(致誠)을 올린 다음 도장에서 작업을 시작하였다. 작업을 마무리하고 나서 치성금 3만원을 주셨는데, 물건을 사는 '장 홍정'은 내가 했다.

　　집필을 마무리한 다음 여러 교단 간부들이 내용에 대해 의견을 나누는 시간을 가졌다. 한인희, 황원택, 우종화, 홍범초(홍성렬),

1984년 1월 수련을 마치고 수련생들과 함께

이원량, 장도(장옥) 등 제씨가 참가했다. 그때 내가 느꼈던 일이지만, 유식과 무식을 넘어서 오랜 세월 동안의 경험이랄지 들은 풍월이 참으로 소중한 것이다. 한인희 선생께서 옛날 어린 시절부터 보천교에 대해 들으셨던 말을 전해주셨는데, 한마디 한마디가 모두 귀중한 말들이어서 큰 도움이 되었다.

상제님께서 귀신도 모르게 이 세상 그 누구도 모르게 짜놓으신 천지공사의 신비한 내용을 그 뒤라서 알리오만은, 그래도 사람이 알려고 노력하고 연구하는 일이 마땅한 도리일 것이다. 한편으로는 일반인들도 쉽게 접할 수 있는 계기가 될 것이다. '해설'이라고 하면 뭔가 쉽게 근접할 수 있을 것이라는 느낌이 들었다. 나는 차라리 『대순전경』에 대한 나의 소고(小考)라는 제목으로 여러 사람들이 연구해서 기록으로 남기면, 뒷날 어떤 대목은 갑이라는 사람의 해석이 옳았고 또 어떤 부분은 을이라는 사람의 연구가 정확했다고 평가할 수 있을 것이라는 의견을 제시했다. "지성이면 감천"이라고 여러 사람들이 함께 노력하다 보면 좋은 열매를 맺으리라고 생각했다.

그런데 그 회의 결과가 원만하지 못해서 결렬이 되었고, 마침내 증산교본부(용화도장) 이름을 내세워 공적으로 발간하지 못하게 되었다. 나는 "하고픈 일을 하지 못하면 쓸개가 터진다."는 『대순전경』의 성구를 생각하며 정영규 선생에게 "지금까지의 노고를 기리기 위해서라도 출판을 하셔야지요? 공적으로 출판하는 일이 불가능하다면, 정선생님 개인 자격으로도 출판할 수 있지 않겠습니까? 뜻있는 분들의 찬조금은 어려울 터이지만 어디까지나 개인 명의로 조달하는 일은 가능할 겝니다."라고 말하였다.

나는 내전에 청수를 봉안하고 있었을 때여서 목격하지 못했지만, 회의가 끝까지 이루어지지 않고 결렬된 이유는 그 책의 내용과 의견이 다른 견해가 제기되었기 때문이었다. 회의 참가자 모두들 밤샘을 하다가 홍범초 선생이 "생전에 남주(南舟) 선생님께서 말씀하신 해석과 전혀 다른 점이 있다."고 반론을 제기했고, 서로들 의견을 내세우느라 분위기가 어수선해져서 회의가 결말을 보지 못한 채 결렬이 된 상황이었다.

결국 『대순전경해설』이라는 제목으로 정영규 선생 개인 명의로 출간되었다. 때는 1984년 음력 3월 22일이었다. 왠지 내 마음 한 구석이 석연치 않았다. 교회의 발전을 도모하기 위해서는 여러 사람들이 제각기 간직한 좋은 점들이 한군데 모아지고 계승, 전달되어야 더욱 번영해 나갈 수 있으련만, 어떠한 사건에 접하면 먼저 개인 감정이 앞서게 되는 일만 생기는 상황이었으니, 정말 허탈해지기만 했다.

한편 이즈음 홍기화 선생께서 의통(醫統)에 대하여 "남주 선생님께서 살아계셨을 적에 '호부(護符)는 충분하지만 호신부(護身符)는 태부족이다.'라는 말씀을 하셨다."며 경면주사 한근 반만 있으면 준비할 수 있을 것이라고 주장하셔서 많은 교인들이 노력봉사를 했다.

그러나 경면주사를 수비(水飛)를 하지 않고 그냥 갈아서 사용했으니 소모가 많이 되어 태부족이었다. 할 수 없이 보통 쓰이고 있는 경면주사 5근을 또 사왔다. 내가 그 설명서에도 수비를 하라고 쓰여 있다고 말했더니, 정영규 선생이 수비가 무엇인지 잘 모른다고 말하셨다. 그때 종이, 경면주사 등의 소요품은 정선생 개인의 특별 성금으로 마련되었다. 당시에도 많은 교인들이 번갈아가며 노력봉사를 아끼지 않았다. 당시에는 정영규 선생과 박기백 선생님이 도장의 살림을 맡았고, 두 분이 우리 교단에 오신 후 성경신(誠敬信)을 다하여 다방면으로 일을 하셨다. 아마 예절을 그렇게 지키신 분은 보기 드물었다고 하겠다.

지난 1985년 봄의 일이었다. 식당 옆에 있던 큰방을 사무실로 사용할 때였다. 종교관계 취재 건으로 신문기자가 우리 교단을 방문했다. 사무실 책상 위에 먼지가 뿌옇게 앉아 있어서, 내가 부끄러운 마음에 걸레질을 하고 있었는데 누군가 느닷없이 걸레를 확 빼앗았다. 내가 놀라서 쳐다보았더니 정영규 선생이셨다. 정선생은 "사모님께서 이렇게 궂은 일을 하시면 어떻게 하시냐"고 나무라시며 걸레를 뺐었던 것이다.

부슬비가 곱게 내리던 어느 봄날 용화도장의 한쪽 방(성전 전면 우측에 있던 방으로 지금은 헐렸음)에서 서헌교 선생님도 함께 하신 자리에서 내가 "우리 교단을 위하여 이렇게 정성을 다 바쳐 성업(聖業)에 전력을 다 하시는 정선생님께서 오래오래 영원토록 그 정성이 변함없으시기를 비는 마음이 간절합니다."라고 말하니까, 정영규 선생님이 빙그레 웃으셨다. 그 모습에서 어떻게 그런 일이 있을 수 있겠느냐고 하는 듯한 표정을 읽은 일이 있었다. 지금 생각해도 내 마음이 안타깝다.

긴 세월 동안 많은 교인들이 늙거나 타계하시고 때로는 지치고 의욕을 잃어서 새로운 인물을 포교하기는커녕 자꾸만 교인이 줄어

가는 형편이었다. 어떠한 일이 있더라도 우리 교단이 살아남아 도맥(道脈)을 이어나가야 할텐데…….

그해 가을 지화절(地化節), 고요한 밤하늘에 별빛이 창연히 내리는 자시(子時)에 치성에 참여한 몇몇 교우들이 머리를 숙이고 있는 엄숙한 자리에서 나는 고천후님께 올리는 「고유문」을 낭독했다. 마침 한 대목이 생각난다.

"근간에 보여주신 정영규 교우님의 성경신(誠敬信)은 타의 모범이 되옵고, 가히 우리 교단의 중흥을 이룩하기 위하여 매진하고 있사옵니다. 부디 그 분께 끊임없이 천후님의 보살핌과 기운을 내려주옵소서."

여러 교인들 앞에서 정 선생님이 강연을 하면 많은 교인들이 열렬히 박수갈채를 보내던 때였으니, 오죽하면 정 선생님이 박수를 사양한 적도 있을 정도였다.

언제나 나는 교회 운영에 대해 개인적인 의견을 제시한 적도 없었고, 공식적인 직책도 없었으며 회의 등 공적 석상에 참여한 일도 없었다. 그리고 교회의 인사문제나 세입과 세출 등에 대해서도 알고자 한 일도 없었고, 또한 교회 간부들도 나한테 미리 알려주는 일도 없었다. 다만 나는 용화도장을 찾아오시는 손님 접대하기, 치성 때 제수를 마련하기 위한 장 흥정, 제수 장만하기 등을 주로 담당했다. 그밖에 나는 교회의 4대 치성일, 24절후 치성, 내전에서 올리는 초하루와 보름날 치성에는 특별한 일이 없는 한 거의 빠진 적이 없다. 이런 일을 나는 그저 주어진 천명(天命)으로 알았고, 또한 나 자신이 즐겁게 의무로 알고 행했을 뿐이다.

서헌교(徐憲敎) 선생

1985년까지 교중(敎中)에서 가장 원로이셨던 서헌교 선생님을 잊을 수 없다. 서 선생님의 유족들은 용화도장과 통 왕래가 없었는데, 1993년 가을에 서 선생님 동생의 자부(子婦) 즉 선생님의 조카며느리가 자기 남편과 함께 도장을 방문했다.

그 조카며느리는 평소에 시백부님을 존경하고 가르침을 많이 받았다고 말하며, 승광사(承光祠, 서거한 교인들의 위패를 모신 곳)에 들려서 참배하고 서헌교 선생님 생존시의 감회를 회상하며 쉬어간 일이 있다.

혈연이나 또는 남남이나 사람이 한평생 살다가 이 세상을 하직하면 잊혀지는 것이 당연한 일 같이 느끼지만, 꼭 그런 것만은 아닌 경우도 종종 있다. 나는 정이 넘치는 사람은 아니지만 지난 일들 가운데 감격했던 일, 수모를 당했던 일, 때로는 본의 아닌 오해받았던 일들이 한번씩 떠오른다. 더구나 내가 존경하고 흠모했던 사람이 타계했을 때는 많은 세월이 지난 뒤에도 몹시 그리워서 견딜 수 없도록 가슴이 저려오는 때도 종종 있다.

그래서 나는 혼자서 많이 울기도 했고, 어떨 때는 마치 정신이 나간 사람같이 슬퍼하기도 한다. 서헌교 선생님도 내가 존경하는 분이시다. 서 선생님은 경북 밀양이 고향인데, 6. 25 사변 직후에 김제군 죽산면으로 솔가해서 올 정도로 증산교(甑山敎)의 독실한 신자였다. 한학(漢學)에 능통하시고 글씨도 잘 쓰셨다. 체격은 보통 이상으로 키도 크셨고 풍채가 매우 좋으셨으며, 심성이 곧으면서도 온화한 편이셨다. 옳고 그른 일을 분별은 하시되, 직접 단호하게 말씀하는 편은 아니었다. 그렇다고 서 선생님이 우유부단하다고는 생각해 본 일은 없다. 항상 정직하시고 예의가 투철하셨다.

서헌교 선생님은 사주(四柱)를 평하는 기묘한 책을 가지고 있었는데, 혼인 택일하는 때는 찬탄할 만큼 길일(吉日)을 잘 선택하셨다. 서 선생님이 정해준 날에 결혼한 사람은 모두 별 탈이 없이 위기도 잘 극복하며 살아가고 있다. 한때 우리 교회에 어려움이 닥쳤을 적에 잠깐 대표직을 맡아주신 적도 있었다.

그리고 서 선생님은 우리 교회와 가까운 곳에 살고 계셨으므로, 교단을 비우지 않기 위해 거의 상주(常住)하시다시피 계셨다. 그렇기에 교회를 찾는 사람들은 언제나 든든하고 믿음직스럽게 여겼다.

이수열(李洙烈) 여사

1984년에 있었던 일이다. 박경진 선생의 부인 문연순 여사가 남편과 사별한 다음 마음을 걷잡을 수가 없어 전국의 명산에 기도하러 다니다가 만났다는 이수열 여사라는 분이 있었다. 경남 산청군에 있는 명월산 아래에 작은 암자가 하나 있다. 바로 그 암자에 다년간 보살로 있던 분이었는데, 그 분은 삭발은 하지 않아서 겉으로 보기에는 여염집에서 살림하는 부인들과 다를 바가 없었다.

이상한 것은 타계하신 박경진 선생과 너무나 닮았다는 점이었다. 어떤 이는 두 사람은 전생에 남매 사이였다고 말했다. 그 해 9

월 대순절 치성에 용화도장을 구경하러 온다고 왔다가, 우리 교단에 입교하고 일주일 수련까지 함께 하게 되었다. 개종(改宗)이란 매우 어려운 일인데, 너무나 쉽게 자신의 신앙을 바꿔서 이상하게 여겨질 만큼 믿어지지 않았다.

더욱이 그분이 "특별한 정성으로 이듬해부터 3년 동안 연일 회식 치성을 혼자서 맡아 하겠다."고 말했다. 당시 교회에서는 건물 확장 공사를 예상하고 있을 무렵이었다.

나는 "조금 무리가 있을지 모르지만, 이왕 시작하실 일이라면 3월에 있을 고천후님 탄신치성을 시작으로 삼아 6월 화천절과 9월 대순절까지 올리시면 참으로 세 번이 됩니다."라고 사견을 이야기했다.

내 이야기를 듣고 난 이수열 여사는 "너무 늦어서야 이런 좋은 진리를 알게 되어 뒤늦은 감이 없지 않지만, 열과 성을 다해 보겠다."고 대답하시며 쾌히 승낙하셨다. 그리고 자신이 참여할 때 교중의 건물 확장 공사도 이루어져서 경제적인 원조에도 조금 동참할 수 있다는 점을 흐뭇하게 생각하는 이수열 여사의 모습을 보면서 내 마음도 한없이 기뻤다.

이듬해 치성을 올릴 때마다 나는 멀리 진주까지 갔다. 동해와 남해는 생선 가격이 헐하면서도 싱싱한 좋은 물건이 많았다. 덕분에 좋은 제수(祭需)를 마련하여 치성을 드릴 수 있었다.

더욱이 대순절 치성을 준비하기 위해 보기도 좋은 어린 암소 한 마리를 진주에서 구입해서 이곳 도장에서 2개월 동안 길렀을 정도였다. 그해 대순절은 상제님 탄신 113주년이었다. 아마 교단이 창립된 후 가장 성대한 치성을 올린 것이 아닌가 싶다. 치성에 참석했던 여러 교우들이 이수열 여사에게 찬사를 보냈다.

이듬해 치성을 무사히 마친 후 교 본부에서 상제님의 소형 영정을 모시고 월명산으로 갔다. 때는 음력 4월 십오야, 둥근 달이 휘영청 밝고 늦은 봄기운 탓에 훈훈한 바람결이 소매 끝을 스쳤다. 산은 높고 사방은 괴괴하니 고요한데, 가끔 산새가 우짖는 산길을 세 사람이 걸었다. 그 상쾌함은 아직도 잊을 수 없다.

사람의 일생은 길고도 짧은 것일까? 이수열 여사는 남다른 인생역정이 있는 분이셨다. 6.25 사변 때 남편이 국군으로 전쟁에 참가했는데, 그 후 남편에게서는 아무런 소식이 없었단다. 전쟁이 끝난 후 육군 본부에서도 생사가 묘연한 애매한 상태로 세월만 흘렀다. 그러다가 1985년에야 비로소 남편이 전사자로 확인되었고, 이미 국립묘지에 안장되어 있다는 사실을 통보받았다고 한다.

그 얼마나 기적과 같은 일이었던지……. 긴 세월 속에도 풀리지 않던 운명의 수수께끼가 풀리는 기분이랄까. 남편의 육신은 저 세상에 간 지 오래되었지만 영광의 최후를 맞았음을 먼 훗날에서야 알게 되었던 이여사님! 그때의 심정을 눈물조차 말라버려 흘릴 눈물도 없었다고 술회하셨다. 이후 이여사님은 전국의 명산대찰을 찾아다니며 부처님께 기도드리며 염주를 굴리면서 오늘에 이르렀다고 말했다.

은행나무 사건

1986년 황원택 선생님이 종령(宗領)으로 계셨고, 정영규 선생님이 종무원장으로 계셨을 때다. 그 전년도에 서울에서 대도창명대회(大道彰明大會) 행사를 가졌을 무렵 교단의 간부들께서 의논한 결과, 용화도장 진입로에 있던 은행나무를 팔아서 환경정리를 하기로 결정했다. 당시 1988년 서울올림픽 대회가 개최될 것을 대비하여 서울시 여러 지역에 큰 나무 심기가 한창 진행되고 있어서 판로는 확보되었다. 그 후 공사업자와 계약하여 은행나무를 캐서 트럭에 실어서 서울로 옮기려고 하다가 갑자기 작업이 중단되고 말았다. 이곳 금산리 용화동은 모악산 도립공원지역이어서 크고 푸른 나무를 외지로 반출하는 일은 불법이란다.

작업을 하다가 중단되었고, 계약도 완료된 상황이라 기가 막혔다. 나는 우선 익히 안면이 있는 금산면 면장님을 만나러 갔지만, 면장님께서 공무로 출타하여 늦게 들어오신다는 말만 들었다. 용화도장에 돌아와서 밤 10시가 되어서야 겨우 면장님과 어렵사리 통화가 되었다. 나는 면장님과 잘 알던 사이였던 이미 유명을 달리하신 남주 선생님의 간청이라고 생각해서 은행나무 반출을 허락해 주시라고 간곡히 사정을 말했다.

이튿날 면장님께서 김제군 산림과장과 동행해서 실정을 보고 난 후, 이미 캔 은행나무들을 공터에 가이식할 수밖에 별다른 도리가 없다고 하셨다. 큰일났다. 그 큰 나무를 캐내면서 겨우 뿌리를 보호하며 이식해서 살 수 있도록 했기 때문에 함부로 움직여서 처리하기가 극히 어려운 상황이었다.

이처럼 별일 아닌 듯한 일이라도 막상 곤경에 처하면 사건을 해결하기 위해 나서는 사람은 아무도 없었다. 은행나무를 사가기로 약속한 회사에서 와보고는 그저 딱하기만 하다고 말할 뿐이었다. 어찌하면 좋을꼬, 나는 온 정성을 다해서 상제님께 심고를 드리고 생각에 생각을 짜내며 머리를 굴려 보았다. 마음 속으로 이 일이 무사히 풀려 은행나무를 실어내는 날이 온다면 매우 기쁠 것이라고 생각했다. 그렇게 될 수 있다면 하는 간절한 마음이었다. 다행히 돌아가신 남주 선생님을 무척 존경했었고 유달리 의협심이 강했던 면장님이 최선을 다해 도와주려고 힘을 쏟으셨다. 아무런 힘도 없던 내게는 무척 큰 도움이 되었다. 콧날이 찡하도록 고마웠다.

더욱이 나와 알고 지내던 몇몇 분들도 협조를 아끼지 않았다. 내가 1974년부터 1975년까지 금평농업협동조합장으로 재직할 때 알았던 분들이었다. 또 큰아들 영옥의 친구도 많은 도움을 주었다.

"하늘이 무너져도 솟아날 구멍은 있다."는 옛말과 같이 가까스로 해결의 실마리를 찾게 되어 다행스러웠다. 은행나무를 캐낸 자리에 보식할 것을 약속하고, 은행나무를 판값에 대한 세금을 납부한 다음 반출증명서를 받아 위법이 아닌 순리에 따라 은행나무를 서울로 실어갈 수 있었다.

때마침 봄바람이 몹시 불었고 비가 내려 보식한 나무의 뿌리에 지장이 생겨 혹시라도 나무가 버리게 될 새라, 나는 밤잠도 못 이뤘다. 다음날 아침에 보니 하도 걱정을 해서 입은 부르텄고, 눈은 발갛게 충혈되었고, 밥맛도 없었다. 마치 중병을 치르고 난 것 같은

1974년 11월 금평 단위농업협동조합 총회장 취임사하는 모습

몰골이었다. 길게 한숨을 내뱉고 안도의 가슴을 쓰다듬던 내 자신이 낯설어 이상하기조차 했다.

이 무슨 팔자이며 운명일까? 누가 시켜서 하는 일일까? 아니면 어쩔 수 없어서 그냥 하는 일일까? 그도 저도 아니라면 믿음의 발로일까? 나는 잘 알지도 못하면서 그냥 생각에 생각을 거듭하고 어떤 일이 잘 풀리기를 기원하고, 그저 동분서주하며 있는 최선을 다했을 뿐이다. 그런데도 기운이 쑥 빠져 버린 것 같다.

이번 일이 잘 풀리고 나면 무척 좋을 것 같이 생각되었지만, 막상 무사히 해결되고 나니 무심하고 담담할 따름이었다. 아무도 걱정하는 사람이 없었듯이, 그 누구도 내게 애쓰고 수고했다고 인사치레하는 사람도 없었다. 내가 뭔가 실수하고 잘못을 저지르면 온갖 구설이 빗발치듯 할 텐데…….

사람 사는 세상은 어떨 때는 참으로 냉정하고 싸늘하기 조차하다. 그렇지만 한편으로는 내 마음 한구석에 흐뭇함을 느끼며 외롭고 고적한 마음을 달래가며 내전에 모신 고천후님 전에 청수를 봉안하고, 회한에 찬 눈물방울을 뚝뚝 흘리면서 힘껏 글을 읽었다. 이내 내 마음은 다시 안정을 찾을 수 있었다.

청음 대종사 탄신 백주년 기념행사

1987년 정묘년 동짓달 어느 날 밤 내 꿈에 청음 대종사님께서 손을 번쩍 드시며 "아, 내가 무자생(戊子生) 아니오?"라고 하셨다. 내가 깜짝 놀라 잠에서 깨어나 책력을 펼쳐보니 내년이 청음대종사님 탄신 백주년이었다. 정신이 번쩍 났다. 돌이켜 생각해보니 슬픈 생각이 들었다. 물론 청음 선생님은 친자식도 4형제나 있었지만, 이런 일을 자손들이 직접 행한 일은 드물었다. 그렇다고 우리 교중에서도 이런 일까지 마음 쓰시는 분도 안계셨다.

오늘날 우리 교단이 있기까지 청음 선생님의 공덕을 잊을 수가 없다는 것은 명확한 사실이었다. 그 분은 증산상제님의 기행이적을 수집하느라 무려 6년이라는 세월동안 전국 방방곡곡의 상제님 친척, 종도, 산 노인, 들 사람들을 방문하여 『대순전경(大巡典經)』을 펴내셨다. 이 일을 생각하면 다시금 그 분의 노고를 찬양한다. 아마도 상제님께서 그 일을 행하도록 하기 위해 선택했던 분이라고

1987년 미국 인류학자 낸시 양이 용화도장을 방문했을 때

생각된다.

내가 1947년 정해년에 시집와서 그 이듬해 음력 4월 18일에 시아버님 기일에 맞춰 용화도장을 처음 방문했을 때, 청음 대종사님은 나한테 다음과 같이 말씀하셨다. 먼저 동생(남주 선생)의 어린 시절 성장과정을 소상히 말씀하신 다음 "일본 유학을 마치고 남과 같이 개인의 영달을 위해 살았더라면 그 누구 못지않은 부귀영화를 누렸을 텐데, 오직 내가 가는 길을 함께 했기 때문에 고생만 많이 했습니다. 우리 형제가 합심하여 외길을 걸었으니, 고통도 함께 하고 의논도 함께 하며 전무후무한 상제님의 큰 진리를 미력하나마 정립할 수 있었습니다. 무(無)에서 유(有)를 찾아내고, 한 줄기 빛을 잡으려고

온힘을 모두 쏟았답니다. 지금 생각하면 기
적이요, 그 신묘함은 필설로는 형언하기 어
렵답니다." 청음 선생님의 그 말씀은 지금도
내 기억에 생생하게 남아있다.

청음 이상호 선생

6.25 사변이 지난 이듬해 친청아버님
께서 멀리 강원도 울진에서 용화동에 오셨
다. 남주 선생님이 지으신 『대순철학(大巡
哲學)』한 권에 온 정신을 빼앗겨 나이많은 남주 선생에게 어린 딸
을 출가시킨 분이었다. 친정아버님은 청음 선생님과는 처음 만나
셨다. 두 어른의 만남은 진정 환희에 넘쳤다.

친정아버님은 신사생(辛巳生)이었으니, 청음 대종사님보다 7세
연상이었다. 친정아버님은 청음 대종사님을 선풍도골(仙風道骨)이
라고 칭찬하셨고, 대종사님은 친정아버님에게 깊은 감사의 뜻을 표
하셨다. 대종사님께서 친정아버님과의 만남을 기쁘게 여겼던 이유
는 염수암씨라는 유명했던 풍수지리가를 알고 있었기 때문이었다.

친정아버님은 그 고명하신 분을 신인(神人)과 같이 존경하며 장
년 시절부터 상면하셨고, 증조부님 산소 자리를 그 어르신께서 잡
으시게 하셨단다. 그 분이 직접 증조부님 묘 자리의 좌향도 보셨는
데, 시골지방에서는 가히 큰 명당이라고 할 수 있다고 했단다.

친정아버님의 이야기를 들으신 대종사님께서도 "그 분을 직접
뵙지는 못했지만 풍수로 유명하신 분이라는 말은 익히 들었습니
다."라고 말씀하시며 두 분이서 꽤 깊이 대화가 오간 걸로 기억된다.

어쨌든 그렇게 고귀하신 청음 대종사님은 내게는 개인적으로

시숙님이었지만, 항상 대하기가 어려웠던 분이었다. 나는 쉽게 말로 올리지는 못했지만 마음 속 깊은 곳에서부터 늘 존경해 마지않았다. 이처럼 근접할 수 없을 만큼 높으신 분이셨지만, 가끔 무슨 일이 있을 때마다 먼저 내게 말씀하시곤 했다. 그래서인지 청음 선생님의 이야기는 더욱더 내 가슴에 와 닿았다.

남주 선생님으로부터 들은 이야기다. 일제 때 청음 선생님이 감옥에 있었을 때 보천교(普天敎) 교주였던 차경석(車京石) 선생님에게서 교단 활동을 공개할 것을 어렵게 승낙을 받아 서울 동대문 밖에 '보천교 진정원'이라는 간판을 붙이고 활동하실 때였다. 당시 서울 장안에 있던 선비들이 술자리에서 "자네, 신선을 보았나?" "아, 이 사람이 정신이 있나? 신선은 천상(天上)에나 있지." "분명 살아있는 신선이 있으니 한번 가보라구. 동대문 밖에 있는 '보천교 진정원'에 가면 그곳에 살아있는 신선이 앉아있네."라는 이야기가 회자될 정도로 청음 선생님의 용모가 유명했다고 한다.

그 당시는 일제하였으니 민족종교에 대한 탄압이 이만저만이 아니었다. 전라북도 경찰국장이 청음 선생님께 "어째서 하필이면 증산을 믿느냐?"라고 물었다. 이에 청음 선생님이 "기독교인을 보고 어찌하여 예수를 믿느냐고 물으면 어떤 대답을 할까요? 나는 조선사람이니 조선에서 태어나신 대성인(大聖人)을 믿는 것은 당연한 일이 아니겠느냐?"고 오히려 반문을 했더니, 경찰국장이 뒷말을 잇지 못하더란 이야기가 전해온다.

이처럼 청음 선생님은 오직 앞만 보고 외길을 걸어오신 어른이셨다. 그리고 청음 선생님의 7대 할아버지께서 임진왜란이 일어났을 때 혈서(血書)로 "앞으로 일본의 '녹(祿)'을 먹는 자는 내 자손이 아니다."고 쓰셨다고 이야기도 전한다. 그 할아버지의 혈서대로 청음 선생님의 형제분들은 용케도 그 무서운 세상에 직접적으로 일본의 '녹'을 먹지 않고 견뎌내셨다. 막내동생인 이순탁씨는 일본 경도대 상과를 졸업한 분이셨지만, 일제 때에는 경제학자로서 지내다가 지나사변이 일어났을 때는 옥고에 시달렸다고 한다. 이순탁씨는 출감 후에 잠시 동안 세브란스 병원에서 서무과장으로 일했고, 8.15 해방 후 대한민국 정부가 수립되자 초대 기획처장을 역임했다. 그 후 그 분은 연세대 상과 교수로 재직하다가 6.25 사변 때 그만 이북으로 납치당해 소식을 알 수 없었다.

청음 대종사님께서는 용모도 흠을 잡을 곳이 없이 무척 수려하셨다. 특히 대종사님의 수염을 본 사람은 어느 누구도 감탄하지 않는 분이 없었다고 한다. 수염이 유난히 길고 윤기가 났고, 탁하지도 성기지도 않은 알맞은 숱이어서 용모의 수려함을 한층 더 돋보이게 했다. 또한 대종사님의 음성은 밖으로 물체를 튕기듯 했는데, 작은 소리를 내셔도 저 멀리 밖으로 울려 퍼지는 소리였다. 청음 선생님께서 보천교의 서방주(西方主)로 계셨을 무렵 갓을 쓰고 도복 차림에 백마를 탄 모습은 그야말로 수많은 사람들의 추앙을 받았다고 한다.

해방 후 대법원장께서 청음 대종사님을 면담하겠다는 요청이 있어 대면한 일이 있었는데, 훗날 그 대법원장이 "조선사람 중에 대단히 높은 덕을 지닌 사람을 봤다."고 이야기를 했다 한다. 그 말의 뜻은 당시 누구라도 대법원장을 뵈면 먼저 국궁으로 읍하며 자기를 낮추고 대면하는 일이 상식이었다고 한다. 그런데 청음 대종사님께서는 대법원장을 만나고도 그냥 맞절만 하고 좌정하셨다는 것이었다.

청음 대종사님은 언제나 방 안에 가득히 앉은 사람들 가운데 좌고가 가장 높으셨던 분이었다. 키는 별로 크지 않았는데도 그러했다. 누우셨다가 일어나실 때에도 몸을 옆으로 돌리지 않고 그대로 반듯이 그냥 일어나셨다. 또한 언제나 앉은 자세는 정좌였다. 말씀은 극히 적으신 편이었고, 식사는 보통 사람의 3분의 1 정도였으며, 간식은 아침 식전에 찹쌀 미숫가루를 조금 먹을 뿐 그 외에는 아무 것도 드시지 않았다.

이 외에도 청음 대종사님에 대해 생각나는 일들이 너무 많다. 우리 교단에서 가장 순수하셨고 성과 열을 다해서 믿으셨던 분들 가운데 경기도 평택 출신 신도로 원제철 선생님과 8.15 해방 전에는 일본에서 활동하셨고 6.25 사변이 일어난 이후에는 서울에서 서예 인각으로 이름을 떨쳤던 고석봉 선생님이 계셨다.

이 두 분이 1953년 계사년 치성에 참여했을 때 마침 청음 대종사님께서 67세의 나이로 4남을 얻었다. 두 분이 청음 선생님께 득남 축하인사를 드렸더니, 청음 선생님께서는 "음, 축하는 무슨……"라고 말씀하시며 옆으로 몸을 돌리고 얼굴이 홍당무가 되더란다. 너무 수줍어하시고 순진하게 보이는 그 모습을 보고 고석봉 선생은 차마 그냥 앉아 있을 수가 없어 밖으로 뛰쳐나와 한참을 웃으셨다고 한다.

언젠가 나의 친정어머님께서 해산물을 말린 반찬거리를 소포로

부쳐주신 일이 있었다. 이곳 산중에서는 귀한 것이었다. 드러나게 말씀하시지는 않으셨지만 청음 선생님의 표정에서 나는 그 어른의 고마워하는 마음을 읽을 수 있었다.

그리고 간혹 교중에 편치 못한 일이 있을 때마다 청음 대종사님은 먼저 나를 염려하시며, 중간에 사람을 보내 내 마음을 떠보는 경우가 있었다. 언제나 내 생각은 확고부동했다. "부디 염려 놓으시라고 전해주십시오. 두 분 형제분이 한평생을 한 몸 한 뜻으로 걸어오신 대사업이 이제 저로 인해 금이 간다면, 천추에 돌이킬 수 없는 잘못일 것입니다. 비록 저는 치마를 두른 우둔한 여인에 불과하지만, 친정아버님과 어머님의 가르침에 어긋나는 일은 없을 테니 걱정하지 말라고 전해주세요."라고 말했다.

내가 대종사님 양위(兩位)분을 받들고 생활했던 시간이 그다지 오래지는 않았지만, 지금 돌이켜보면 내게 큰 교훈을 주셨다고 생각된다. 1951년에 원평의 장성백(지금의 원평상업중고등학교 교정) 도로변에 있던 집을 사서 남주 선생님을 비롯하여 교인 네 다섯 명이 함께 자취를 할 때였다. 내가 큰아이 영옥이를 업고 청음 대종사님과 함께 걸어갈 때 갑자기 청음 선생님께서 "제수씨께서 아량이 넓으시니 교중살림을 맡고 남주(南舟)를 내조하면서 교회의 운영과 발전에 힘써 주기를 바랍니다."고 진지하게 말씀하셨다. 나는 정색하고 "아니, 무슨 말씀이십니까? 아직 시숙님과 큰댁형님께서 건재하신데…… 두 분이 오래도록 사시다가 만약 기력이 쇠진해지시면 그때는 사양치 않고 모든 정성을 다 바쳐서 뒤를 잇겠습니다."라고 여쭈었다. 청음 선생님께서 발걸음을 멈추고 제 어미 등에 업힌 돌도 지나지 않은 영옥이를 쓰다듬으시고 밝은 웃음을 머금으셨다. 그 모습을 보면서 나는 고개를 숙였다.

국난에 처한 시국관계도 있었지만, 그 시절 내 처지는 그야말로 비참한 상황이었다. 몸과 마음을 다 바쳐 현실에 겨우 적응하면서 살고 있던 처지였다. 큰댁형님과 함께 산에 올라가 땔감을 구해야 했고, 굶주린 배를 감싸며 애써 참아야 했고, 슬픈 모습을 보이지 않기 위해 안간힘을 써야 했다. 내가 25세 때 겪은 일이었지만, 지금 생각해도 가슴이 떨리고 눈물이 앞을 가린다. 한참을 울다보니 시야가 흐려서 잘 보이지도 않는다. 청음 대종사님 탄신 백주년 기념행사 때 일어났던 일을 회고하다가 더 옛날이야기가 되어버렸다.

청음 대종사 탄신 백주년 기념행사를 준비하기 위해 일단 종령님께 의견을 말했더니, 내년이 기사년(己巳年)으로 『대순전경』출간 60주년과 겹치니 교회 사정으로 볼 때 두 행사를 모두 하기는 어렵다는 말씀을 하셨다. 그래서 나는 청음 선생님 관련 행사는 어디까지나 내 힘이 닿는 대로만 추진하겠노라고 약속했다. 그때 도장에서 안살림을 맡고 있던 충남 서산 출신인 조희숙 여사의 많은 노고와 협조를 받으면서 나는 나름대로 힘껏 행사를 준비하기 시작했다.

김제군 향토문화연구회 회장인 최순식 선생님은 청음 대종사님께서 생존해 계실 때 뵈었던 일이 있었고, 청음·남주 두 형제분을 마음 속으로 퍽 흠모하고 계신 분이셨다. 최 선생님은 "너의 조부님 함자 세 글자가 『대순전경』치병편에 올려져 있다."는 말을 청음 대종사님 생전에 직접 들었다고 한다. 최 선생님은 당시에는 아무 것도 모르던 상태에서 알현했었는데, 지금 생각하면 송구스럽기 그지없다고 가끔씩 말씀하셨다. 더욱이 최 선생님은 직접·간접적으로 증산교 교리를 익히 알고 있었다.

1988년 무진년 음력 2월 27일 청음 대종사님 탄신 백주년 기념행사를 개최한다는 내용을 교인 몇 분과 몇몇 교파의 대표자와 금산면 기관장들에게 미리 알렸다. 당일에는 대종사님의 업적에 비해 너무나 조촐하게 열리는 행사를 상징하듯이 때 이른 봄비가 부슬부슬 내렸다. 봄비처럼 애달픔이 소리없이 내 가슴을 적셨다.

상제님 앞에 간단히 치성을 올린 다음 승광사(承光祠)로 가서 종도님들, 우리 교단 창립 당시에 함께 노력하신 도현님들, 열심히 믿으시다가 앞서간 도인들에게 오늘의 깊은 뜻을 고하는 내용의 내가 쓴 고유문(告由文)을 하염없이 흐르는 눈물을 애써 삼키며 읽었다. 다른 증산교 교파를 대표하여 법종교 대표 김대수 선생님과 김춘도 총무님께서 청음 대종사님의 업적을 찬양하는 축사를 해주셨다. 또 최순식 선생님께서 금산면의 기관장들과 함께 용화도장에 오셔서 자리를 빛내주셨다. 이때 홍범초 선생님께서는 청음 대종사님의 약력을 간단하게 소개했다.

1년 전에 꿈을 꾼 후 3개월 동안 혼자서 애태워 왔던 일을 조촐하나마 큰 허물없이 마쳤다는 점에 안도의 한숨을 내쉬었다. 기념행사를 마친 나는 박기순 여사와 함께 음복(飮福)을 챙겨 임실부인 댁을 방문했다. 임실부인은 그녀가 19세 때부터 증산교 신앙을 했으며, 대법사(大法社) 창립 당시부터 참여하여 구(舊) 성전(聖殿) 건립 때 지극한 신심으로 물심양면으로 봉사한 분이셨다.

임실부인은 그 해 세수가 90세였다. 길 건너 마을에 사셨다. 우리 둘이 찾아뵈니 "게, 누구요?"라고 내다보셨다. 내가 "영옥이 에미입니다."라 했더니, 임실부인이 "아니, 어쩐 일이요?"라고 놀라신다. 다시 내가 "치성을 올린 음복을 가져 왔습니다."라고 대답했다.

그러자 임실부인이 "아니 이 달에는 치성이 없는데……"라고 밝은 정신으로 말하셨다. 내가 "청음 선생님 탄신 100주년을 맞아 간단히 치성을 올렸습니다."라고 대답했더니, 임실부인이 "아이고, 참! 그 어른 생신이 2월이었지. 그 어른께서 제수씨를 얼마나 중히 여기셨는데……"라 하시며 말을 맺지 못하고 울먹이셨다.

우리들의 대화를 옆에서 듣고 있던 박 여사도 눈시울을 적시고 임실부인의 손을 잡으며 "우리 도장의 옛 증인이신데, 이제는 거동이 여의치 못하시니 아쉽기 그지없군요."하면서 세월의 무상함을 한탄했다. 내 콧날도 찡했다.

임실부인은 원래 건강하신 분이었는데 백내장을 앓아 눈이 어두웠다. 그 분은 나와 나이가 28년이나 차이가 났지만, 1948년부터 알고 지냈던 신앙의 동지였으며 6.25 동란을 함께 겪었다. 임실부인은 공적이나 사적인 크고 작은 일들을 함께 지냈기 때문에 나의 속내와 행동에 이르기까지 일거수일투족을 너무나도 깊이 헤아리셨던 어른이셨는데, 1990년 음력 9월 25일에 92세를 일기로 별세하셨다.

한편 청음 대종사님에 대해서는 잊지 못할 일이 또 하나 떠오른다. 병오년 동짓달 남주 선생님이 감기몸살로 무척 고생하고 있었을 때, 갑자기 청음 선생님께서 문병을 오셨다. 청음 선생님은 동생이 와병 중에도 불구하고 다소 상기된 모습으로 진지하게 대화하시기에 나도 무심코 귀를 기울였다.

남주 선생님께서 "우리 형제가 선영(先靈)의 음덕(蔭德)으로 성인(聖人)의 문하에 들어와서, 그 누구도 착안하지 못했던『대순전경』을 이 세상에 내 놓았습니다. 형님이나 제가 도통을 한 것도 아니니, 그저 평범한 선비에 지나지 않지요. 그러나 이 업적으로 인해서 후생들은 우리 형제를 높이 평가하겠지요? 종교에서 정통이란 그 성인의 사상 즉 진리와 이념을 정립한 사람이 이어받는 법입니다. 예수님께서 생존해 계셨을 때 12사도가 있었지만, 다음 세대에 나온 바울이 성경을 집대성했으니 그 분이 정통이라고 생각합니다. 또 공자님의 제자도 흔히들 72인이라고 하지만, 다음 대에 가서 증자가 공자님의 사상을 정립했기 때문에 후세에 정통으로 추앙받지 않습니까? 하오니 증산상제님의 정통은 상제님 → 고수부님 → 형님이고, 저는 그 다음은 갈 수 있겠지요?"라고 말했다. 그 말을 듣고 있던 청음 대종사님의 모습은 내가 일찍이 볼 수 없었던 편안한 얼굴이었다.

사람이 세상에 태어나서 강한 의지를 가지고 평생을 변함없이 자신의 신념을 불태우며 살아오신 분들은, 정당한 평가가 내려졌음을 확인할 경우에는 갑자기 모든 시름을 놓게 되는 듯하다. 안도하면서 가슴을 쓸어내리고 한꺼번에 긴장이 풀리게 되니, 정신 기운도 놓게 되는 모양이었다.

나는 청음 선생님을 큰댁까지 고이 모시고 갔다. 청음 선생님께서는 바로 그 날 저녁부터 자리에서 일어나지 못한 채 무려 3주간이나 눈을 감고 계시다가, 그 해 음력 12월 18일 아침 6시 40분에 광풍이 휘몰아쳐 장독대 그릇이 깨트려지는 요란함을 뒤로 하고 79세를 일기로 선화(仙化)하셨다.

고천후님(高天后任) 송덕비(頌德碑) 건립과 『대순전경(大巡典經)』 간행 60주년

1989년은 대순전경 간행 60주년이었다. 60년이라니, 아득한 옛날같이 느껴진다. 십년이면 강산이 변한다는 말도 있는데, 강산이 6번이나 변한 긴 세월이 흘렀다. 돌이켜 생각하면 일제하(日帝下)에 우리 선조님들께서는 숨도 제대로 쉬지 못하고 살아온 무서운 때였다.

동방에 밝은 빛이 내려 태양과 같은 큰 어른이 삼천리금수강산의 남쪽 고부 땅에 탄강하사 사람들이 알든 모르든 어두운 곳을 밝혀주시고, 고달픈 사람을 불쌍히 여기시고, 병든 사람을 고쳐주시고, 눈 먼 사람을 광명을 찾게 하시고, 억울한 사람을 건져주시며, 찌는 듯한 삼복더위에 두꺼운 옷을 입으시고, 삭풍이 휘몰아치는 엄동설한에 홑옷을 입으시고, 사람이 겪는 고생은 모두 짊어지시고 9년간 천지공사(天地公事)를 보시고 폭을 잡을 수 없는 말씀과 헤아릴 수 없는 행적을 남기고 마지막으로 인간 세상에 있는 병은 모두 앓으신 다음, 홀연히 하늘나라로 가신 큰 어른이 계셨다. 오늘날 우리 대한의 나라, 만천하에서 증산교도(甑山敎徒)들이 우러러 받들어 모시는 삼계(三界)를 주재(主宰)하시는 통천상제님(統天上帝任)이신 증산(甑山) 강일순(姜一淳, 1871~1909) 어르신이다.

상제님께서 이 세상에서 자취를 감추신 그때부터 57년 후에 상제님께옵서 이 세상에 머무르시는 동안의 행적을 온 누리에 알리게 된 흔적이 바로 『대순전경(大巡典經)』이다. 성인(聖人)의 자취를 수십 년 후에 알고자 함은 쉬운 일이 아님은 익히 알고도 남음이 있다.

6년이란 짧지 않은 기간 동안에 그 엄청난 대작업을 이룩함은 어찌 생각하면 인간의 능력만으로는 불가능한 일이 아닐 수 없다. 오직 눈에 보이지 않는 신(神)의 섭리가 아니었던들 이룩하지 못했을 것이다. 첫째로 이런 일은 의(義)로움과 공명심(公明心)이 으뜸이라 하겠다. 아무 것도 모르는 상태에서 『대순전경』만 대하면 가슴이 꽉 차오른다. 형언할 수 없는 생각에 사로잡혀 온 몸에 전율을 느낀다.

항상 읽고 또 읽어도 감동을 주는 서문(序文)과 찬문(贊文)은 천하의 명문이다. 그 시대에 기록을 남겨야만 대진리(大眞理)가 영원 불멸한다는 일에, 그 많은 사람들 중에 유독 청음(靑陰)·남주(南舟) 형제분께서 착안하셨다는 점을 후인들은 높이 평가하리라고 믿는다. 이처럼 거룩한 일을 청음, 남주 양위(兩位) 종사님(宗師任)께서 이룩하심은 신(神)의 섭리로 선택되었음이 아닌가 싶다.

내가 지켜본 두 어른은 유난히도 조용한 선비셨다. 수단도, 속임수도, 가식과도 거리가 먼 분들이다. 어쩌면 그러셨기에 그 어려운 대작업을 이루시게 되었는지도 모른다. 수십 년 전 『대순전경』에 대해 세상 사람들이 평하기를 "코에다 걸면 코걸이, 귀에다 걸면

귀걸이"라고, 하고픈 대로 말했다. 하지만 수십 년이 지난 오늘날
에 와서는 그래도 전체 증산교계(甑山教系)에서 공통적으로 전경
(典經)으로 일컬어 오고 있다.

엄밀히 말하자면 완전하게 손색없는 전경(典經)이라고 볼 수는
없겠고, 또 미비한 점도 있으리라 생각한다. 이제 후생들이 더욱
연구하고 공부하며, 각 교단간에 친목을 도모하여, 적은 것을 희생
하며 대의(大義)를 위하여 가장 으뜸이라고 여길 수 있는『대순전
경』이 될 수 있도록 모두들 노력해야 할 때라고 생각한다.『대순전
경』 간행 60주년 기념일이었던 1989년 기사년(己巳年) 음력 3월
기망일(旣望日)을 기하여 우리 교단에서는 큰 행사가 열렸다.

모름지기 상제님께옵서 9년간 천지대공사(天地大公事)를 행하
시어 천지만물 후천(後天) 오만년(五萬年) 선경(仙境) 세상의 도수
(度數)를 물샐 틈 없이 짜놓으신 성업(聖業)을 세상에 널리 알리기
는『대순전경』이 처음이었다. 그리고 인간이 실천하게 된 시작은
바로 고천후님(高天后任)께서 1911년에 태을교(太乙教)를 창립하
사 오늘에 이르렀다는 사실을 가슴깊이 새겨 천후님의 공덕비(功德
碑)를 건립하기로 교인들이 뜻을 모았다.

뜻이 있는 곳에 길이 있다는 진리는 익히 알고 있으면서도 우리
교회의 재정이 미약해서 오늘에 이르렀다. 1988년(무진년) 박달수
(朴達壽) 종령(宗領), 김장희(金章熙) 종무원장(宗務院長), 고영신
(高永信) 총무가 교회를 이끌고 있었을 때, 어느 날 여대생들이 방
문해서 천후님 묘소에 성묘를 하고 와서 "이처럼 훌륭하신 어른의
묘소에 어쩌면 송덕비도 없습니까?"라고 반문해서 부끄러움을 금

치 못한 일이 있었다. 그 후 총회 석상에서 경주에 사시던 김찬수 (金燦壽) 선생이 열변을 토하신 일에 힘입어 송덕비 건립 사업이 추진되었다.

교인 여러분께서는 전에 없이 한 뜻으로 지극한 정성을 다 했다. 이리하여 대순(大巡) 119년 기사년 3월 16일『대순전경』간행 60주년 기념행사와 아울러 고천후님 송덕비 건립식이 거행되었다. 많은 내빈들을 비롯하여 금산면 내 기관장들도 참석하여 별다른 손색없이 행사를 올리게 되었는데, 이는 수십 년을 하루도 변함 없이 성경신(誠敬信)을 다한 교인 모두의 힘이라고 생각한다. 특히 충남 예산의 박상연 선생, 부산의 문두리(文斗里) 여사, 서울 성남

1989년 고수부님 송덕비를 건립하고 나서

의 김순이(金順伊) 여사, 최순철(崔順哲) 여사 등의 특성(特誠)은 타의 모범이 되었다. 한 사람 두 사람이 힘을 모아서 뜻한 바를 이룩한 결과는 그 얼마나 흐뭇한가?

김찬수 선생 댁에서 수련한 이야기

1989년 기사년 양력 12월 30일, 교우 신복례 여사, 김보경 여사와 함께 나는 며느리가 싸준 김밥을 가지고 눈보라치는 험한 일기도 아랑곳없이 전주로 나섰다. 그런데 전주로 가는 차가 안다녔다.

다시 집으로 들어갈 수도 없고 해서, 원평으로 돌아서 갈 작정이었다. 용케 아는 분의 아들 자가용을 얻어 타고 전주로 갔다. 전주에서 대구를 거쳐 경주까지는 무사히 도착했다.

정확한 주소도 없이 다만 신복례 여사의 기억에 익은 마을 이름만 짐작하여 시외버스를 타고 면소재지에서 내렸지만, 마을로 들어가는 일이 큰일이었다. 동지가 지난 후였으니, 매서운 바람은 휘몰아치고 날은 어둡기는 했다. 할 수 없이 택시회사 사무실에 들러서 이야기하고 있었는데, 마침 여자 사무원이 김찬수 선생님을 알고 있단다. 곧바로 택시를 타고 그 마을에 도착해서 물어물어 찾아갔다.

마을 뒷산에 유난히 산죽이 많아서 바람에 서걱거리는 소리가 어수선했다. 집으로 들어갔더니, 김찬수 선생님 내외분과 경주에 사는 부인들이 수련하고 있었다. 얼마나 놀라고 반기시는지, 한참

만에야 모두들 정신을 차릴 정도였다.

우리 일행은 1990년 새해를 김 선생님 댁에서 맞이하였다. 당시 나는 위장이 좋지 않아서 들기름을 쳐서 찰밥을 해먹어야 했다. 그 마을의 물이 참 좋은 것 같았다. 그런데 김 선생님께서 밤이면 불을 너무 많이 지펴서 기온 차이 때문에 나는 그만 감기가 담뿍 걸려버렸다. 방은 불이 날만큼 뜨겁고, 밖은 몹시 춥고, 감기는 쉽사리 낫지 않았다. 김 선생님에게 참으로 송구스러웠다.

수련 도중에 이봉달 교우의 따님이 갑자기 뒤로 넘어졌다. 옆에 있던 신 여사는 강(降)이 내려서 막 뛰기 시작했다. 그런데 이봉달 여사의 올케는 참으로 침착했다. 가방 속에서 청심환을 꺼내 먹이면서 청수를 다시 올리고 조용히 하라고 주의를 주었다.

평소 못난 듯 말 한마디 없던 그 분이 그렇게 존경스러울 수가 없었다. 원래 인간은 언제나 위급할 때 당황하고 서둘고 분별없이 날뛰는 법인데……. 나 자신을 다시 한번 되돌아보는 기회가 되었다.

내가 교인이 된 지 40여년 만에 다른 교인 댁에 나들이하기는 그때가 처음이었다. 김찬수 선생님은 다른 분하고는 달랐다. 집선생님께서 타계하신 후에도 1년에 몇 차례씩 치성행사 때 교 본부에 오시면 꼭 내게도 인사를 했다. 인사를 나누고 돌아서는 김 선생님의 유난히 긴 속눈썹에는 항상 이슬이 맺혀 있었다.

지난 1960년대만 해도 교통사정이 좋지 않아서 집선생님께서 그리도 보고 싶어 하던 김찬수 선생님께 전보 한 장도 못 쳐드렸던 나의 우둔함이 새삼 떠올랐다.

고천후님 송덕비와 청음·남주 두 선생님의 공덕비를 건립하기 위해 준비할 때, 김찬수 선생님의 말씀에 감동한 교인들이 즉석에서 찬조금 3백만 원을 모금한 일도 있었다. 김 선생님은 『대순전경』도 주문을 읽듯이 이른 새벽 산에 올라가 약초를 캐면서 송독하신단다. 그 소리가 마치 산신령님의 목소리와도 같다는 말이 들릴 정도였다.

김찬수 선생님께서도 연로하셔서 자주 뵙지 못하던 차에 내가 큰마음을 먹고 다시 한번 찾아간 일이 있었다. 2003년 6월 치성을 드린 후, 나는 대구에 사는 김보경 여사와 함께 최창헌 선생님 큰아들의 차로 경남 양산에 있던 하늘농장에 한밤중에 찾아뵈었다. 그때도 김 선생님께서 너무나 놀라셨다. 내가 보기에는 30년 전이나 똑같은 모습이었다. 머리도 까맣고, 주름도 없었으며, 중후한 음성으로 주송하시니 더욱 신기했다. 그처럼 기적같이 상봉하고 돌아온 즐거움도 잠깐이었다. 그렇게도 건재하시더니 김 선생님은 끝내 2004년 음력 정월 초에 영원히 저 세상으로 가셨다.

청음대종사님과 남주종사님의 공덕비 건립

1988년에 고천후님의 송덕비 건립을 추진할 때 많은 교인들이 청음, 남주 두 분 종사님의 공덕비도 아울러 건립하기를 원했다. 특히 경주교회에서는 남다른 성의를 보였다는 후문을 들었다. 그렇지만 각 증산교계나 사회에서 어떠한 반응을 보일 지 또 시기상조가 아닐까 라는 생각도 들었다. 나로서는 증산교가 좀더 세상에 널리 알려진 후에 추진되었으면 하는 생각이었다.

한편 자식들도 교인들의 뜻은 고맙지만 좀 면구스럽다며 펄쩍 뛰었다. 서울에 계셨던 증산사상연구회 회장 배용덕 선생님도 나와 같은 의견을 피력하셨다.

배 선생님께서는 20여 년 전 용화도장을 처음 방문하셨을 때 "먼 훗날 청음 남주 두 분은 동상이 아니라 금상으로 모셔야 할 것이며, 그 분들의 불멸의 공덕을 우리 모두 가슴깊이 새겨야 할 일입니다."라고 말씀하신 적이 있었다. 그렇게까지 말씀하셨던 배 회장님도 좀더 세월이 지난 뒤에 공덕비를 건립하는 것이 좋겠다는 의견이었다.

그리고 원평 새마을금고의 상임전무이자 향토문화연구회 회장 최순식 선생님도 "정말 손색이 없고 부족함이 없어서 모든 사람이 만족할 수 있는 그런 공덕비를 건립해야 하지 않겠느냐?"고 말씀하셨다.

그래서 나는 될 수 있는 한 천천히 생각하고 후회되는 일이 없도록 했으면 하는 생각이 간절했다. 그러나 당시 교단 집행부의 의견은 그렇지 않았다.

어떤 때 보면 인간의 마음은 묘하다. 자신들이 발의한 일을 직접 이루기를 원하는 것은 당연한 일이겠지만……. 1988년 무진년 겨울 동지가 지난 후 나는 경주에 있는 김찬수 선생 댁에서 한동안 머물렀다.

그동안 교회에서는 두 분의 공덕비 건립을 급히 추진한 모양이었다. 비문은 전북대학교 철학과에 재직하시던 이강오 교수님께 의뢰했던 모양이다. 내가 용화동으로 돌아와서 이강오 교수님께

정식으로 서한을 드리고 집안에 전해 내려오던 족보도 전달해드렸다. 나로서는 약간의 아쉬움이 있었지만, 그냥 강행이 된 셈이다.

이리하여 1990년 경오년 3월 26일 고천후님 탄생절 치성일에 두 분 종사님의 공덕비를 건립했다. 건립식 행사에는 한국민족종교협의회 한양원 회장, 이강오 교수님, 그밖에 여러 내빈들과 우리 교단의 여러 교인들이 참석했다. 적지 않은 공덕비 건립비용을 조달하느라 노력했던 여러 교우님과 도현님들께 다시 한번 감사드린다.

뒷날 용화도장의 교인들이 공덕비 건립을 잘했다고 찬양을 할런지 잘못되어도 한참 잘못되었다고 할런지는 알 수 없는 일이다.

한편으로는 공덕비를 세우는 위치 문제로 교인들 사이에 의견이 나뉘는 일도 있어서 마음이 아프기도 했다. 이런 일이 일어나면 유족의 입장에서는 여간 곤욕스러운 일이 아닐 수 없다. 유족들은 별다른 경제적 도움도 주지 못했는데, 다행히 우리 집 셋째 호상이가 건설중장비를 이용해서 굵은 돌도 치우고 공덕비를 세울 자리를 닦는데 조금은 도왔기에 그나마 다행이었다.

그리고 청음 선생님의 차녀와 삼녀 두 분이 공덕비 건립식에 동참했다. 그 질녀들과는 아마 그때가 마지막 고별인사였던 모양이었다. 불과 1년 후 삼녀는 세상을 떠나고 말았다.

우리 집에서는 장남 영옥이와 차남 영석이가 제 친구들 몇 사람과 함께 건립식에 참여해서 겨우 인사치레는 한 셈이었다. 이 세상 모든 일이 그렇듯이, 어떤 일이든지 해 놓고 보면 잘못된 것이 나타나지만 이루어 놓기 전에는 아무도 잘못된 점을 예측하지 못한다.

나는 혼자 마음 속으로 여러 가지 걱정이 많았다. 자꾸만 뒷일이 염려된다. 제발 공덕비가 길이 후세에까지 보존되고, 큰 험담이나 잡음이 없기를 바라는 마음만 간절할 따름이다.

정인석 선생

1992년 임신년 7월 13일(음력 6월 14일)의 일이었다. 그 해 봄에는 내가 서울에 가서 한달이나 머무르면서, 도장에서 모를 심는 데도 도와드리지 못했다. 두고두고 미안한 감이 들었다. 그런데 내가 서울에서 돌아와 보니 논바닥에 잡초는 무성했고, 땅은 갈라져 못자리도 말라버려 겨우 지하수를 공급하고 있었다.

음력 6월 15일은 '유두(流頭)날'인데 "동류두목욕(東流頭沐浴)"에서 유래한 풍습이다. 옛날에는 유두 벼를 심어 나라 임금님께 올린다고 하는데, 그때까지 모를 심지 못하고 있었으니 야단났다. 급기야 면에서는 애써 농가를 돌아다니며 모심기를 독려하던 판이었으니, 진정 딱하기 그지없었다.

그 전 해 묘목 밭으로 내놓아서 논두렁에도 물이 없어서 손질 하나 못하고 말이 아니었다. 더구나 이곳은 사질토에다 봉답이었으니, 하늘에서 물을 주지 않으면 난감하기 짝이 없는 형편이었다. 당시 교회 사무실에는 정인석 선생만 계셨고, 살림하던 김 여사도 고향인 대구로 가고 없을 때였다.

느닷없이 소나기 한 줄기가 시원스레 쏟아졌다. 나와는 오랜 교

분이 있는 이웃에 살던 계섭이 어머니가 오셨다. 그 분은 이곳 토박이였고, 농사를 다년간 지어본 경험이 많았고 요령이 탁월했다. 위에 있던 보의 물을 논 쪽으로 내려오도록 물을 가두어야 한다고 급한 소리로 다그쳤다. 마침 송 선생님이 봉고차를 타고 오셨다.

부랴부랴 필요한 기구를 챙겨 차를 타고 올라가서 봇물을 가두었다. 그리고는 논갈이 기계를 가진 분에게 곧바로 연락하고, 정인석 선생이 사력을 다해서 기계의 뒷서드리를 하셨다. 정 선생은 기운이 없어 막걸리를 마셔 허리를 펴고, 밤이 저물도록 고생할 만반의 준비를 했다.

그리고 내전에 있던 김양이 늦게 장을 봐왔고, 계섭이 어머니는 동네에 다니면서 급히 놉을 얻고 해서 겨우 모를 심을 수 있었다. 아시는 분들은 그냥 도와주기도 했다.

그런데 우리 논의 위에 있는 논을 부치던 분이 몰염치한 분이었다. 그 쪽 논에는 모를 일찍 심어서 벌써 자라고 있었는데도, 물을 조금 당겨 왔다고 정인석 선생님께 심하게 욕을 하고 난리를 쳤다고 했다.

충청도 양반으로 도를 닦기 위해 용화동에 오신 칠십 노인이 그토록 몸 고생 마음고생을 했다고 생각하니, 내 마음도 언짢았다. 동네에 나가서 알아보았더니, 윗 논을 경작하는 사람은 이웃에서도 아주 내놓은 분이라고 했다. 결국 한 가지 한 가지 조목 조목 사유를 대면서 설명했더니 그제서야 물을 대가시라고 정 선생님께 말하더란다. 그 날 일만 생각하면 정 선생님의 모습이 떠올라 내 가슴이 찡해진다.

1995년 남주 선생 탄신 100주년 기념식 때 원광대 교학대 학장 류병덕 교수님과 아들 삼형제와
함께

　정 선생님은 체구는 자그마한 어른이시지만 알뜰살뜰 어려운
도장 살림을 잘 꾸려 가셨으며, 누가 하든 말든 관계없이 자기 할
일만 묵묵히 하시던 성실한 분으로 일찍이 도장에서 보기 드문 분
이셨다. 더욱이 정 선생님은 논일과 밭일에 하나부터 열까지 열과
성을 다하셨으며, 심지어는 채소밭 손질과 같이 남자가 차마 하기
어려운 자질구레한 일까지 만전을 기하셨던 분이었다. 내 입에 침
이 마르도록 찬양을 해도 끝이 없을 정도다.

　그렇게 힘들게 모를 심던 날, 저녁이 저물어서 종령으로 계셨던
김장희 선생님이 용화도장에 오셨다. 마침 성전에 청수를 봉안할
시간이었다. 내가 김 종령님께 "저녁은 잡수셨냐?"고 여쭈었더니,

"밥이 있어요?"라고 반문하셨다. 내가 "마침 밥 한 그릇을 보온밥통에 넣어두었다."고 대답했더니, 아주 반기셨다.

내가 "오늘 모를 심었다."고 말씀드리니, 김 종령님이 "그렇잖아도 논바닥이 뿌예서 가까이 가 보았더니, 모가 심어져 있어서 신기했다."고 대답하신다. 이어서 김 종령님은 자기가 사는 공주에는 비가 오지 않았는데 이곳에는 이렇게 모를 심을 정도였다니 기적과 같은 일이라고 했다.

그 해 가을에 추수를 했더니 쌀이 무려 10여 가마가 수확되었다. 얼마나 다행스러운 일이었던지……. 도장에 살던 모든 이들은 "농자(農者)는 천하지대본야(天下之大本也)"라는 말을 다시 한번 실감했다.

나 역시 콧날이 찡해져 옴을 느끼며, 한편으로는 가슴에 와 닿는 일이 있었다. 그것은 오랜 세월동안 겪어왔던 일이지만 우리 교회는 재정이 빈약하고 별다른 소득이 없어서 교회의 운영과 발전이 원활하지 못하지만 그래도 어려움 속에서 현상은 유지하면서 연맥을 이어나간다는 점이었다. "종교는 신의 섭리"라는 오묘한 이치를 다시 한번 느끼고 감사하며 마음 속으로 상제님께 머리를 숙였다.

더군다나 그 해에는 밭에 심은 작물도 잘 자랐다. 그다지 많이 심지 않았던 콩도 네 가마 가량 수확이 되어, 치성을 드릴 때 두부도 만들고 메주도 넉넉하게 쑤었더니 마음에 저절로 여유가 생겨 다행스러웠다.

이 모든 일이 한 사람의 올바른 정신과 수고로움으로 인해 일어났으니, 그 얼마나 고맙고 감사한 일인가? 다시 한번 정인석 선생님의 노고를 기리며, 오래도록 잊지 않으련다. 이런 성실한 분이 우리 도장에 오래 머물러 주신다면 얼마나 좋았을까? 하지만 인간 사는 무엇이든 꼭 생각대로만은 안된다. 정 선생님은 집안 사정으로 인하여 1993년 동지 치성을 올린 후 고향으로 돌아가셨다.

『현무경』에 대한 이야기 셋

1993년 6월 화천절(化天節) 치성이 임박했는데, 삼복더위 날씨에 가뭄이 심하게 들어 식수마저 딸렸고 밭작물은 타들어가서 상황이 말이 아니었다. 인천에 사시는 교인인 김용대씨가 용화동의 이집 저집에서 물을 공급해 오던 형편이었다. 그러자 당시 종령으로 계시던 홍기화 선생님이 『현무경』을 사용해서 비를 내리게 하면 어떨까 하고 본부에 있던 김홍원씨와 의논하여 실천에 옮기기로 했다.

그런데 부(符)를 누가 그려야 하느냐는 문제에 부닥치자 서로 사양했다. 홍기화 종령님은 젊은 시절에 부를 10만장이나 그렸었고, 김 선생님도 고향에서 한번 비를 내리게 시도해 본 일이 있었다고 말씀하셨다. 문득 내가 남주 선생님 재세시에 치성을 마친 후 수련장에서 『현무경』 공부할 때 부를 가장 빨리 그리고 정확하게 그리기 대회를 연 적이 있었는데, 당시에 김홍원 선생이 일등을 했던 일을 기억해냈다.

그러나 두 분이 모두 극구 사양해서 결국 내가 부를 그리는 일을 맡게 되었다. 나로서는 큰 걱정이었다. 그렇지만 어쩔 수 없었다. 정성을 모아 부 그리기를 시도했다. 부를 그린 지 무려 75시간 만인 오후 3시쯤 갑자기 소나기가 쏟아졌다. 내리는 소낙비와 함께 내 눈물도 샘솟았다. 이상하게도 전주와 원평에는 비가 한 방울도 내리지 않았는데도 용화동에만 천둥과 번개를 동반한 소나기가 내렸던 것이다. 그날이 바로 1993년 양력 7월 30일 토요일 오후였다.

내 일기에는 그날 일이 다음과 같이 기록이 되어 있다. "오늘도 이른 새벽에 부를 그려서 청수를 봉안한 후, 메마른 대지에 단비를 내리시어 중생의 갈앙을 풀어 주시옵소서 하고 상제님께 간절히 심고를 드리니 두 줄기 눈물이 흘러내렸다. 화천절 치성이 모레이온데, 식수도 없으니 큰일났다. 나도 몰래 한숨이 흘러나온다. 그런데 오후 3시쯤 난데없이 뇌성벽력이 치더니만 소나기가 쏟아진다. 약 두 달 만에 비가 내린 것이다. 이 어찌된 일일까? 환희에 넘친다. 사람의 인지가 아무리 발전해도 하느님의 조화가 아니고는 살아남지 못한다. 일찍이 신앙생활을 시작한 지금껏 오늘같이 희열을 느껴본 적은 없었다. 시원한 기운이 솟아올랐다. 상제님의 권능에 머리 숙이고 두 손 모아 감사를 드렸다. 통천궁에서 기우제를 올린 지 정확히 75시간만이다."라고.

홍범초 교수

내가 홍범초(洪凡草) 교수님을 처음 만난 것은 아마 그 분이 공

1995년 남주 선생 탄신 100주년 기념식을 마치고 홍범초 교수와 아들 삼형제와 함께

주사범대학을 졸업하시기 1년 전이었던 1958년 여름 방학 때인 것 같다. 그러니까 6월 화천절 때로 기억한다. 그때는 홍 교수가 아주 나약하게 생기고 부잣집 귀공자같이 얼굴도 희고 곱상하게 생겼었다.

그 시절은 모두들 어려운 때였다. 홍 교수가 치성 음식을 먹고 배탈이 나는 바람에, 바로 본댁으로 못가고 도장에서 얼마동안 몸조리를 했다. 나는 도장을 찾아오는 손님을 대접하는 일을 큰 농사로 여기고 살았었다. 어쩐 일인지 나 자신도 모르게 그렇게 인식이 되어 있었다.

훗날 세월이 지나 나는 생각나지 않았던 일이었는데, 홍 교수가

"당시 사모님께서도 젊은 나이였는데, 죽을 끓여 걱정스러운 얼굴로 정성스럽게 챙겨 주시던 모습이 오래도록 잊혀지지 않았다"고 이야기한 적이 있다.

어쨌든 홍 교수는 그때부터 도장에 드나들었는데 신심이 돈독했었다. 특히 그 시절만 하더라도 우리 도장에 대학교를 나온 분이 드물었다. 그래서 남주 선생님께서는 홍 교수와 경북대학교 출신 우종화씨 두 분을 마음 속으로 무척 아끼셨고, 젊은이들이니 큰 기대를 가지고 대하셨다.

세월은 속절없이 흘러서 1968년 집선생님께서 타계하시고 난 후, 홍 교수는 신앙생활에 전념하였다. 당시 홍 교수가 교육공무원의 신분이었던 것이 그 분에게는 참으로 다행이었다. 여름과 겨울 방학기간만 되면, 홍 교수는 무거운 가방을 메고 전북 일원을 방방곡곡 돌아다니며 증산교단의 발자취를 찾아다녔다. 그 중에는 유명한 분도 계셨고 혹은 빛을 보지 못하고 풀잎의 이슬같이 사라진 분들도 계셨을 것이다. 어쨌든 그런 분들의 발자취를 세상에 알렸던 홍범초 교수님의『범증산교사』는 그 분의 역작으로서 장차 종교사학가들의 올바른 평가를 받게 되리라고 생각한다.

그런데 문제는 홍 교수님께서 몸을 담고 있던 우리 증산교 용화도장의 재정이 너무나 열악했고, 특히 교인들의 지식수준도 낮아서 서로간의 이해가 부족했기에 물심양면의 협조가 너무 없었다는 점이다.

더욱이 그 와중에 더 큰 문제는 두 분 종사님께서 후임 지도자를 선정하지 않고 교단 내 의결기구인 보정원 임원 21명만 선임해

놓고 돌아가셨던 점이었다. 그래서 영도자인 종령(宗領)을 선출하는 기준에 따라 투표로 선임했지만, 재임기간이 3년 혹은 2년이라서 수없이 대표가 바뀌었다.

결국 세월이 흐를수록 기존 질서도 무너지기 시작했고, 연로한 보정원 임원들도 차례로 타계하자 종령이 바뀔 때마다 보정원 임원도 수시로 바뀌었다. 이러한 과정은 설혹 그 누가 새로운 종령으로 임명되었더라도 별로 뾰죽한 수는 없었다고 본다.

홍범초 교수도 자의반 타의반으로 36년간의 신앙생활 동안 3차례나 종령을 역임하셨다. 그리고 보정원장도 지내셨던, 명실공히 우리 교단의 중견인물이었다. 특히 홍 교수님 내외분이 거주지였던 예산교회의 발전을 위해 행했던 정열과 노력은 일일이 말할 수 없을 정도로 지극했다.

어디 그뿐이랴! 오래전부터 우리 교단의 숙원사업이던 서울 증산회관도 홍범초 교수님이 주도한 것이었다. 증산회관을 마련하기까지 그 얼마나 많은 어려움이 있었을까? 실로 천신만고 끝에 얻은 회관이었기에 교단의 부흥을 위해 홍 교수님은 매주 토요일이면 예산에서 서울로 올라가셨고, 일요일 오후에는 다시 예산으로 돌아오는 강행군을 하셨다.

그처럼 홍범초 교수님은 일편단심으로 증산교의 발전을 위해 온 마음과 몸을 다 바쳐 하루 24시간을 금싸라기같이 소중하게 활용하면서 살아오셨다. 그 분의 정성을 뉘라서 감히 흉내조차 낼 수 있을까?

생전에 홍 교수님께서 『범증산교사』 집필을 위한 자료 수집 차

증산교 각 교단을 찾아다니며 알게 된 사실 한 가지를 몇몇 동지들과 함께 한 자리에서 이야기하신 일이 새삼 생각난다.

이상하게도 창립주가 타계한 뒤에 미망인 또는 그 유족과 유대를 가지고 있는 증산교 교파는 단 한 군데도 없다는 것이었다. "오직 우리 교단만 사모님이 40년이 되도록 용화도장을 떠나지 않고 함께 신앙하고 있어서 다행스럽다."고 흐뭇하게 자랑삼아 이야기하신 것이다.

나는 마음 속 깊이 회한의 눈물을 머금었다. 아들들이 "아버지도 안 계신 도장이 어머니에게 무슨 보람이 있기에 여기에 머무르고 계시냐?"고 책망섞인 말도 했었지만, 나는 죽어도 이곳에서 죽고 살아도 이곳만이 내가 있을 곳이라고 다짐했던 옛일을 회상해 보았다. 갑자기 소 털같이 수많은 날들 동안 내가 겪은 슬픈 사연들이 눈앞을 스쳤다.

모든 일은 지내놓고 보면 어떤 일 한 가지도 소중하지 않은 일이 없다. 특히 사람이 살아서 숨쉬는 일만큼 소중한 일은 없는 듯하다. 지금 홍 교수 내외분이 이 세상에 안 계시니 더욱 보고 싶고 애절하기만 하다. 사람의 생과 사는 과연 미리 정해진 일일까?

2001년 음력 2월 27일은 우리 교단 청음대종사 선생님의 113주년 탄생일이었다. 교단에서는 어려움 속에서도 금산면의 유지들과 증산교 각 교단 대표들을 초청해서 기념행사를 거행하였다. 이 일도 돌아가신 홍 교수님이 적극적으로 추진하신 일이었다.

그 해 음력 6월 17일이 내 생일이었다. 그런데 홍범초 교수님께서는 항상 바쁘시다보니 수 십 년 동안 한번도 나와 함께 생일을 보낸 일이 없었는데, 그날따라 시간을 내어 동참해 주셨다. 바로 그 날 홍 교수님께서는 2000년에 펴내셨던『님이 오셨는데』라는 자작시집에 실린 「장(張) 사모(師母) 성덕찬(聖德讚)」을 아침식사를 하기 전에 직접 읊으시기도 했다. 훗날 내가 생각해 보니 뭔가 예지가 있었을까 하는 의문이 든다.

2001년(신사년) 양력 10월 25일, 음력 9월 8일 홍범초 교수님 내외분이 정체모를 괴한들에 의해 갑자기 피살당하셨다. 이 청천벽력같은 엄청난 일을 어떻게 말과 글로 표현할 수 있을까? 그저 막막하고 원통한 느낌만 들었다.

훗날에 우리 교회의 역사를 기록하는 분이 있다면, 홍 교수님의 억울한 죽음을 '순교'라 규정해서 길이길이 전할 것을 나는 의심치 않는다.

끝으로 가까이서 함께 생활한 일이 없어 홍 교수님 부인에 대해서는 이런 저런 말을 하기가 어렵지만, 몇 가지 생각나는 이야기를 남기고 싶다. 그 분은 결혼 초기부터 포장마차에 아기를 업고 다니며 '이동 미용사'로 생활하면서 부군의 뒷바라지를 했다고 한다.

특히 단칸방에 시댁 조카들까지 함께 생활했으며, 한 평생을 증산교 예산교회의 청수를 봉안했으며 월례회 때마다 수많은 손님을 접대했고, 치성 때마다 떡시루를 도맡아 올렸다고 한다. 만년에는 피로가 쌓여 만성당뇨병으로 쓰러지기를 몇 번이나 한 피골이 상접한 몸으로도 부군의 뒷바라지에 정성을 다하셨다고 전한다. 그 분이 긴 세월동안 겪은 피눈물이 나는 사연들을 내가 어찌 다 알릴 수 있으리까?

홍범초 교수님 내외분께서는 타계하기 2~3년 전부터는 항상 함께 다니셨다. 홍 교수님 부인께서는 본부에 와서도 한시도 쉬는 일이 없었다. 반찬꺼리를 준비하거나 하나부터 열까지 부군을 보살피고 염려하는 그 정성은 그 누구도 따를 수 없었다.

한번은 부인께서 부군의 안위와 건강을 너무 염려하시기에 내가 "홍 교수님만 챙기지 마시고 자신의 건강도 돌보아서 함께 건재하셔야지, 부인이 없는 홍 교수의 삶이 어떻게 행복할 수 있겠느냐?"고 말했다. 그렇게 우리가 헤어진 다음 홍 교수님 부인이 다시 삼거리 쪽 작은 문을 열고 들어와서 "사모님, 감사합니다."하며 절하고 간 그 모습이 마지막이 될 줄이야, 그 누가 짐작이나 했으랴? 세상살이가 허무하다 허무하다는 이야기가 많이 있지만, 이렇게 허망하고 원통한 일은 진정 처음 있는 일이었다.

올해는 2004년으로 홍범초 교수님 내외분이 돌아가신 지 벌써 3주기가 지났지만, 그 분들의 죽음에 관한 의문은 여전히 수수께끼로 남아있다. 어쩌면 이렇게도 허무할 수 있을까? 훗날 반드시 그 의문을 밝혀낼 수 있을 것이라는 것이 나의 간절한 바람이다.

제2부

흐르는 내 눈물, 별이 되어 남으리

풍운조화를 부리는 이야기

증산상제님께서 화천(化天)하신 후 생존 종도님을 비롯하여 여러 신도들이 제각기 진법(眞法) 수련을 원해서 뜻이 모이는 대로 공부석을 마련하여 성과 열을 다하여 일편단심으로 공부했다고 전한다. 그 가운데 성경신(誠敬信)을 다 했던 어떤 분들은 수련 도중에 광명을 얻어 여러 형태로 교단을 창립했다.

그렇지만 드러나지 않게 조용히 수련에 열중하셨던 분들도 상당수 있었다고 한다. 고천후(高天后)님께서 신정공사(神政公事)를 보실 적에 유일하게 시중을 들었던 '대윤부인'은 『고부인신정기(高婦人神政記)』에 나오는 '수남씨'의 자당님이시다. 이 어른은 신력(神力)이 대단하셨다고 전한다.

내가 형님(청음 선생님의 부인)에게서 직접 들은 이야기다. 형님의 차남 인석이가 돌도 되기 전에 몸이 불덩이 같고 입과 코가 바짝 마르고 신열이 났는데, 마음 속으로 이럴 때 대윤부인이 오시면 얼마나 좋을까 하는 생각을 했단다.

그런데 그 이튿날 미처 조반상을 물리기도 전에 대윤부인이 신태인(新泰仁)에서 50리길을 한걸음에 달려오셔서 "이런 일이 생겼으니 '사모님'이 그렇게도 등을 떠밀면서 재촉하셨지."하며 어떻게 걸어왔는지 분간하기조차 어렵다고 말하더란다. 잠시 후 대윤부인이 인석이를 안고 한참동안 주문을 읽으며 매만지니, 아기가 열도 내리고 잠이 들더란다.

그 대윤부인은 당시에 벌써 나이 70세가 넘은 고령이었는데, 천후님께서 부인에게 '아기도수'를 맡기셨는지 어린 아이들 병을 특히 잘 고쳤다고 한다. 대윤부인의 천후님께 대한 신심은 지극하셨다.

바로 이 대윤부인의 큰아들 수홍씨와 『천지개벽경(天地開闢經)』의 저자인 이중성 선생을 포함하여 5명이 상제님께 크게 치성을 올리고 모든 격식을 갖추어서 수련을 시작하셨단다. 이전에도 여러 차례 수련을 시도했었지만 그때마다 실패했다고 한다.

그런데 그때 김수홍씨 한 분만 성공하셨던 모양이다. 이 분은 원래 말수가 적고 마음씨가 좋기로 유명한 분이었단다. 수련공부가 그렇게 잘 되었지만 남에게 발설하지 않고 이 사실을 한사람에게만은 꼭 알려주어야 하늘에 고하는 뜻이 되는데 하고 혼자 고민하다가, 남주 선생님의 행방을 사방으로 수소문한 끝에 만났단다.

두 분이 함께 한적한 산마루에 올라갔는데, 김수홍씨가 바위에 올라서서 손을 높이 쳐들어 휘저으니 갑자기 바람이 불었고, 구름을 가리켜 손짓하면 구름이 흐트러지기도 하고 손을 젓는 쪽으로 옮겨지기도 했단다. 더욱이 김수홍씨가 손가락 끝에 물을 적셔 '획' 하고 뿌리자 난데없이 비가 '후두둑' 소리를 내며 떨어졌다고 한다.

집선생님은 이 모습을 보고 너무나 신기해서 함성을 질렀다고 하셨다. 이제 되었다고 환희에 넘쳐 돌아온 집선생님은 이내 만주로 가셨다. 당시 만주에는 둘째 형님께서 자기 형과 동생(청음, 남주 두 분 선생님을 가리킴)이 하는 성업(聖業)에 물질적인 도움을 주기 위하여 농장을 크게 경영하고 있었다. 그래서 집선생님은 둘째 형님께 가서 돈을 마련해 가지고 고국에 돌아와서 크게 일을 해볼 작정으로 만주에 들어갔던 것이었다. 그러나 집선생님은 만주에 도착하자마자 발치가 나서 백약이 무효였고, 무려 1년 6개월이나 기가 막힌 고생만 했다.

집선생님께서 뒷날 생각해 보니 "천리(天理)에는 도수(度數)가 있고, 인사(人事)에는 기회(機會)가 있는 법"이고, "때도 아닌데, 욕속부달(欲速不達)"이란 말과 같이 급히 서둘러 보았자 별 수 없다는 이치를 실감했단다. 그 후 집선생님은 모든 일은 순리를 따라 해야 함을 깨달았고, 더욱더 수양을 쌓아야 하겠다고 결심하고 여유를 찾았다고 한다.

남주 선생님께서 만주에 계실 때 이야기

집선생님께 들은 옛이야기를 생각나는 대로 적어본다. 러일전쟁 때 조그마한 섬나라였던 일본이 강대국이었던 러시아를 이긴 것에 대해 『대순전경』에는 일본은 같은 동양권이고 황인종이니 기운을 붙여 싸움을 이길 수 있도록 증산상제님께서 신계(神界) 공사(公事)를 보신 것으로 기록되었지만, 집선생님께서는 그 실정을 이해하지 못하고 궁금해 하셨단다.

집선생님께서 만주에 머무르고 계실 때 어느 날 거리에 일본육군대좌가 시국대강연을 한다는 큰 벽보가 붙었었다. 그래서 직접 가서 들어보니 "일본이 러시아에는 감히 비교할 수 없는 약세의 무기로 엄청난 군함(러시아어로 프로측함대)들을 격파시킨 것은 신의 도움이었다. 본국 해군총사령관인 동양명팔랑은 수척에 불과한 배로 어떻게 적군을 막을 수 있을까. 분산시키면 더욱 어려워지니 북쪽의 블라디보스톡이나 조선해협으로 함대를 집중시키자고 생각하고, 3일 간이나 고민한 끝에 조선해협으로 결정하고 전력을 모아 대기했다. 마침내 그의 예상이 적중되어 러시아의 군함이 나타났고, 때마침 동남풍이 알맞게 불어서 일본군은 소총으로 쏘는 탄알도 명중했지만 러시아군이 쏘는 대포알은 전부 빗나가서 전승을 거두게 되었다."는 내용이었다. 그래서 집선생님은 무릎을 치며 상제님께서 보신 공사의 실증을 확인했다고 하셨다.

그리고 집선생님께서는 수련에 대해 사람에 따라 기적도 나타나고 치병도 하고 허령도 나는 등 폭을 잡을 수 없는 일들이 많이 일어나 여러 모로 연구도 하고 수련에 임했지만 그래도 여전히 풀지 못한 의혹이 있었다고 했다.

그러던 어느 날 이웃에 살던 중국인 왕씨 댁 외아들이 30세도 안되었는데 병으로 사망했다는 소식을 들었단다. 3개월이 지난 후 그다지 멀지 않은 곳에 살던 마씨 댁 아들이 심한 열병으로 의식을 잃은 지 2~3일이 지나 깨어난 후, 자기 아내와 부모도 전혀 알아보지 못했다고 했다. 그 아버지가 환자에게 들으니 "자기는 어느 곳 누구의 아들 아무개로서 3개월 전에 병으로 세상을 하직했는데, 이렇게 다시 정신이 나서 살펴보니 부모와 아내가 딴사람들이니 답답하기만 하다."고 말했단다.

놀랄만한 이야기였지만 확인이 필요했다. 곧 그 집에 사람을 보내 알아보니 틀림없다고 하여, 왕씨 댁에서 부모와 부인이 달려오니 서로 알아보고 울고불고 난리가 났단다. 결국 마씨 댁의 아들 육신에 왕씨 댁의 아들 영혼이 응접되었던 것이었다. 그래서 그 청년은 할 수 없이 두 집안의 부모와 두 아내를 거느리게 되었단다.

이 이야기를 들은 집선생님은 이러한 사실을 직접 양쪽 집에 찾아가서 확인한 후부터 수련에 대한 확신이 섰고 영혼과 육신이 별개라는 점도 실험했다고 하셨다.

집선생님이 만주에서 겪은 산파 이야기

젊은 시절 만주에서 있었던 집선생님의 일화를 들은 적이 있다. 그런데 얼굴이 못 생긴 사람에 관한 이야기를 들으면, 나는 항상 마음이 아프다. '가재는 게 편'이라는 옛 말과 같이, 나 자신이 어여쁘지 못하고 못 생겼으니 그럴 수밖에 없다고나 할까?

집선생님께서 만주에 계실 때 묵었던 하숙집에는 10여 명이 함께 있었단다. 그 중에 여자 산파 한 분도 있었다.

저녁에 무료하면 더러는 모여서 이야기도 나누고, 트럼프 게임도 즐겼단다. 어느 날 저녁에 하숙생들이 한참 열을 올려 트럼프를 치고 있던 중에 어떤 남자 한 분이 그 산파를 물끄러미 바라보더니 "여보시오, 당신은 정말 편안하시겠소이다."라고 말을 걸었다. 그 산파는 "왜요?" 하고 무심코 자기 볼을 문지르면서 반문했다고 한다.

그러니까 그 남자 분이 하는 말이 "아, 얼굴이 그처럼 못 생겼으니, 성가시게 하는 남자가 없을 테니까요."라고 말해버렸다. 그러니까 그 산파가 "제 얼굴이 그렇게 흉하고 못 생겼나요?"라고 말하

223

면서 얼굴이 빨개지고 눈물을 흘렸다고 했다. 다음날 아침 어두운 새벽에 그만 그 산파는 하숙집을 떠나 자취를 감추었다고 한다.

그때 집선생님은 그렇게 말했던 사람에게 "이 세상 모든 사람은 자기 나름대로 잘난 멋에 사는 것인데, 그렇게 사람을 모멸하고 실망을 주면 죽고 싶은 충동이 일어나는 것이라네."라고 나무라주었다고 한다. 그 후 그 사람은 많이 반성하고 뉘우치면서 다시 한번 그 산파를 만나면 사죄하고 싶었지만, 영영 만나지 못해서 무척 괴로워했다고 한다.

10인 10색이라고, 열 사람이 있으면 그 얼굴 모습과 색깔에 이르기까지 각양각색이다. 얼굴이 어여쁘게 생긴 사람은 보기에도 좋고, 스스로 더욱 떳떳하고, 매사에 자신감이 생기고, 선천적으로 타고난 점수가 벌써 후하게 매겨지니 얼마나 다행일까?

잘은 모르지만 어른들 말씀에 따르면 사람은 모름지기 신언서판(身言書判)으로 평가해야 한다고 한다. 용모와 풍채가 으뜸이요, 말씨와 언변이 둘째요, 그 다음이 글재주와 글씨를 쓰는 솜씨이며, 마지막이 사물에 대한 판단력이다. 따라서 일반적으로 첫인상이 중요하다고 알고 있다.

그런데 내가 17세, 18세 무렵에 읽었던 책이 생각난다. 일본어로 된 책인데 작가는 생각나지 않는데, 제목은 심경(心鏡)이라고 기억된다. 그 내용은 사람이 한번 타고난 용모는 바꿀 수 없지만, 마음은 닦으면 닦을수록 거울과 같이 맑고 거짓이 없다는 것이다. 그 책을 읽고 난 후 나는 무척 감명을 받았고, 조금이라도 실천을 해 보아야겠다는 결심을 했다.

작심삼일이라고 하지만 그래도 조금씩 고쳐나가면서 좋은 생각을 가져 보려고 노력했지만 잘 되지는 않았다. 앞에서 말한 바와 같이 얼굴이 어여쁘게 타고난 사람은 매사에 한결 떳떳하겠지만, 그렇지 않은 사람은 항상 마음 한 구석에 석연지 않은 데가 있기 마련이다. 나 또한 그런 사람에 속하니까……

그래서 나는 마음을 쓸 때마다 빈구석을 조금이라도 더 메워볼까 하는 생각을 잠시도 잊어본 적이 없다. 흔히 말하기를 아무리 못생긴 사람도 자기 잘난 멋에 산다고 한다.

아무튼 인간 세상은 천태만상이다. 조물주는 위대하시다. 그처럼 수많은 사람 가운데 쌍둥이를 제외하고는 똑같이 생긴 사람이 없으니, 참으로 용하기도 하지. 넋두리 같은 이야기를 늘어놓았다.

큰댁 용훈이 다리 다친 이야기

1951년 6.25 사변이 일어난 직후의 일이었다. 큰댁형님이 노산(老産)에다 임신중독증으로 몸져누워 계셨을 때였다. 큰 질부가 전주에서 반찬거리를 사가지고 시댁에 찾아왔다. 비 오신 뒷날이었다.

나뭇가지가 물을 흠뻑 머금어 미끄러울 때였다. 당시 아홉 살이던 조카 용훈이가 자기 형수님께 드린다고 감을 따러 감나무에 올라갔다가 그만 미끄러워서 높은 곳에서 떨어졌다. 큰댁형님께서 들으니 방까지 "꽝"하는 소리가 났다고 하셨다.

용훈이의 오른쪽 다리 자개미가 완전히 부러졌다. 가까운 원평

병원에서 의사가 와서 나무를 대고 붕대를 감아서 평상을 방에 들여 놓고 거기다 눕혔다. 또 움직이지 못하게 사방에 무거운 돌을 놓고 다리를 감은 붕대를 묶어 놓았다. 그때 조카 나이가 아홉 살이었으니 잠시도 얌전히 못 있을 때였는데 말이다.

뒷일을 생각할 여지가 없었다. 그런데 용훈이는 갑갑한 것만 생각하고 요리조리 성한 다리 쪽을 움직여서 요동을 했다. 의사가 와서 보고는 이대로 두면 도저히 어쩔 도리가 없이 다리병신이 되기 마련이라고 태산같은 걱정을 하며, 전주병원으로 옮기는 것이 좋겠다고 해서 큰댁형님이 전주 장조카 댁에 오셨다.

그때 마침 나는 큰아이 영옥이가 사촌누나를 따라 제 종형댁에 갔기에 저녁밥을 일찍 먹고 조카댁으로 아이를 데리러 가서 큰댁형님을 뵙고 그 사연을 들었다. 내가 "그럼 하루 빨리 데려 오셔야지요."라고 말했더니, "내일 새벽에 용화동에 가서 용훈이를 데리고 오겠네."라고 대답하시고 헤어졌다.

집에 돌아와서 집선생님께 그 일을 말씀 드렸더니 몹시 화를 내시며 침통해 하셨다. 나는 "이상하다. 왜 저렇게 화를 내실까?" 하고 혼자서 영문을 몰랐었다. 집선생님은 큰 질부가 간호고등학교를 나온 사람이면서 그처럼 심하게 다친 어린 시동생을 즉시 전주로 데려오지 않고 무려 십여 일이 지나도록 방치한 일에 화를 내셨던 것이다.

훨씬 후에야 그 뜻을 알게 되었다. 그러나 당시 우리 집 형편은 말 할 수가 없을 정도였다. 전주 남부 노송동 어느 한옥 머릿방에 세를 들어 살았는데, 부엌도 밖에 있었다. 그런데도 형수도 남이요

숙모도 남이지만, 부모 자식같은 내게로 데려오기를 원하시는 듯했다. 왜냐하면 청음 선생님께서 "웬만하면 남주네가 있는 곳에 아기를 데려갔으면……" 하셨다고 해서, 얼마나 마음이 아팠는지 지금 생각해도 콧날이 시큰해진다.

그때 마침 서산에 계신 황원택 선생이 두 분 선생님 문안차 먼 길을 오셨다가 많은 도움을 주셨다. 지금도 잊혀지지 않는다.

큰댁형님은 불편한 버스에 용훈이를 업어서 차에 올리고 내리고 해서 천만다행으로 잘 왔다고 하시며, 어린 아들은 큰아들 집에 눕혀 두고 손님을 전송하고 우리 집으로 오셨다.

이튿날 당가에다 떠메고 질부, 질부 친구, 조카딸, 나 이렇게 네 사람이 전주 12칸 도로에 나갔더니, 그때 마침 무슨 행사가 있어서 많은 학생들이 태극기를 들고 길 가에 서 있다가 당가를 보고는 잘못된 사람인줄 알고 모두 피해 버렸다. 마침내 도립병원에 갔다.

의사들이 큰 질부를 보고 놀렸다. 배운 사람이 어떻게 이럴 수가 있느냐고 핀잔을 주니, 큰 질부도 많이 후회했다. 아기도 낳아 보지 않은 젊은 새댁이어서 그럴 수도 있겠지 싶어, 큰댁형님과 나는 별로 탓하지 않았다.

때마침 도립병원에 미군이 병원 현황을 시찰하러 왔었다. 용훈이가 누워 있는 모습을 사진도 찍고 병세를 물어보면서, 병원 측에 최선을 다해 치료하라고 부탁하면서 격려해주었다.

엑스레이를 찍으니 벌써 물렁뼈가 부러진 뼈 옆에 나와 있었다. 의사들이 용훈이의 상체와 발꿈치를 잡고 강하게 잡아당기니 어린 아이는 죽는다고 소리를 질렀고, 지켜보고 있던 사람들도 가슴이 찢어지는 아픔을 느꼈다. 그렇게 해야 짝 다리가 안 되고 운이 좋으면 같아질 수도 있으며 한쪽 구두의 뒤축을 조금만 높이면 정상으로 보일 수 있다고 해서 모두 마음을 놓았다.

용훈이는 배꼽 아래로 한쪽 다리를 전부 기브스를 하고 70일 동안이나 누워 있었다. 오랫동안 누워 있으니 기브스 속살이 가려워서 굵은 철사로 기브스와 피부 사이로 넣어가지고 긁어서 가려움을 면하곤 했다. 나중에 기브스를 벗기고 보니 속의 피부가 상처투성이였다. 철사 꼬챙이로 긁었으니 그럴 수밖에 없었다. 그 모양을 보신 형님이 어린 아들을 붙잡고 얼마나 눈물을 흘리셨는지 보는 이의 콧날이 시큰했다.

그 후에도 용훈이가 숙부인 집선생님께 혼이 난 일이 있었다. 용훈이는 꽤 큰 살구나무에 다람쥐 같이 잘도 올라갔다. 나무꼭대기까지 올라갔던 것을 발견한 집선생님이 놀라서 야단이셨다. 아래를 내려다보고 있던 용훈이는 내려올 수도 없었고 진퇴양난이었다. 나는 용훈이가 또 떨어질세라 집선생님을 안으로 들어가시라고 떠밀다시피 했다.

용훈이가 어려서는 그렇게도 장난도 심하고 부산하더니 자라면서 어쩌면 그렇게도 점잖아졌을까? 참으로 알 수 없는 일이었다. 사람의 자연스런 성장과정이 아닌가 싶다. 용훈이는 참을성도 많고 점잖고 웃어른을 잘 섬기고 형제간에 우애가 있으며 선령들 묘소도 잘 보살피고 자기 일에 최선을 다하기로 유명했다.

특히 용훈이가 미원 회사에 말단 외판사원으로 입사해서 일할 때 발휘한 능력은 괄목할 만했다. 용훈이가 가는 곳마다 판매량이

올랐으니 여러 곳에서 불러 자주 지점을 옮겨 다닐 정도였다. 오죽 하면 질부가 시집올 때 장만한 가구를 전부 없애 버리고 아예 간단한 생활필수품만 가지고 이사다녔다고 한탄했다.

용훈이는 회사에서 능력을 인정받아 과장, 부장, 이사까지 승진 하면서도 오직 일 밖에 몰랐던 직업의식이 투철한 아주 근면한 사람이었다. 사회의 어떤 유혹과 권모술수에도 굴함이 없이 앞만 보고 살아온 사람이었지만, 퇴직 후에는 건강이 좋지 않아 요양중이 었다고 한다. 다행히 지금은 건강이 좋아져서 캐나다로 이민을 가서 꽤 성공한 사람에 속한다.

질부가 아들 낳은 이야기

한 집안의 종부(宗婦)라면 그 책임이 막중한 것은 물론이다. 그러나 주변의 원근 친척들로부터 자기가 처세하기에 따라 대우 또한 소홀하지 않다. 청음대종사께서는 멀리 전라남도 해남군에서 신앙때문에 이 고장에 머물게 되었으니, 친척들도 별로 안계셨다.

큰댁 질부는 청주 한씨인데 태어난 곳이 이북 함흥이었다. 남쪽으로 공부하러왔다가 38선이 가로막혀 고향으로 못 갔다고 한다. 질부는 전북 도립 간호고등학교를 나와 병원에 근무하고 있었는데, 키가 크고 살이 찌지 않아서 장조카의 마음에 들었던 모양이다. 그래서 둘은 결혼을 하게 되었다.

1952년 수복 후였다. 어지러운 세태 속에서 양민증(지금의 주민

등록증)이 없으면 한 발자국도 옮겨 놓을 수 없었던 삼엄한 때였다. 불과 50~60리 거리에 있던 부모 형제가 필요할 때도 만나는 일이 자유롭지 않았다. 양민증 교부가 늦어서 축하해야 할 결혼식에 참여조차 못했던, 그런 기가 막힌 일도 있었다.

부모는 부모대로 자식은 자식대로 마음이 얼마나 아팠을까? 더욱이 질부는 고향이 이북에 있었으니 일가친척이 결혼식에 올 리가 만무했다. 신랑 신부 모두 고아 아닌 고아같이 다만 친구들의 축하를 받으며 결혼식을 올렸다.

이 모두가 6 · 25 전쟁 탓이었다. 제발 다시는 이 땅에 그런 일이 없어야 할 텐데⋯⋯. 이는 우리 온 겨레의 염원이기도 하다. 장조카는 자기 직책에 충실하고 질부는 한 푼도 쪼개어 쓰는 알뜰한 주부이다 보니, 얼마 지나지 않아 자기 집도 마련하고 저축하며 남부럽지 않게 잘 지냈다. 그런데 질부가 임신만 하면 신장이 나빠 고생했다. 질부가 초산 때 여자 쌍둥이를 낳았지만 출생하자마자 바로 잘못되었다.

태아가 이미 7,8개월 쯤 되면 산모가 집장같이 부어서 생명이 위태할 지경이었으니, 수술을 할 수밖에 없었다. 이렇게 수없는 고초 끝에 도저히 견딜 수 없어서 마침내 질부의 시숙부였던 집선생님께서 충청남도 서천에 가서 유명한 한의사였던 김후곤 선생님을 모시고 왔다. 두 분이 함께 질부를 만나 보았더니, 질부가 그 동안 복용한 한약이 사상의학으로 볼 때 전혀 맞지 않는 약을 썼다고 했다.

그래서 김 선생님이 급히 처방을 내서 한약을 백첩이 넘게 복용한 후 비로소 잉태하여 천만다행으로 장손을 얻게 되었다. 그때

같이 온 집안에 큰 경사는 없었다.

당시 청음 선생님의 연세가 칠순이었다. 그 후 8~9년이 지난 후 질부는 둘째 아들도 출산했다. 인체는 정말 신기하다. 아무리 좋은 약도 몸에 맞는 사람이 있고 또한 이롭지 못한 약도 있으니, 한약에는 참으로 오묘한 이치가 담겨 있는 것 같다.

그리고 여자에게는 남자들이 느껴보지 못하는 고통이 있다. 여자만이 간직한 특권이겠기에 어떠한 상황에서도 피할 수 없는 절대적인 의무이다. 비록 세상이 많이 달라졌지만 여자가 아기를 두지 못하면, 그 아픈 마음은 당해 보지 않은 사람은 알 수 없을 것이다. 다시 한번 질부의 그 때 그 심정을 이해할 수 있을 것 같다.

내 양쪽 발이 간장에 덴 이야기

1954년 갑오년 늦은 봄이었다. 내가 간장을 달여서 항아리에 부었다. 뜨거운 장을 부어야 검고 좋다는 옛 말씀대로 그렇게 하는데, 들통(바께스) 손잡이 한 쪽이 떨어져서 그 뜨거운 간장이 사정없이 내 두 발에 쏟아졌다. 양말을 벗어보았더니 피부가 양말에 엉켜 붙어서 함께 떨어져나가고 익은 붉은 살이 부풀어 올랐다. 그 아픔이란 형언할 수 없을 정도였다. 옛말에 "덴 자식 보채듯 한다."는 말과 같이, 간장에 덴 아픔은 참으로 참기 어려웠다.

그 지난 해 음력 10월 말께 출산한 둘째는 젖을 먹으려고 엄마 품에 기어오르지, 양쪽 발은 불이 일어나는 듯 아프니 참으로 참담

했다. 눈물이 하염없이 쏟아졌다. 내가 미련하기 그지없었기에 병원에 갈 엄두도 내지 못하고 집에서 단방약을 쓸 수밖에 도리가 없었다. 냉수에다 양잿물을 섬섬하니 타서 발을 담궜다. 그러면 순식간에 그 물이 더워지면서 다시 통증이 왔다. 그러면 다시 찬물을 갈아 붓기를 수없이 하고 보니, 붉은 색깔이 좀 수그러지고 그 심한 통증이 조금은 사라졌다. 그렇게 해서 심한 화기를 빼고 난 뒤에 찡크유(그 당시 덴 약으로는 제일 유명한 일본산 약이었음) 큰 병을 사다가 쉴 새 없이 바르고 또 바르고…… 그때 집선생님도 밤잠을 설치시면서 내 발에 약을 발라주시곤 했다.

집선생님께서는 젊은 시절에 반평생을 홀로 객지생활하실 적에 몸이 아플 때가 제일 고통스러웠다고 회고하셨다. 그래서인지 그 어떤 사람이고 아픈 분에게는 각별히 마음을 쓰시고, 손수 화제를 내어 약을 지어 오셨던 분이었다. 사상의학을 제창하신 이제마 선생이 펴내신 화제법을 공부하셨다고 한다. 간신히 내 발이 좀 나아졌는데, 손님은 계속 찾아와서 무리를 했다. 결국 발이 완쾌하기 전에 다시 상처가 악화되어서 한 여름 내내 고생했다. 결코 잊지 못할 일이다.

집선생님의 회갑잔치

내 나이 29세 때 집선생님의 환갑을 맞이하였다. 그때 큰 아이가 6살, 둘째가 3살이었다. 원래 회갑이란 자녀들이 부모님의 건

재하심을 감사히 여겨 친척, 친구분들과 함께 그 뜻을 기리는 것이
지만, 우리 집은 그렇지 못했던 것이다. 오랜 세월을 홀로 고생한
끝에 비로소 가정을 이루고 사는 것을 축복하는 뜻으로 몇몇 교인
들이 주선하여 전주 노송동에서 집선생님의 회갑연이 베풀어졌다.

내가 시집온 지 9년째 되는 해에 가장의 환갑을 맞은 것이다.
즐거워해야 할 지 슬퍼해야 할 지 분간하기조차 어려웠던 그때의
내 심정을 그 누가 알리요? 나는 이상야릇한 요지경 속에 있는 듯
했다.

집선생님을 잘 알고 지내시던 여러분들이 회갑연에 오셨다.
1955년 음력 2월 19일 이른 아침에 환갑상을 받은 집선생님께서

1955년 남주 선생님 회갑연을 마친 후 가족사진. 남주 선생 옆이 형님이신 청음 이상호 선생,
그 옆의 아기가 청음 선생 3남 용훈이

여섯 살배기 아들의 술잔을 받았다. 고봉주(高鳳柱) 선생님(인각(印刻)과 글씨를 잘 쓰셨고, 호가 石峰이었음)이 큰아들 영옥(永玉)이의 술잔을 쏟아지지 않게 옆에서 손을 받혀 거들어주셨다.

그런데 영옥이가 제 아버지에게 올리는 술잔은 고 선생님의 시중을 그대로 방관하더니, 나에게 주는 술잔은 고 선생님의 손을 밀쳐내고 혼자서 잔을 올리겠다고 떼를 썼다. 주변에서 구경하는 이가 모두들 참으로 자식이 좋기는 좋은 거라고 제각기 하고 싶은 말들을 하며 찬탄했다. 나도 모르게 눈시울이 뜨거워졌다.

그때 나는 약 2개월 전에 임신 8개월이나 되던 태아를 유산한 상태였기 때문이었다. 뱃 속의 아기가 이미 오래 전에 잘못 되었는데도 감지하지 못한 채, 1953년 10월 23일에 태어난 둘째 아기에게만 얽매여 쉴 틈 없이 지내다보니 그런 엄청난 일이 일어났다. 그때 마침 집선생님께서 출타하고 안 계셨을 때 혼자서 병원에 입원해서 사경을 헤맸다. 겨우 산모만 목숨을 유지했고, 뒷조리가 좋지 않아 건강이 제대로 회복되지 못한 상태였다.

회갑연에 참석한 사람들은 즐거운 기색이었지만 나 자신은 몸도 아프고 마음도 아팠다. 그래서 남 몰래 많이 울었다. 물론 집선생님이 보시는 데서는 눈물을 보이지 않았다. 이제 그 분 앞에서 눈물을 보이지 않는 일은 철칙같은 습관이 되었다.

저녁에는 모두들 장구치고 노래하며 즐겼다. 6살짜리 영옥이가 누가 가르쳐 준 노래인지 몰라도 "세월아 네월아 가지를 마라. 네가 가면 우리 아버지 검은 머리 희어지고, 검은 수염이 희어진다."고 팔을 젓고 다리를 옮기며 덩더꿍 춤을 췄다.

그러자 영옥이 큰아버님(청음 선생님)께서 "아가야, 네 아버지만 넣지 말고 큰아버지도 함께 넣어 불러라."고 주문하시기도 했다. 평소에는 자신의 감정을 그다지 내색조차 하지 않으시던 그 어른이, 이 날만큼은 지난날 동생의 불행했던 시절에 대한 감회가 서려 있었던지 유난히도 흐뭇함을 보이셨다.

내가 시집가서 살았던 첫 집의 주인이신 서울 마포구 합정동에 사시던 최위석(崔偉錫) 선생님도 오셨다. 9년 전 산 설고 물 설고 사람도 선 서울 땅에서 내게 정을 붙였던 분이었으니 어느 때인들 잊었을까? 사람은 참 이상도하다. 반가워도 울고, 서러워도 우니까 말이다.

나는 눈물이 큰 골치꺼리일 때가 너무 많다. 체내의 어느 한 구석에 눈물이 나오는 우물이 있을 리 없고, 인체에서 수분이 배출될 텐데……. 그리고 보면 내 피부는 너무 건성이다. 젊어서부터 눈물을 많이 흘려서 수분이 부족해서 더욱 그런가 보다.

그 해 3월에 용화동(龍華洞)으로 이사했다. 옛날 고가(古家)였는데, 그야말로 초가 3칸이었다. 안방 문설주의 때를 닦아내는데 몇 십 년이나 묵은 때였는지 아무리 닦아내도 여전했다. 부엌은 굴속 같았고 불을 때는 곳은 금방이라도 떨어질 듯했다. 1주일 동안이나 집안을 치우고 났더니, 심한 몸살이 나고 열이 올라 마치 큰 열병을 치른 듯했다. 게다가 손바닥만한 마루는 얼마나 높았던지……. 토방도 험한 돌투성이였다.

어느 날 둘째 아이가 그만 마루에서 떨어졌다. 엉망이 된 줄 알고 내가 먼저 놀라 뒤로 주저앉아 버렸다. 다행히 아이는 큰 상처가 없어서 천만다행이었다.

　이듬해 9월 대순절(大巡節)이 다가올 무렵 이경옥(李慶玉) 여사가 집선생님께 양도해 준 옥성광(玉成鑛)집으로 또 이사했다. 철새 모양 수없이 옮겨다니야 하는 팔자였다. 이 세상 사람들 가운데 주어진 환경에 거역하면서 살 수 있는 사람은 없으리라. 천하의 영웅호걸도 별 수 없겠지. 누구에게 화를 낸들 무슨 소용이 있나? 운명에 순응하는 수밖에 뽀죽한 수도 없었다.

　그 집은 넓은 터전이 있었다. 동쪽에 9자(보통집은 8자가 1칸) 12칸의 초가로 된 안채, 서편에 7칸의 아래채, 북쪽에 3칸의 문간채, 남쪽에 5칸의 광이 있었다. 1년에 한번씩 지붕을 이으려면 이엉과 새끼가 엄청나게 들었다. 돈이 없어 그대로 동지(冬至)를 지내야 했다. 울타리도 담도 없던 벌판이니, 가을에 소슬바람이 불기 시작하면 방에 가만히 있을 수가 없을 정도였다. 밖에 나와도 연약한 여자의 힘으로는 아무 쓸모도 없었지만……

　넓은 뜰 앞뒤를 돌아보면 바람이 휘몰아칠 때마다 추녀가 들썩들썩 떨렸다. 그때마다 내 가슴도 함께 뛴다. 금방이라도 용마루가 바람에 날아가 버릴 듯 위험한 상황에 부닥쳤다. 해마다 되풀이되는 일이었지만, 견디기 힘들었다.

　둘째아이가 제 아우가 유산된 후 다시 젖을 먹게 되었다. 둘째는 신기한 듯 그동안 나지 않던 젖을 다시 먹게 되니 조금은 좋아졌다. 피골이 상접해서 도저히 바라볼 수 없을 정도였는데… 내가 가엾어서 가슴에 부여안고 얼마나 울었는지… 하지만 사람의 명(命)은 참 알 길이 없다.

둘째아이가 겨우 살이 붙어 사람 모습을 되찾았는데, 내 앞에는 다시 고통의 늪이 있었다. 내가 아기를 잠재워놓고 큰댁에 잠깐 갔다. 바로 온다는 것이 큰댁형님과 이야기를 나누다가 조금 늦은 감이 있어서, 질녀인 미사(美史)한테 아기가 깼는지 보고 오라고 했다.

질녀가 밖에서 들어보았더니 아기 울음소리가 나지 않기에 아기가 아직 깨지 않았다고 전했다. 나는 마음을 놓고 있다가 잠시 후에 집으로 돌아와 보니 아기가 자리에 없었다.

당시 우리 집 아래채에 사시던 배문철(裵文哲) 선생(충청도 분이셨는데, 집선생님 보다 나이가 두 살 위이셨고 풍수지리에 일가견이 있으셨고 성품이 대쪽과 같았던 교단 어른 가운데 한 분임)이 팔순 노모님, 부인, 막내딸과 함께 살고 계셨다.

나는 배 선생님의 딸 옥선(玉仙)이를 소리 높여 불렀다. 그 애 할머니가 "없소."라 하시는 소리를 듣고, 나는 아마도 아기가 깨서 우니까 옥선이가 업고 마을에 나들이차 갔나 보다고 생각하고 태평스럽게 바느질을 하고 있었다.

얼마 후에 저녁 지을 무렵에 옥선이가 "사모님, 저를 왜 찾으셨어요?"라고 말하며 신을 벗기도 전에 끌면서 들어왔다. 나는 아기를 데려오면 젖을 주려고 했다고 말하며 "에구머니, 그럼 아기는?" 하고 급히 물었다. 옥선이는 "낮잠을 자다가 이제 깨어났더니, 할머니께서 사모님이 찾으셨다고 해서……"라고 대답했다.

도대체 이게 웬일일까? 내가 멍청하고 둔해서 옥선이 할머니께서는 분명히 "자요."라고 대답하셨는데, 내 귀가 얼마나 둔한 지 "없소."라고만 들은 것이었다. 아니 잘못 들었더라면 확인이라도 해

보거나, 아래채 옥선이 방에 가서 자세히 알아봤어야 했던 것인데…… 정말 나의 어리석고 미련한 천성에 다시 한번 놀랐다.

나는 갑자기 현기증이 나며 아찔했다. 찬찬히 생각해 보니 내가 큰댁에 갈 적에 겨울이고 외딴 집이니 별로 사람도 없었고, 큰댁에 계시던 이빈연(李彬淵) 선생(강원도 김화 분인데, 고향에서부터 논을 갈다가 쟁기도 그대로 둔 채 굴 속에 들어가서 수련하고 공부에만 일편단심이셨던 분)이 지게를 지고 산으로 나무하러 가셨던 일이 기억났다. 내가 산에다 대고 "혹시 우리집 아기를 못보셨느냐?"고 소리쳤지만 반응이 없었다.

다시 정신을 모아서 아기를 찾아야지 하는 생각이 들었다. 문득 혹시 우물에…… 하는 생각이 들어 머리끝이 쭈뼛해졌다. 그렇지만 나는 아무런 내색도 않고 우물가에 가서 묵묵히 청수를 길었다. 그리고는 들로 쏜살같이 내달렸다.

그때 용화동에 살던 장(張)서방이란 분이 산에서 쫓아 내려와서 개울가 논 쪽에 난 좁은 길을 가리키며, 오래 전에 어린 아기가 이 논두렁길로 지나간 것 같다고 하면서 진눈깨비가 와서 얼어붙은 길가에 난 아기 발자국을 가리켰다. 틀림없었다.

큰댁 셋째 조카 용훈이가 재빠르게 앞서서 달려갔다. 나는 그 발자국을 보고 나니 이제 아기가 얼어서 어떻게 되었을는지 몰라 두려움에 떨기 시작했다. 발조차 떨어지지 않았다.

얼마 후에 용훈이가 파랗게 질린 아기를 안고 내려왔다. 그러자 벌써부터 마을에는 큰 소동이 났다. 내가 가장 존경하던 임실(任實) 부인께서는 솜바지를 만들고 계시다가 우선 아기를 싸야 한다고 그대로 들고 나오셨다. 엉겁결에 솜바지에 아기를 쌌지만 안은 아이가 땅에 쑥 빠지자 나는 그만 앞으로 넘어지고 말았다. 그 광경을 보던 이가 더욱 기가 막혔을 것이다.

할 수 없이 임실 부인께서 다시 아기를 안으시고, 집에 도착했다. 내가 아기를 안고 이불로 둘러싸서 젖을 물렸더니, 이건 또 무슨 날벼락인가? 아기가 내 젖을 앞니로 꽉 물고 놓지 않고 사시나무 떨 듯했다. 나도 혼비백산이 되다시피 했다. 경황이 없는 순간 그 가여운 아기를 누가 찰싹 때렸다. 그러니 아기가 "아 – 앙" 하고 울면서 입을 벌렸고, 내 젖에서는 피가 철철 흘러내렸다. 내 아픔은 둘째요 그제야 아기 울음소리를 들으니 살았구나 싶어, 사지에 힘이 쑥 빠지며 긴 한숨과 함께 눈물이 비 오듯이 쏟아졌다.

마침 집선생님은 출타하시고 안계셨다. 나는 만감이 교차했지만 차라리 집선생님께서 안계셨던 일을 다행스럽게 여겼다. 왜냐하면 그 분과 나는 너무나 나이 차가 많았으니……. 고통스럽고 마음 아파하시는 그 분의 모습을 바라보기가 힘들었기에, 나는 차라리 혼자서 겪는 것이 얼마나 다행스러운지 라는 생각만 들었다. 이후 그런 생각은 한번도 변해 본 일이 없었다. "나는 그래도 젊으니까, 나는 아직은 건강하니까 괜찮겠지." 하는 마음이 언제나 앞섰다.

내 혼담이 오고갈 무렵 급기야 체념하신 친정어머님께서 "지척에도 원수가 있고, 천리 밖에도 배필이 있다더니, 그 옛 말이 틀림없다."고 말씀하셨듯이, 모두가 팔자(八字)였는지는 몰라도 나는 그 분을 대할 때마다 늙으시는 것이 못마땅하다는 생각이 들기 이전에 왠지 모르게 마음이 아프곤 했다.

혹시라도 내가 언짢은 얼굴을 하면 그 분의 마음은 얼마나 아프실까 하는 생각을 하면 절대로 그럴 수 없다고 다짐했다. 나는 나의 이런 마음도 팔자이고 흔히 말하는 연분이겠지 하고 생각을 가다듬곤 했다.

이런 일이 있었던 이듬해인 1956년 병신년이었다. 어쩌면 집선생님은 식도락가(食道樂家)라고나 할까, 아무리 반찬이 없어도 내색 한번 안하셨지만 혹시라도 밥이 질게 되면 말씀은 안하셨어도 딱 한 숟가락 물에 말아서 드신 다음에는 수저를 놓으셨다. 김치도 시지 않고 알맞게 익은 것만 잡수셨고, 풋고추 무침은 안 드셨으며 김치도 씹고 나서는 뱉으셨다. 청음 선생님도 그러셨다. 아마도 어린 시절에는 고급스런 식생활을 하신 듯했다.

1950년대의 식량난은 재론할 필요가 없을 정도다. 그런데 간혹 보리밥을 전혀 못먹는 분들이 있었지만, 하필이면 집선생님도 그러셨다. 청음 선생님께서도 "남주는 어려서부터 보리밥은 못먹는 속이라."고 말씀하셨을 정도다.

우리 조상님들이 창조하신 식생활 문화는 과학문명이 발달한 지금 세상에도 그 어디에 비할 바 없이 자랑스럽다. 여름의 찌는 듯한 햇볕 아래 생산되는 쌀은 춥고 얼어붙는 듯한 겨울에 먹고, 삭풍이 휘몰아치는 추위를 견디며 자란 보리는 양철물을 녹일 듯한 여름철에 먹었다. 이렇게 해서 화식동물(火食動物)인 인간이 살아가는 극치의 묘(妙)를 추구했던 것이다. 반찬만 하더라도 맵고, 시고, 달고, 쓰고, 짠 오미(五味)를 갖추어 오늘날까지 이르렀다. 그러므로 옛날에는 먹을 것이 없어서가 아니라 인체를 보호하는 뜻에서 여름에는 보리밥을 먹었던 것이다.

그런데 집선생님은 "보리밥은 전혀 소화시키지 못했다."고 옛이야기를 하시곤 했다. 지난날 집선생님이 젊었던 시절 반일(反日) 사상범으로 몰려 구치소에 가면 으레 콩밥을 먹었는데, 그 콩밥은 보리에 섞인 콩밥이었다고 한다. 그 때 집선생님은 보리는 골라내고 콩만 겨우 건져 먹었다고 했다.

그러니 여름철만 되면 나는 큰 걱정이 생겼다. 전라도 지방은 특히 농촌에는 모두들 보리꼽쌀미를 지어먹었다. 보리밥 짓기가 얼마나 시간이 걸리는지…… 먹기 좋게 잘 퍼지게 지으려면 족히 2시간도 더 걸렸다. 그래도 전국에서 보리밥을 제일 잘 짓는 지방이 바로 전라도였다.

식은 보리밥은 색깔이 검고 보기 흉하다. 하루 3끼 보리밥 짓는데 걸리는 시간만도 6시간 내지 7시간이 소요되었다. 보리쌀에 쌀을 한 줌이라도 없으면 주인 밥과 손님 밥을 똑같이 고르게 퍼야 한다.

내가 처음에는 집선생님 밥에 쌀을 조금 섞어서 드렸더니, 하루는 다음과 같은 이야기를 해주셨다. 전라도 순창 출신으로 대한민국 초대 대법원장을 역임하셨던 김병로 선생님은 청렴결백하기로 유명했다. 어느 날 아침 일찍 그 분께 손님이 찾아오셨다. 그래서 아침 진지상이 들어왔는데, 주인 국그릇은 크고 손님 국그릇은 적었다. 그러자 그 분은 진지를 드시지 않고 딴 이야기만 계속하시다가 시중드는 아이를 불러 국이 식었으니 다시 데워 오라고 이른 후에, 아이가 국을 다시 가져오니 손수 큰 그릇의 국은 손님께 드리고 작은 국그릇은 직접 잡수셨단다. 그 일을 목격한 손님이 그 분의 소박하고 교만함이 없으신 고매한 인격에 감탄하여 세상 사람들에게 알렸더니, 그 누구에게도 존경의 대상이 되었다는 이야기였다.

나는 그 이야기를 듣고 부끄러운 마음이 들어 흔쾌히 집선생님의 뜻을 따랐다. 그러다보니 하루 이틀도 아니고 소 털과 같이 수많은 날들, 특히 여름철에 더욱 연로(年老)해 가는 집선생님의 건강이 염려가 되어 내 마음 한 구석은 항상 수심으로 가득차곤 했다.

그리고 일일이 내색도 못하고 철부지 아이들도 걱정하며 몸도 마음도 쉴 날이 없이 다람쥐 쳇바퀴 돌듯 세월을 보냈다. 그런 와중에도 치성 때가 돌아오면 집선생님은 먼저 손님들 반찬 걱정을 하셨다.

최소한 김치라도 알맞게 익은 것으로 대접할 수 있도록 강조하셨다. 살림은 전혀 깜깜이신데도 가을배추에 물주는 일과 콩나물에 물주는 일은 글을 쓰시다가도 손수 챙기셨다. 가을배추 종자는 서울의 흥농원(興農園)에다 주문하셨다. 이렇게 집선생님은 유독 배추 농사에는 마음을 쓰셨다. 가정 일에는 그렇게도 무관심했던 분이라 참 신기하기도 했다.

그 해 겨울이 돌아와 동지 치성을 2주일가량 남겨놓고 천만원(千萬元) 총무(선친께서 김제군 봉남면에서 양조장을 경영했고, 젊으셨는데도 신앙심이 투철하였음)가 찹쌀로 국화꽃 대궁이도 함께 술을 빚어놓았다. 그런데 옥선이가 물을 길러 오면서 자꾸만 키득 키득거리며 혼자서 웃는다. 물을 길러올 때마다 그렇게 웃기만 한다.

나는 저 애가 도대체 왜 저렇게 흥에 겨울까, 무슨 좋은 일이라도 있나 보다 라고만 생각했다. 그런데 자꾸만 날 보고 웃는다. 옥선이는 연로하신 할머님이 계셨으니 옛날이야기를 듣는 것이 나보다 풍부했다.

나중에 내가 "왜 그렇게 웃느냐?"고 물었더니, 옥선이가 "우물에 '고동'이 섰다."고 대답했다. 내가 다시 "고동이 뭔데?" 하고 물었더니 옥선이가 "가모(家母)가 아기를 가지면 나뭇가지가 옆으로 뜨지 않고 바로 서는데, 그 물건이 속이 빈 것 예를 들어 지푸라기면 딸이고, 속이 찬 것이면 아들이랍니다. 그런데 우물에 굵은 나뭇가지 고동이 섰네요. 그러니 사모님께서 또 아들을 낳으시겠습니다."라고 단정하듯 대답하면서 어른스러운 이야기를 했다.

나는 예상치도 못했던 일이고 보니 쑥스럽고 부끄러웠다. 나도 몰래 얼굴이 화끈 달아올랐다. 그런데 어쩌면 우리 옛말이 그렇게도 잘 맞아떨어질까? 할머님들의 생활주변에서 일어나고 있는 그 귀중한 경험담은 그야말로 학문 이상으로 소중한 것이었다. 옥선이의 예견은 맞아 떨어졌다. 내가 이듬해 8월(그 해에 윤 8월이 들었음) 29일 저녁 해시(亥時)에 막내아들을 출산했으니까…….

1956년에 도장에다 수련장을 3채 건립해서 청음·남주 두 분 선생님을 비롯해서 김형관, 김찬수, 김창배, 배동찬, 송석우 외 모두 13명이 첫 번째 수련공부를 할 때였다.

입공치성(入工致誠)을 올리는데 전주에 살던 성조영(成造永) 선생이 전주에서 장 흥정을 해 왔다. 그때는 처음으로 버스가 금산사(金山寺)까지 다니기 시작했는데, 하루 3회 뿐이었다. 겨울에 오후 6시 차로 캄캄해져서야 물품이 도착했다. 나는 부랴부랴 서둘러 음식을 장만해서 도장으로 올려 보내고, 치성올린 음식을 입에 넣

1958년 결혼 10주년 때 찍은 가족사진

어보지도 못하고 자리에 누워버렸다. 그러고는 바로 식음을 전폐했다.

그냥 그대로 하루 이틀 지내고 보니 기운은 점점 더 떨어졌고, 몸은 거동이 불가능했다. 숨은 가쁘고, 바른쪽 어깨 뒷등에는 큰 돌을 지워놓은 듯 무거웠고, 오른쪽으로만 눕지 왼쪽이나 반드시 누우면 금방 숨이 막혀 버릴 것만 같았다. 이렇게 수일을 지내니 내 몸은 점점 쇠진해져서 가물가물하니 정신을 잃고 말았다.

어느 날은 임실 부인이 오셔서 "큰일인데, 어서 선생님께 알려야지."라 하셨지만 내가 "선생님께서 수련이나 마치셔야 한다."고 고집했다. 지금 생각하면 어찌 그다지도 미련했던지, 스스로가 원망스러울 뿐이다.

그때 공부(工夫)가 끝난 후 사랑방에 머물고 있던 최규홍(崔奎弘)군(후일에 청음 선생님의 서랑(壻郞)이 되었음)이 내 등을 톡톡 쳐보고는 심상치 않다고 한다.

　이튿날 원평(院坪)에 가서 의사를 초빙했더니, 늑막염이 심하다고 진단한 다음 큰 주사기를 대고 누런 물을 2되 가량이나 빼냈다. 그러면서 곧바로 입원해서 "대(大)를 살리고, 소(少)를 희생시키라."고 충고하셨다. 당시 나는 아기를 가지고 있었다. 그런데 미련한 나는 고집을 부리며 병원에 가서 아기를 유산하는 일을 거부하고 집에서 단방약으로 치료를 시도했다.

　요행히 심한 고생 끝에 몸을 회복해서 마침내 1957년 음력 8월 29일 조금은 난산이었지만 3남을 출산했다. 말은 쉬운 듯하지만 그 어려움은 필설로 다 말하기 어렵다. 그 시절만 해도 왜 그렇게 아들만 우선이었는지…… 뒷날 생각해보니 딸 가진 사람이 그렇게도 부러웠는데…….

　나는 출산 후에 훗배를 심하게 앓아서 기운이 떨어졌고, 아기는 생후 10여일이 지나도 눈을 뜨지 않아 밖에서는 봉사를 낳은 줄 알고 수군수군 거리기도 했을 정도였다.

　내가 아기가 걱정되어 어느 날 저녁에 젖을 먹이니, 아기가 한쪽 눈을 간신히 뜨더니 이내 다시 감아버렸다. 아기는 꼭 감은 눈꺼풀 속 깊은 곳에서 눈알을 비춰다 말고 애간장을 녹이더니, 거의 두 이레가 가까워서야 눈을 제대로 떴다. 집선생님은 위로 두 아들의 얼굴이 희고 고운 모습만 보다가 셋째가 좀 검붉고 곱살하지 못하고 땔나무꾼 같이 생긴 것이 악만 쓴다고 언짢아하셨다.

내가 3남을 낳은 해인 1957년 늦은 가을에는 일본에서 건너온 독감이 전국에 만연했다. 그 중 원래 다른 병이 있어 독감을 겸한 사람들이 많이 희생되었다. 특히 기관지가 나쁜 사람과 천식기가 있는 사람에게는 독감이 치명적이었다. 집선생님은 겨울 감기가 금물이었다. 해소 천식기가 있었으니까…….

그런데 마침내 올 것이 왔다. 집선생님께서 감기가 들었다. 몸져누우시면서 2주가 넘도록 물 이외에는 입에 넣지 않으셨다. 하도 아파서 그러셨던지 막무가내로 화만 내셨으며 완연히 딴 사람이 되어 신경질적이었다.

아기 하나는 누워서 빽빽거리고, 위로 둘은 철부지로 눈치코치도 모르는 '미운 일곱 살'이었다. 꼭 데리고 들어온 자식 잡두리하듯 하셔서 나는 그만 오만 간장이 다 녹았다. 그때 선생님의 연령이 63세였다.

나는 생각하다 못해 집선생님의 거처를 옮길 수밖에 없었다. 아래채에 9자 2칸의 장방이 있었다. 아픈 사람이니까 길일(吉日)을 가려서 옮겨야 하는데, 이건 또 웬 일일까? 내가 청수를 올리고 아침식사 준비를 하는데 갑자기 집선생님께서 나를 불러들이더니 이불을 개어놓은 채 식사 전에 당장 옮긴다고 고집하셨다. 딱하기 그지없었다. 마침 그날은 서쪽에 '손'이 있는 날이었다. 길일은 고사하고 최소한 '손'이라도 피해야 하는데, 옛말에 "늙으면 아기가 된다."더니 틀린 말이 아니었다.

내가 이런 말을 입 밖에 내면 화부터 내실 것이 뻔해서 어찌할 바를 모르고 머뭇거리다가, 그런 상황도 모르고 계속 말썽만 부리고 있던 아이들을 전에 없이 심하게 야단치고나서는 대성통곡을 했다.

내가 "이 몸이 전생에 지은 죄가 얼마나 커서 이렇게 고초를 겪어야 하는지, 몸은 하나인데 무슨 일부터 감내해야 할지 모르겠다."고 울먹이면서 비통한 눈물을 흘렸더니, 아래채로 가시려고 장승같이 서 있던 집선생님께서 그만 자리에 털썩 주저앉으셨다. 그리고는 웃음을 띠셨다.

나는 "다행이다."하고 부엌일을 서둘러 여러 식구들의 식사를 챙겼다. 그 후 '손' 없는 날을 택해서 집선생님의 거처를 옮겼다. 하지만 거처를 옮기신 다음 이제는 심심하신지 나를 자주 찾으셨다. 그래도 내가 할 일이 많으니까 집선생님의 곁에만 있을 수도 못했고…… 또 자주 들여다 볼 틈도 없었다.

안채와 아래채 사이에 있던 마당은 적은 운동장만큼이나 넓었다. 나는 정말 고역이었다. 그래서 하루 저녁에는 송구했지만 어머니가 어린 아들을 달래듯이 집선생님에게 "보셔요, 생각해 보십시오. 나이는 60이 넘었지만, 지난날 홀로 남의 집 사랑방에서 공허하게 세월을 보냈던 일을 생각하시면 지금은 얼마나 행복하십니까? 여태까지 일점혈육도 없다가 하느님의 은총으로 아들 3형제를 얻으셨고, 아직은 나이가 젊은 제가 시중들고 있으며, 여러 교인들에게도 존경받고 계시지 않습니까? 경제적으로 어려운 것은 원래 몸소 택하셨던 일이니 크게 걱정할 일은 없지 않습니까? 지난날 하고 싶은 말 한마디 제대로 못하고 살던 왜정 때 더군다나 옥살이할 때를 생각하면 지금은 얼마나 다행입니까?"라고 말을 이어갔다.

그러자 집선생님께서 내 손목을 꼬옥 잡으면서 "내가 아픈 동안 너무 당신 속을 많이 상하게 해서 뭐라 할 말이 없다."면서 나를 쳐다보시던 그 눈빛에 금방 눈물이라도 용솟음 칠 듯했다.

나는 살며시 손을 빼고 밖에 나와 밤하늘을 쳐다보았더니, 한밤에 뜬 반쪽 달빛이 찬 서리 내린 초겨울 밤을 밝게 비추고 있었다. 또 군데군데 비치는 별빛도 찬 기운을 머금고 있었다. 줄줄이 흐르는 눈물이 앞을 가렸다. 가만히 문을 열고 들여다보니 집선생님은 숨소리도 거칠지 않게 포근히 잠이 드셨다. 나는 비로소 안도의 한숨을 내쉬면서 어린 자식 3형제가 쌔근쌔근 잠들어 있는 안방으로 건너갔다.

그래도 잠이 오지 않고 애달픈 마음을 달래며 가물거리는 호롱불 밑에서 집안일을 돕느라 수고하신 이춘성 할아버지의 옷을 지었다. 추운 겨울 콩깍지 재로 잿물을 받아 흰 옷 빨래를 삶아서 풀을 해서 다듬이질하고 옷을 짓는 번거로운 옛일들은 겪어보지 않은 사람은 상상도 못하겠지. 하기야 나 뿐만 아니라 그 시대를 살아온 우리나라 아낙네들은 모두가 겪은 일들이었다. 간혹 나는 마음 속으로 기원한다. 제발 내 며느리들은 나 같이 고달프고 어려운 전철을 밟지 말기를…….

뒷날 집선생님께서는 어린 아이들 3형제와 젊은 아내가 낮의 피로를 이기지 못하고 곤히 잠든 모습을 바라보면서, 내 어찌 요것밖에 못살 것이면서 이렇게 어질러 놓고(공연히 장가들어 자식들을 둔일) 저 젊은 아내에게 이 무슨 못할 짓인가 하면서 통탄하셨다고 그때 일을 회상하셨다.

그때 집선생님께서는 전주에서 약국을 경영하던 교인인 한병수(韓炳洙)씨에게 유언으로 첫째와 둘째는 고아원에 알선해주고, 셋째는 내가 데리고 친정에라도 가서 2~3년 정도 더 큰 후에 달리 조처하도록 하고 아무쪼록 살아갈 수 있는 방도를 취해 달라고 부탁할 예정이었다고 말씀하셨다. 이 얼마나 기가 막힌 말인가? 세월이 약이라고 이제껏 살다보니 옛이야기처럼 아득하게 느껴진다.

시간은 쉴 새 없이 흐르고 흘러 큰 아이가 국민학교에 입학했다. 학교가 우리 집과 가까워서 나는 낮에 잠깐 학교에 들러 몰래 창 밖에서 수업받고 있는 어린 아들의 행동을 지켜보다가 오곤 했다.

한번은 학교 선생님이 "우리나라를 다스리는 제일 으뜸가는 분은 누굽니까?"라고 아이들에게 물었다. 그러자 우리 집 큰아들 영옥이가 손을 번쩍 들고 일어서더니 "이승만 대통령이십니다."하고 대답했다. 학교 선생님이 "옳다! 잘 맞추었다."고 아이를 칭찬했다.

그 밖에도 몇몇 가지를 더 물었는데도 용케 대답을 정확히 했다. 나는 어찌나 흐뭇하던지 집으로 달려와서 집선생님께 곧바로 여쭈었더니 역시 반기셨다.

이 세상 모든 부모들은 살아가면서 절반 이상을 자식에게 바친다. 그래서 부모는 자식을 위해 희생하고 고생하는 일을 즐거움으로 삼고 인내하나 보다. 그 때는 금산면에 유치원이 없었다. 둘째는 11월생이어서 만 4년 6개월이 되었을 뿐인데, 형을 따라 학교에 가고 싶다고 해서 보냈더니 용케 결석도 하지 않고 잘 다녔다.

그 해 5월 8일 어머니날이었다. 아침에 학교에서 아이들 부모들을 위해 열린 행사에서 내가 학부모 대표 자격으로 큰 장미꽃 다

발을 큰아이에게서 받았다.

갓 입학했던 둘째는 상급생들이 국민체조를 하니 구경하다가 몸은 그대로 있는 채 고개만 옆으로 돌리면서 체조하는 모습을 따라했다. 나는 너무 신기했고, 다른 어머니들도 너무 기특하다고 바라다보았다. 금산면 부면장 부인이 내 곁에 다가와 "저 애를 낳을 적에 무슨 꿈을 꾸셨냐?"고 물었다. 나는 그저 웃기만 했다. 그 후 시골 장에 가면 사람들이 나를 가리키며 어머니날 꽃다발을 받은 분인데 아이들이 영특하다고들 이야기했다.

나는 그 와중에도 많은 손님들을 대접하며 집선생님의 시중을 들었다. 그리고 넓은 집 치우기, 밭농사도 해야 했고, 아침 첫 새벽에 일어나서 청수를 올리는 일부터 시작해서 밤이면 바느질에 열중했다. 빨래와 다림질 등을 하느라 잠시도 틈이 없이 보냈던 세월이었지만, 성업(聖業)에 이바지하시는 집선생님을 내조한다는 마음가짐을 일시라도 소홀해서는 안 된다는 믿음을 가지고 살았다.

그런데도 너무나 견디기 어려웠던 일은 울도 담도 없는 벌판의 북풍바지에 있던 큰 초가집 4채가 늦은 가을부터 바람이 휘몰아치면 지붕의 추녀 끝이 덜썩 덜썩거려 금방이라도 무너질 것 같았던 점이었다. 그 소리를 듣고는 도저히 방에 가만히 있을 수 없었다. 나가보아도 연약한 여자의 힘으로 아무런 대책도 세울 수 없었지만……

집 주변을 한바퀴 돌면서 바람이 휘몰아올 때마다 들썩거리는 영을 쳐다볼 때는 내 가슴도 함께 들썩거렸다. 어떤 때는 집 한쪽이 뒤집어지기도 했고, 때로는 용마루가 흔들릴 때도 있었다. 지붕을 이으려면 자그마치 새끼가 2천발이나 있어야 했으니, 영은 말할 것도 없었다. 언제나 동지가 지나야 지붕을 단장하게 되었으니, 그때까지는 참는 수밖에 없었다. 그 고초는 이루 말할 수 없었다.

나는 너무나 집 문제에 지쳐서 이룰 수 없는 꿈같았지만 언제나 양지쪽 볕이 따뜻한 곳에 아담한 집 한 채 지어서 살아볼 날이 있을까 라는 환상에 잠겨보기도 했다. 항상 희망을 가지고 살라는 말이 있듯이, 꿈을 가지면 이룰 날이 오기도 한다.

1962년에 내전(內殿)을 건립하였다. 「내전 건립 동기」와 「입주하게 되어 물러나기까지」의 상황은 앞서 밝힌 바 있다. 큰아들 영옥이가 중학교 1학년, 둘째 영석이가 국민학교 4학년, 막내 호상이가 6살 먹었을 때였다. 한옥이었으니 철부지 아이들이 혹시 벽에다 흠집을 내거나 낙서라도 할까 염려되었다. 그래서 나는 쉴 새 없이 아이들에게 주의를 주었다.

철부지 우리 막내는 "집에 흠집을 내면 이 집에서 우리가 쫓겨나지."하고 묻기도 했다. 항상 그렇게 생활하다 보니 조심하는 태도가 몸에 배어버렸다. 누구나 자기가 할 일이 있듯이, 나는 오는 손님들을 받드는 일이 나의 의무라고 생각하곤 했다. 그래서 나는 저녁밥을 자주 거르게 되었다. 저녁밥 지은 뒤에도 한두 분 손님이 더 오시면 내가 먹으려고 남겨둔 밥을 차려 나갔다.

그때는 전기도 없었고, 저녁에는 청수도 올려야 하니까……. 새로 밥을 지으려면 어려움이 많았기에 나는 그냥 굶어버리기가 일쑤였다. 그래도 가난 때문에 굶었던 것이 아니라 일에 쫓겨서 굶었으니까 서럽지는 않았다. 지금 생각하면 무척 어리석은 일이었다.

일단 건강을 한 번 해치면 돌이킬 수 없는 일이었건만…… 자기한 몸을 돌볼 틈도 없이 오직 남편과 자식을 위해서 물불을 가리지 않았던 우리네 할머니와 어머니의 정신을 조금이나마 이어받아서 내가 그렇게라도 흉내를 낸 듯하다.

그런 생활을 하다보면 자칫하면 젊은 나이에 병이 나거나 늙어서 큰 고생을 하게 된다. 가만히 생각해보면 얼마나 어리석은 행동인가 알 수 있다. 건강은 항상 평상시에 조심해야 하는 것인데, 우리네 할머니와 어머니들은 호미로 막을 일을 가래로 막는 격의 행동을 일삼았던 것이다. 일을 그르쳐 놓고 이제야 철이 들어 후회한들 무슨 소용일까 하고, 긴 한숨을 내뱉었던 적이 한 두 번이 아니었다. 기계를 소중히 다루면 조금은 더 쓸 수도 있고 보기에도 흉하지 않으련만, 함부로 무리하게 사용하면 고장이 난다. 내 몸이 건강하지 못하면 주변 사람들도 함께 고통을 느끼게 만든다는 사실을 그때는 왜 몰랐을까?

결국 나는 34세라는 젊은 나이에 무거운 병에 걸렸다. 왼쪽 자개미에 새알만한 몽아리가 생겨서 걸음을 걸으면 불편했다. 병원에 갔더니 허리가 상해서 그 상한 물길을 따라 왼편 다리 자개미에 물주머니가 생겼단다. 나는 너무도 엄청난 말에 기가 질려서 집에 돌아와서도 차마 그 이야기를 옮길 수 없었다.

나이도 많으신 저 어른이 이 사실을 알게 되면 그 마음이 오죽하실까 하고 생각하니 앞이 캄캄했다. "아니야. 절대로 말하면 안 되지."하고 다짐했다. 그럴수록 나는 말이 없어지고 행동은 마치 넋이라도 나간 사람과 같아졌다. 집선생님께서 심상치 않다는 눈치를 채시고 관대하게 대했지만 역시 나는 말할 수 없었다. 집안은 온통 무거운 어둠의 늪으로 빠져 들어가는 듯했다.

하루는 집선생님이 결심하신 듯 "병원에 다녀왔으면 결과를 말해줘야 조처를 할 터인데, 그렇게 말도 하지 않으면 어찌 하느냐?"고 조금은 꾸짖는 말씀을 하셨다. 그제야 나도 어차피 알아야 할 일이겠거니 하고 사실대로 말씀드렸다. 장남이 11세, 차남이 8세, 삼남이 4세였을 때였는데, 이 철부지들도 큰일 났다 싶어서인지 눈을 크게 뜨고 조용히 어른들 말씀에 귀를 기울였다.

1960년 음력 정월 9일 다시 전주 적십자병원에 갔더니 병명이 척추 칼리애쓰로 판명이 났다. 큰 주사기로 물을 빼고 엎어놓고 2시간 가까이 기브스를 목과 어깨에서부터 방광 아래쪽까지 했다. 그 모양이 꼭 집에서 쌀을 까부는 키와 같았다. 치료를 계속하지 않으면 큰일이 난다는 의사의 엄명에 못 이겨 그 날부터 입원생활이 시작되었다. 7~8개월을 입원해도 고치기 어려울 듯하다는 의사의 말이 있었다.

배문철 선생 어머님의 임종

우리 집이 전주에서 용화동으로 이사온 직후였다. 1956년의 일이었다. 교인 가운데 배문철 선생님이 계셨다. 그 분은 지리에 밝고 풍수학에도 으뜸가는 지식을 익히신 분으로, 성품이 대쪽과 같고 청렴결백한 어른이셨다. 충청도 분이셨는데 어머님, 부인, 막내 따님 모두 네 식구가 우리 가족이 살고 있던 집의 아래채에 사셨다.

이 댁의 고부간은 이 세상에서 보기 드문 분들이었다. 어쩌면 그렇게도 다정다감한지, 마치 딸과 어머니 사이 같았다. 나중에 며느리가 병이 났는데, 시어머니께서 3년간이나 지극하게 시중을 들었다. 모두들 놀라겠지만 사실이 그랬다. 그렇지만 그처럼 지성스런 시어머니의 간호에도 불구하고, 배 선생님의 부인이 세상을 떠났다. 그때 배 선생님 어머님의 슬퍼하시는 모습은 보는 사람 모두의 가슴을 메어지게 할 정도였다.

배 선생님의 막내딸은 속이 넓고 참을성이 많은 부지런한 처녀였다. 어머니가 돌아간 슬픔 보다 오히려 할머니의 마음을 위로하기에 급급하였다.

그렇게 사랑하고 존경하던 할머니가 병신년 정초에 화장실에서 그만 낙상을 했다. 그로 인해 할머니는 자리에 몸져눕게 되었다. 거동이 불가능했다. 그러자 집선생님이 우황청심환을 사오셨다. 내가 약을 가져가니 숟갈에다 개어가지고 배 선생님이 손수 먹이셨다.

입속에 품고 우물우물 하시면서 쉽게 삼키지 않으니까 아드님이 "왜 삼키지 않으세요? 어머니, 빨리 드세요."라고 했다. 그랬더니 할머니가 "아니야, 천천히 먹어야지. 잘못하면 체해서 큰일 나. 나, 죽는 것 싫어."라고 말씀하셨다. 옆에서 지켜보던 나는 그때까지는 생각해 보지 못했던 희한한 사실을 발견한 느낌이었다.

그도 그럴 것이, 그때 할머니의 춘추가 86세였다. 당시 나는 30세였으니, 나보다 무려 56년을 더 사신 분이셨다. 할머니의 아드님이 머리가 백발이었고 벌써 70세가 넘었다. 그런데도 할머니는 더 살고 싶다고 하셨다. 옛말에 "거꾸로 매달려 살아도 이승이 좋다."는 말이 있다고 하더니, 진정 그런가 보다.

문득 나는 자신을 다시 한번 돌아보았다. 비록 가장이 나이는 많아도 건강하시고, 사랑하는 예쁜 아들 형제가 재롱을 떨고 있고, 여러 교인들이 아껴주고, 이웃들도 기특하게 여기고, 원근 친척들의 호감을 사고 있었다. 누워 계신 할머니보다는 훨씬 더 희망적인 상황이었는데도, 지금까지 나는 "삶이란 어쩌면 의무행사"라고 생각하며 매사에 수동적으로 살지 않았나 하는 자책을 했다.

그러니까 그동안 불만도 만족도 입 밖으로 표출하지도 못하면서 살아왔던 나 자신을 돌이켜 보니, 어쩌면 내가 바보스럽기도 했고 아무튼 뭔가 모르게 이상야릇한 생각에 사로잡혔다. 이대로 내 마음 속에 묻어둘 것이 아니라 누구에게라도 토로해야만 내 속이 시원해질 것 같았다.

내가 며칠 동안 멍하게 있자니, 집선생님께서 좀 이상히 여기신 듯했다. 좀체 말씀이 없는 분이 하루는 "당신, 이상해졌다."고 하시며, 옥선이 할머니께서 돌아가시고 장례 치르느라고 너무 과로해서 신경쇠약에 걸린 것이 아닌가 하고 매우 걱정하셨다.

내가 죄송하다고만 말하니, 무엇이 죄송하냐고 다그치셨다. 그래서 내가 그 동안의 생각을 말씀드리고 이제부터 생기있게 큰 희망을 가지고 살아야겠다고 다짐하면서 심호흡을 했다. 그랬더니 집선생님께서도 무엇인가 골몰히 생각하시는 듯 팔베개를 하고 누우시면서 피식 웃으셨다.

친정에 못간 홧병으로 오해받은 일

셋째가 태어난 이듬해였으니, 1958년 무술년 겨울이었다. 내가 가물거리는 호롱불 밑에서 바느질을 하고 있었는데, 평생 농담이나 불필요한 말씀이 없으셨던 분이 느닷없이 "우리가 이렇게 살아가는 것이 금실은 좋은 편이지."라고 말씀하셨다.

나는 아무 생각도 없이 "사람이 반평생을 지나 살도록 다른 사람이 챙겨주는 밥상도 한번 못 받아보고, 부모형제가 살고 있는 고향 땅도 한번 밟아보지도 못한 주제에……"하며 말끝을 흐린 다음 왠지 모르게 목이 잠겼다. 그런데 그때는 별다른 뜻도 없이 했던 말 한마디가 큰 낭패가 되고 말았다.

그 날 따라 어쩐지 일이 고달프고 힘겨워 지쳐서 한숨 자고 일어났더니, 이게 어찌된 일일까? 집선생님은 겉옷도 벗지 않으시고 댓님도 끄르지 않고, 이불도 개어져 있던 그대로 요 위에 앉아계시는 것이 아닌가? 나는 한숨 푹 자고 난 뒤였으니, 몇 시간 전에 있었던 일은 까맣게 잊어버렸던 것이다.

"왜 주무시지 않으셨어요. 이불도 펴지 않으시고……"라고 물었더니, 집선생님께서 "사람이 잠을 자게 생겼어야지."라고 대답하셨다. 내가 재차 "어머 왜요."라고 하니까, 집선생님께서는 "몸의 병이 아니라 친정에 못간 홧병인 것을 몰랐구려."라고 하셨다.

순간 나는 아차 싶었다. 내가 일에 지치고 많은 식구들과 허덕이다 간혹 병이 나곤 했었다. 그런데 이제 보니 친정에 못 갔던 일을 일구월심으로 슬퍼해서 홧병이 든 줄 아셨던 것이다.

나는 그 분의 그 단순하고 고지식한 성품에 갈피를 잡을 수 없어서 "정말로 제가 잘못했습니다. 앞으로 제가 살아있는 동안 친정이라는 말을 입 밖에 낸다면, 아버님으로부터 이어받은 성을 바꾸겠습니다."라고 몇 번이고 다짐했다.

그렇게 모질게 말하고 나니 온몸에 왈칵 슬픔이 몰아닥치고 북받쳐서 통곡하고 싶었다. 하지만 3경도 훨씬 지난 한밤중에 어찌하리오? 등잔불마저 꺼져버린 캄캄한 방이어서 오히려 다행스러웠다. 나는 뼛속 깊은 곳에서 흘러나오는 긴 한숨을 소리가 나지 않게 살며시 내뿜었다.

그저 순수하시며 어질고 단순하신 집선생님은 금새 곤히 잠이 드셨다. 그러나 나는 벽을 향해 누워서도 오랫동안 잠을 이루지 못하고 흐느꼈다. 초저녁에 잠시 자고 일어난 후 한밤을 꼬박 지새운 나는 이른 새벽에 휘청거리는 몸을 억지로 가누고 일어났다.

다람쥐 쳇바퀴 돌 듯 지루한 하루 일과가 다시 시작되었다. 정말로 예전의 농촌 여인네들이 견뎌냈던 그 고달픈 삶을 지금 사람들은 상상조차 못할 것이다.

언젠가는 나보다 한 살 아래인 장조카며느리가 내게 "저는 어머님이나 작은 어머님과 같은 처지라면 차라리 죽지 살아있지는 못할 것입니다."라고 자기의 심정을 토로한 일도 있었다. 얼마나 보기에 딱했으면 그런 말을 했을까 라는 생각이 들었다. 그렇지만 나는 그래도 이것이 내게 주어진 숙명이려니 여기고, 고생을 약으로 삼고 힘껏 살아가면 앞으로 좋은 날도 있겠지 라고 생각하며 다시 기운을 냈다.

문득 "인생살이는 설마에 속아서 산다."는 말이 떠오른다. 그리고 내가 이렇게 힘없이 지내면 그 분의 마음은 얼마나 아프실까 하는 생각이 떠올랐다. 사랑하는 가족을 위해 나의 힘이 닿는 끝까지 열심히 살아야겠다고 다짐했다.

호박씨 이야기

큰아들이 15살, 둘째가 12살, 막내가 8살 때의 어느 겨울날 방안에 있어도 외풍이 세어 몹시 추웠다. 집선생님은 어릴 때 홍역을 심하게 앓은 적이 있어서 겨울에 감기만 들면 몹시 힘들어하셨다. 그렇기 때문에 감기가 들지 않도록 최선의 주의를 했다.

집선생님은 명주로 만든 목수건을 꼭 하셔야 했고, 외출하실 때면 꼭 마스크를 써야 했다. 그래서 내가 약간만 부주의해도 안 될 정도였다.

집선생님은 젊은 시절에 만주, 북경 등지에서 방랑생활을 많이 했기 때문에 그곳 풍속도 많이 익히고 있었다. 중국사람들은 수박씨와 박씨를 잘 까서 먹고, 조당수(서숙쌀로 쑨 죽으로, 손님 한 분이 더 오시면 물 한 그릇만 더 부으면 된다고 함)를 즐긴다고 하시며, 유달리 그 죽을 좋아하셨다. 지금 우리나라에는 서숙을 심는 사람이 거의 없지만, 1950~1960년대는 우리 집에서도 서숙 농사를 지었다. 가끔 조당수를 쑤어 먹기도 했다. 그해 겨울 저녁에도 뭔가 간식을 올렸으면 했지만 마땅치 않았다.

그러다가 호박씨가 문득 생각났다. 우리 친정어머님의 친가는 경북 포항이었는데, 나는 어려서부터 호박범벅을 자주 간식으로 먹었다. 동네 아낙들이 우리 집으로 모여들어 "푸짐하고 맛있는 호박범벅 좀 쑤어주지."하고 수선을 떨 적마다, 친정어머니께서는 마다하지 않으셨다. 그래서인지 친정어머님은 유난히 호박 농사에 신경을 써서, 많은 호박을 늙히고 제때에 얼지 않도록 간수를 잘 하셨다. 호박을 될 수 있는 한 묵혀가며 키워서 산후 바람이 들어 몸이 부어 사경을 헤매던 산모에게 먹여서 고비를 한 일도 많아 생명의 은인으로까지 칭송받으셨던 일도 있었다.

또 내 어릴 때의 기억으로 친정아버님의 7촌 당숙이 되시던 어른이 한의원을 하셨다. 시골에서는 나름대로 명의(名醫)로 일컬어지시던 분이었는데, 우리 집에 다니러 오셔서 벽장에 있던 호박을 보고 "아마 저 호박은 분명히 속에 싹이 났을 것"이라고 말씀하셨다.

얼마 후 우리 집 뒷집 셋방에 살면서 울진군청의 말단 공무원으로 있던 사람의 부인이 출산 후 조리가 좋지 않아 몹시 부어있었는데, 친정어머님께서 바로 그 호박에 다른 몇 가지를 가미하여 삶아 먹였더니 부기가 내렸다. 이런 저런 일로 내 머리에는 호박이 좋은 재료로 새겨져 있었다. 호박은 음식으로도 훌륭했는데, 말이 범벅이지 찹쌀가루와 팥을 넣어 쑤어서 식은 후에 먹으면 아주 진미였다.

영양가에 대한 아무런 지식도 없었던 옛날에도 이렇게 애용해 내려 온 호박이 언젠가는 한 덩어리에 1만원을 호가하니, 참으로 세상일은 예측할 수 없는 일이 많은 듯하다.

1993년 4월 4일 내가 서울 증산회관의 월례회에 참석했는데,

인천의 양계옥 여사가 "사모님, 저희 집에 가십시다. 내일이 청명 (淸明) 한식(寒食)이니 조촐한 진지라도 한 상 올리고 싶네요."라 하신다. 그래서 나는 부천에 살던 황숙민 여사와 함께 갔다. 그랬더니 양계옥 여사가 무료한데 드시라고 호박씨를 내 놓았다. 그 호박씨를 보는 순간 내 머리 속에는 지난날의 어떤 일화가 갑자기 떠올랐다.

그래서 서울 수유리에 있던 둘째네로 돌아와 몇 글자를 썼다. 앞에서 말한 어느 겨울밤, 집선생님이 어린 아들 3형제들이 묻는 말에 대답하고 계셨다. 나는 간식이 마땅치 않아 호박씨를 갖다가 부지런히 깠다. 제법 한 줌이나 깠지만 철부지 아이들이 셋이나 있어서 한 그릇에 갖다 놓으면 금방 없어질 것 같았다. 그래서 내가 생각해 낸 것이 작은 접시를 가져다 나이대로 세어서 담아 놓았다. 그리고는 또 계속해서 열심히 호박씨를 깠다.

다시 호박씨를 담아 가져갔더니 집선생님의 접시에는 호박씨가 그대로 남아있었고, 큰 아이는 그래도 조금은 동생보다 많으니까 "나는 아직 남았지롱."하면서 막내를 놀려댄다. 막내는 듬직한 성격이어서 떼도 쓰지 않고 덤덤히 있었는데, 나는 그 모습이 기특하면서도 안쓰러웠다.

다시 내 자리에 돌아와 어서 호박씨를 많이 까서 집선생님께 드린 다음에 자식들에게 먹이려고 애를 썼다. 그런데 바로 그 때였다. 내가 그 분에게 시집와서 이제까지 그런 진지한 모습은 처음으로 보았다. 철부지 아이들은 아무 생각없이 들었겠지만, 내게는 너무나도 감격스러운 순간이었다.

집선생님은 원체 점잖으셔서 아내에 대한 칭찬은 일체 금물인 양 인색하기가 이를 바 없으셨다. 그런데 그 날은 웬일인지 갑자기 "넓고 넓은 세상에 너희 어머니 같은 사람도 드무니라."라고 말씀하시는게 아닌가?

가식이라고는 조금도 찾아볼 수 없는 그 말에 나는 감격했다. 눈을 아래로 내려뜨리고 한 손으로 호박씨를 집어 입에 넣으시면서 내놓은 집선생님의 그 말씀이 내 마음을 감동시킨 것이었다. 그 짤막한 말 한 마디와 진지했던 그 모습이 내게는 천만금의 돈에도 비길 수 없이 소중하고 값진 것이었다. 지금도 그 순간만 생각하면 가슴이 뿌듯하다.

청산의 솔잎같이, 그리고 광활한 사막의 모래알만큼이나 숱한 나날을 살아오는 동안 유독 잊혀지지 않는 일들이 많지만, 그 중에도 더욱 잊지 못할 일이 또 있다. 나는 비록 학교 공부는 많이 하지 못했지만 15~16세 때부터는 신문쪽지나 휴지쪽지, 잡지 등 무엇이든 글씨만 적혀있으면 마구 읽어댔다. 그 시절은 일제하(日帝下)여서 심상소학교(尋常小學校)에서 3학년 1학기까지 조선어(朝鮮語) 독본(讀本)을 배웠고, 2학기부터는 폐지되었다. 1주일에 1시간이던 조선어 시간마저 폐지되고 보니, 언문을 제대로 읽지도 못할 정도였다. 그런 나에게 이렇게나마 우리글을 알게 하신 분은 어머니셨다.

그 이유인즉 내게 언니 한 분이 있었는데, 언니는 강원도 울진에서 충청남도 천안으로 시집갔다. 어머니께서 딸 소식이 궁금하지만 자주 가 보지도 못했고, 또 언니도 친정에 좀처럼 못 오고 했으니, 어머니께서 수시로 해산물을 소포로 부치면서 나한테 편지를 쓰게 하셨다. 어머니가 편지를 쓰라고 하시면 나는 소가 푸줏간에 들어가는 심정이었다.

당시 내가 알고 있던 글도 짧았고 글씨도 서툴렀는데, 어머니께서 말씀하시는 애틋한 사연을 제대로 말을 만들어 쓰기란 정말 어렵고 고통스러워 짜증이 나고 힘이 들었다. 그러나 훗날 생각해보니 전화위복이라고 생각된다.

그런데 우스운 이야기가 하나 있다. 친정어머님의 6촌 시동생 되시는 분이 우리 집에서 약 10리 쯤 떨어진 곳에 사셨는데, 그렇게도 6촌 형님과 형수님께 충직했다. 그 분은 추우나 더우나 농사일로부터 밭일에 이르기까지 철저하게 농사감독을 하셨다.

법 없이도 사실 분이었는데, 그 아저씨가 언젠가는 "형수님, 참 이상도 하지요. 옥(玉)이 질녀는 희한합니다. 저도 한문을 좀 익혔지만 형님에게 온 진서(眞書) 서찰의 뜻을 정확히 이해하지 못 하는데, 어쩌면 그렇게 옥이가 이해하고 편지 내용을 말하는지 참 신통합니다."라고 말하셨다. 친정어머님은 겉으로는 호랑이처럼 무서웠지만, 속으로는 나에게 남다른 애정을 간직하고 있으셨음을 느낄 수 있었다.

내가 그 편지의 뜻을 알게 된 이유는 머리가 특히 좋아서가 아니었다. 다만 한자를 일어(日語)로는 문장 표현에 따라서 음(音)으로도 읽고 새김으로도 읽을 수 있기 때문에 가능했던 것이다. 예를 들면 풀 초(草) 하면 일어로 읽어서 우리말로 해석하면 그 뜻을 터득할 수 있었다. 그래서 한자 편지를 문장 그대로는 읽지 못해도 그 뜻을 알기는 그다지 어렵지 않았다. 이런 속사정을 모르셨던 아저씨는 굉장한 질녀인 양 나를 항상 아껴주셨고 자랑해 주셨다. 그리하여 내가 집선생님에게 출가할 때도 많이 애통해 하셨고, 당신의 안타까운 심정을 직접 친정아버님께는 여쭙지 못하고 친정어머님께 반대의사를 애타게 호소하곤 했었다. 내 기억 속에 잊지 못할 아저씨였다.

후일에 내가 16년 만에 처음으로 친정 나들이할 때 그 아저씨댁에 찾아갔더니, 목이 미어 말씀도 제대로 못하셨다. 그때 아저씨가 "나는 이 세상에 없었던 사람이 다시 돌아온 듯한 느낌이다."고 내게 말하셨다. 조금은 과장일지 모르겠지만 마치 친부모님을 대한 것이나 다를 바 없었다. 나는 그때 막내인 6살배기를 데리고 갔으니, 벌써 꽤 긴 세월이 흐른 셈이다.

갑자기 뭔가 모르게 옛날이 사무치게 그리워졌다. 선조 어른들의 기일(忌日)이 돌아오면 원근(遠近) 친척들이 한 자리에 모여 제사를 모시고, 그 음식을 맛있게 먹으며 이야기도 즐겁게 나누면서 기나긴 겨울밤을 지새워도 누구 한 사람 불평하는 사람도 없었다. 그런 우리네 옛날은 이제는 간 곳도 없이 사라져버렸고, 온 집안 식구들이 사방으로 흩어져 살고 있으니 한 번씩 얼굴을 마주하는 때도 드물다. 세월이 갈수록 사람들 사이에 정은 점점 삭막해져 가기만 한다. 나는 지금도 호박씨만 보면 지난날 겨울밤의 그 '호박씨 사건'이 떠오른다. 아마 내가 이 세상 머무는 그 날까지 잊지 못할 나의 귀하고 귀한 추억의 한 장면이다.

아들 3형제가 일시에 홍역을 앓은 일

1958년 무술(戊戌)년 음력 정월달 용화동에 홍역이 들이닥쳐 맨 처음으로 우리 집 큰아들이 걸렸다.

예로부터 자식을 기를 때 홍역을 겪고 나야 안심할 수 있다고 하여, 홍역을 무사히 치루면 "큰 강을 잘 건넜다."고 안도의 한숨을 쉬었다고 한다.

그런 말을 익히 들어온 나는 항상 이른 봄과 가을이 다가오면 꽤나 염려하곤 했다. 그런데 우리 집 큰아들이 여덟 살이 되도록 홍역을 하지 않아서 무척 신경이 쓰였는데, 결국 올 것이 오고야 말았다.

처음에는 도무지 아픈 원인을 몰랐다. 체온이 많이 올라서 '마이신'을 먹이면 자꾸만 토하기만 해서 걱정이 되었다. 콧물과 눈물도 많이 흘러서 다시 자세히 살피니 전해 듣던 홍역인 것 같았다. 그래서 인근 한의원으로 달려가 의원에게 증상을 여쭈었더니 홍역이 틀림없다고 했다. 체내의 열이 밖으로 잘 나가도록 '승마갈기탕'을 지어다가 달여 먹였더니, 금새 발바닥까지 열이 솟았다.

홍역은 위에서 아래로 즉 여러 형제가 있을 경우 형부터 차례로 내려오면서 치러야 결과가 좋다는 옛말이 기억났다. 그래서 저녁이면 큰아이 옆에 둘째를 눕혀 재우면서 차례로 홍역을 앓게 했더니, 이윽고 둘째와 셋째도 몸에 열이 나고 콧물과 눈물이 범벅이 되었고 방에도 더운 기운이 일어나 열기가 엄청났다.

큰아이는 "홍역을 할 때 바깥바람을 쐬면 기침이 나와 나중에 콜록쟁이가 된다."는 말을 어디서 들었던지 누가 문만 조금만 늦게

닫아도 "내가 나중에 병신이 되라고 바람이 들어오게 하느냐?"고 성화였다. 어린 것이 스스로 조심하는 모습이 어떤 점에서는 기특하기도 하고 대견스러웠다.

그때 얌전한 이웃집 처녀가 와서 나를 도와주기는 했지만, 식구는 많고 찾아오는 손님들도 많아 무척이나 어려웠다. 아이들이 보챌 때마다 집선생님은 아픈 아이들을 돌보러 사랑방에서 건너오셔서 업어주기도 하고 얼려주셨다. 나이가 젊은 분도 아니고 괴로우실텐데도 싫은 기색은 한번도 보이시지 않고 아이들의 고통을 함께 하셨다. 그런 모습을 뵐 때마다 내 마음이 얼마나 쓰린지, 보이지 않게 눈시울을 적신 적이 한두 번이 아니었다.

그럭저럭 음력 3월 초순이 되었다. 마침 빨래를 하려고 집선생님의 명주저고리를 따보니까 등 쪽의 얇은 솜이 밀려서 소매 쪽 도련에 뭉쳐 있는 것이 아닌가? 세 아이들을 많이 업어서 그렇게 된 것이었다. "나이 들어 자식을 두는 일은 서숙 양식을 싸가지고 말려야 한다."는 옛말이 생각났다. 마음이 착잡하고 무거워졌다.

자식이 소중하기는 하지만 인생살이가 무엇이기에 집선생님께서는 젊은 시절도 다 지나서 노년에 이렇게 고생을 하시는가 하고 안타까웠다. 그래도 집선생님께서 아들 3형제를 보실 때마다 항상 흐뭇해하시며 미소를 지으시는 모습을 볼 때는 내 마음도 따뜻해졌다.

그러면서도 한편으로는 앞으로 혼자서 자식들을 키워야 할 내 신세가 떠오를 때면 마음이 울적해지기도 했다. 어쨌든 그렇게도 염려하던 아들 삼형제의 홍역은 무사히 잘 겪었고, 나는 큰 과제를 푼 듯 날아갈 듯한 기분이었다.

동네 어른들께서도 신앙생활을 하는 집에서 더군다나 남자 아이부터 홍역을 시작했기 때문에 온 마을 아이들도 홍역을 깨끗하게 잘 치를 수 있어서 천만다행이라고 말씀하셨다. 이 말을 전해들은 나는 역시 믿음이란 인간이 살아가는데 참으로 소중하고 필요한 것임을 절감했다.

우리 모두는 육신이 피로하면 어딘가에 몸을 기댄다. 그러나 마음의 고통은 신앙을 통해 위로받아야 하고, 믿음을 통해 스스로가 정신적인 안정을 되찾아야 한다는 사실을 다시 한번 느꼈다.

요양 왔던 손님의 은수저를 잃어버린 일

1958년 무렵의 일이다. 교인이었던 천만원(千萬元)씨의 처조카였던 국민학교 교사가 몸이 약해서 여름방학 때 우리 집에 와서 요양하고 간 일이 있었다.

그 사람은 젊은 데도 이상하게도 자기 은수저가 아니면 밥을 먹지 않았다. 그런데 갈 때는 그 은수저를 잊어버리고 가져가지 않았다. 나는 천만원씨가 오면 그 편에 보내줘야겠다고 생각하고 찬장 안쪽에 넣어두었다.

당시 우리 집 아래채에는 풍수지리에 능하셨던 배문철(裵文哲) 선생님이 어머님을 모시고 사랑하는 막내딸 옥선(玉仙)이와 살고 계셨다. 배 선생님께서는 일찍이 상처하셨다.

배 선생님은 충청도 분이셨는데, 당시 교회 관계로 인해 알게 되었다가 의남매의 인연을 맺은 사람의 딸도 그 집에서 생활하고 있었다. 그 딸은 교회간부였던 분이 상처를 한 다음에 다시 만난 여인이었다. 그런데 임신 중에 가정불화가 있어서 그 집에서 잠시 머물고 있었던 것이다.

물론 모두들 식사는 거의 우리 집에서 함께 하는 일이 많았다. 그런데 어느 날 내가 찬장을 치우며 살펴보았더니, 은수저를 두었던 자리가 휑했다. 옥선이는 순진하고 겁이 많은 아이여서 무척 당황하고 놀랐다.

나도 마음이 편치 않았다. 큰 도둑이 들었던 것도 아니고······ 생각하면 할수록 더욱 언짢아졌다. 서로 믿고 살아야 하는데······.

이 말을 집선생님께 전했더니 마음 속으로 짐작하고 있는 곳이 있지만 지금은 어쩔 수 없는 일이니 그냥 잊어버리자고, 이 일은 다시는 거론하지 않도록 하는 것이 서로 간에 좋겠다고 말씀하셨다.

그런데 유독 옥선이는 오직 그 생각뿐이었다. 옥선이는 나이에 비해서 성숙하고 마음씨도 좋은 처녀였다. 그래서 나는 옥선이를 믿으니까 "걱정하지마. 집선생님께서 다 알고 있으시니까. 이제부터는 그런 걱정은 하지 않아도 돼. 그러니 깨끗이 잊어버리고 그 은수저 값은 우리가 물어주면 되는 일이야."라고 말해주었다.

그랬는데도 옥선이는 아직 나이가 어려서인지 세상 경험이 적어서인지 내 말을 곡해한 모양이었다. 더군다나 자기 집에 손님이 있었으니까······. 마침 배 선생님은 출타하고 안 계셨는데, 옥선이는 상심 끝에 몸져누워 버렸다. 신열이 심하게 올라 온몸이 불덩어리 같았다.

나는 내심 겁이 났다. 집선생님이 한의사를 불러와 진맥을 했더니, 근심이 지나쳐서 간에 열이 생겼다고 했다.

약을 지어다 달이면서도 마음이 천근 같이 무거워졌다. 며칠이 지나서 배문철 선생님이 돌아오셨다. 집선생님과 내가 미처 자세한 상황을 말씀드리기도 전에 당일로 도장으로 이사를 하겠다고 성화셨다. 누구보다도 놀란 사람은 나였다.

지난 몇 년이라는 세월을 함께 지내며 배 선생님의 자당님과 함께 돌아가신 부인의 상도 치렀다. 더욱이 믿음으로 굳게 맺어진 인연이었고 한 집안 식구처럼 지냈는데, 어떻게 배 선생님께서는 전후사정을 들어볼 생각도 않으시고 딸이 전하는 이야기만 듣고 당장 이사를 결정하실 수 있었을까……. 나는 원망을 하기 이전에 차라리 깊은 수렁에 빠져드는 느낌이었다. "고기는 씹어야 맛이 나고, 말은 해야만 안다."는 옛말이 실감났다.

그렇지만 이런 상황에서 변명을 해 보았자 이 또한 얼마나 어리석고 비열한 일일까 라고 생각했다. 화가 나고, 슬프기도 했고, 야속하기만 했다.

좀체 일이 손에 잡히지 않고 멍하니 이상했다. 당시 내가 살던 집의 몸채와 아래채 사이에 넓은 뜰이 있었다. 때는 가을이었다. 나는 감이 붉게 익은 모습을 멍하니 바라보면서 마루에 걸터앉아 있었다.

그런데 배문철 선생님 의남매의 딸이 이삿짐을 나르던 중 뜰 서편 장독대 옆을 지나가다가 공교롭게도 돌에 걸려 넘어졌다. 그녀가 이고 가던 양재기가 땅에 '탕'하고 떨어지자, 붉은 감이 우르르 마당으로 흩어졌다.

2, 3일전 사랑방 화단 옆에 있던 감나무의 감이 하룻저녁 사이에 거의 없어진 일이 있었다. 고목나무가 아닌 그리 크지 않은 나무였지만 감이 제법 주렁주렁 달려 있었다.

그 순간 그 자리에 있었던 모두는 흩어진 감이 바로 며칠 전에 없어졌던 감이라고 짐작할 수 있었다. 배 선생님은 그 광경을 물끄러미 바라만 보시더니 아무 말씀이 없으셨다.

나도 보기가 민망해서 얼른 방으로 들어가 문을 닫았다. 이제는 돌이킬 수 없는 일이었고, 이삿짐도 거의 옮겨진 상태였다. 너무나도 갑작스럽게 불과 하룻저녁 사이에 일어난 이 엄연한 현실을 그 누구도 막을 수도 물릴 수도 없는 일이 되어버렸다.

결국 배 선생님은 멀리 충청도에서 오직 도(道)를 믿고자 이곳 모악산 금산사 아래 용화동으로 이사한지 수 년 만에 보금자리를 옮기게 되었다. 어느 쪽에서도 변명도 하지 않았고, 석연치 않은 구석은 가슴 밑바닥에 깔린 채 전과 같이 시간은 흘러갔다.

이듬해 봄이 되었다. 배문철 선생님 의남매의 딸은 만삭인 상태로 몸에 이상이 생겨 병원에 다녀왔다. 그리고는 큰댁에서 몸을 풀었다.

그런데 옥선이의 돌아가신 어머니가 딸에게 주려고 손수 짜놓았던 명주베가 없어졌다고 한다. 또 큰댁 형님 농 속에 있던 비로-드 옷감이 옥선이 집에 있었다. 이제야 그 동안의 수수께끼가 서서히 풀려 나갔다. 그것도 옥선이가 스스로 쌓았던 의혹을 풀기 위해 생각을 거듭해서 밝혀진 것이었다.

어느 날 내가 제비산이 바라보이는 개울가에서 빨래를 하고 있었을 때다. 내가 존경하던 임실 부인이 달려오셔서 "세상 일은 오래 살고 볼 일이지. 자네가 옥선이네가 언짢게 이사한 일을 그렇게도 마음 아파하면서 버선 목 뒤집어 보이듯 하지 못하고 끙끙 앓으며 오해 속에 살아오더니, 명천(明天) 하느님이 짙은 먹장구름을 훨훨 거두어 주셨다네."라고 나보다 더욱 좋아하시면서 자세한 이야기를 들려주셨다.

이제는 나를 오해하던 분들이 수저를 가져간 장본인을 자연스럽게 알게 되었다. 그 말을 듣는 순간 나는 묵은 체증이 시원하게 내려가는 듯 속이 텅 비면서 한편으로는 눈물이 줄줄 쏟아졌다. 세월이 약이라더니 정녕 그렇다.

내 눈물은 어떻게 표현할 수 있는 눈물일까? 그 이튿날 저녁 배문철 선생님께서 나를 찾아와 지난 일을 사과하셨다. 연세가 많은 어른이시니까 정말 나는 항상 조심하면서 대했던 분이셨다.

내가 겉으로는 집선생님의 음덕으로 나이가 많으신 어른들의 예우를 받고는 있었지만, 마음 속으로는 진정 어려운 분들이셨다. 그렇지만 그날 저녁에는 이런저런 어려움이 없었던 때보다 더욱더 정겹고 훈훈한 신뢰감이 쌓이는 기분이었다.

그 후 옥선이가 시집을 가게 됐다. 그 때만 해도 가난하고 어려운 시절이었지만, 나는 나름대로 힘이 닿는 한 정표를 했다. 또 몇 해가 훌쩍 지났다. 하루는 황수찬 선생의 부인이 옥선이가 경기도 의정부에 사는데, "장 사모님을 한번 뵈었으면 한이 없겠다."고 한다면서 옥선이의 전화번호를 준 일이 있었다. 내가 연락했더니 그 때 옥선이가 첫 아들을 낳아서 찍은 사진을 한 장 보내온 일이 있다.

세월이 또 얼마 간 흐른 후 내가 서울에 있던 둘째네 집에 가서 한 20일 가량 지내다가 용화동 집으로 오기 전날 저녁에, 문득 옥선이가 생각나서 며느리를 시켜 전화를 했다. 옥선이가 너무 놀라며 "여보, 여보."하고 자기 신랑을 부르면서 그 댁에 난리가 났다고 하더니, 얼마 후 둘째네 집 근처까지 찾아온 옥선이를 맞아들였다. 어디에서부터 무슨 이야기를 해야 할 지······. 두 내외가 번갈아가면서 이야기를 했다.

너무 오랜만의 만남이 너무 짧기만 하다고 불만이었다. 옥선이는 벌써 2남 2녀의 어머니란다. 고생도 많았지만 열심히 일해서 그 즈음은 꽤 행복하게 살고 있다고 말하면서 꼭 한번이라도 자기 집에 다녀가셨으면 했다.

그 후에도 서울 구로동에 있던 증산회관에서 옥선이 신랑을 다시 만난 적이 있었다. 모두들 옛 얼굴이 기억나지 않아 못 알아보는데 "제가 옥선이 신랑입니다."라고 말하며, 그 날도 자기 집으로 가자고 했다.

그 후 1991년인가 내가 의정부로 옥선이를 찾아간 일도 있다. 옥선이는 집도 새로 지었고, 큰딸은 출가해서 농협에 다녔는데 첫 아기를 친정어머니인 옥선이가 보살피고 있었다. 큰아들은 군청에 다니고, 둘째는 고려대학교 체육특기생으로 졸업했고, 막내딸은 모 대학 연극과에 다녔다.

옥선이는 막내가 너무 예쁘게 생겨서인지 "두툼하게 생긴 어머니가 낳지 않았지?"하고 묻는 이도 있다고 웃음을 지었다. 행복해 보여서, 참으로 흐뭇했다.

고생 끝에 낙이 온다는 말과 같이 남이 보기에는 쉬운 일 같지만, 그렇게도 인내심이 많고 부지런하던 옥선이였기 때문에 행복한 가정을 꾸릴 수 있었다고 생각하며 아쉬운 이별을 했다.

아이들 큰 어머니 이야기

내가 재취로 시집을 왔으니, 원래 집선생님께는 초취 부인이 계셨다. 그 분이 장남을 낳으신 다음 가졌던 둘째도 아들 쌍둥이였다고 한다.

옛날이었으니 집에서 출산했는데, 심한 난산에 산모는 까무러치고 시어머니와 산파도 너무나 지쳐서 깜박 잠이 들었다고 한다. 시어머니와 산파가 문득 정신을 차려 산모를 황급히 챙겼으나, 산모는 이미 저 세상 사람이었다.

재취로 들어가서 자식을 낳아 아이가 살개비(지금은 아기가 태어나자마자 차례로 예방주사를 맞지만, 옛날에는 아기가 세 살까지 성장하려면 73번이나 병치레를 한다고 했음)를 하면, 대부분의 부인들이 아는 이에게 물어보든지 혹은 무당을 찾아갔다. 그러면 반드시 첫째 부인의 말을 듣게 되어 굿을 하고 빌든지 간단한 푸닥거리를 하는 일이 일종의 상식처럼 알려져 있었다. 예로부터 나는 주변에서 종종 이와 같은 일을 듣고 보고 살아왔다.

당시는 나라를 잃은 울분에 찬 대다수의 지식인들이 뚜렷한 일
터도 없이 방황하다가 만주나 중국 등지에 나가던 시절이었으니,
집선생님도 예외는 아니었다. 집선생님의 행방을 묻는 형사들에게
불러 다니느라 경찰서에 사흘거리로 드나들었을 그 분이, 집에 조
용히 머물며 아이를 기를 수도 없는 형편이었단다. 여자의 몸으로
혼자서 모든 일을 감당해야 하니 기막힌 일도 많았으리라.

언젠가 집선생님이 집에 들렀더니 큰아들의 얼굴이 부석부석하
게 부었고 시름시름 앓고 있었다고 한다. 자세히 살펴보았더니 음
식 체한 것이 오래되어서 병세가 심상치 않았고, 결국 큰아들은 며
칠 후에 죽었다고 한다. 더욱이 어머니의 죽음과 함께 태어났던 아
들 쌍둥이도 생후 1년 정도 지나서 차례로 잘못 되었다고 한다. 결
국 집선생님은 불과 2년 사이에 사랑하던 네 사람을 모두 잃게 되
었으니, 참담하고 절통한 심정이야 어찌 말로 표현할 수 있었을
까?

나는 그 이야기를 전해 들으면서 소리도 내지 못한 채 한없이
울기만 했다. 그런 나를 우두커니 지켜보던 집선생님도 말없이 상
념에 사로잡혀 무언가를 생각하고 계셨다.

과연 내가 어떻게 해야 30여 년 전에 겪었던 집선생님의 저 뼈
저린 아픔을 조금이라도 보상해 드릴 수 있을까? 꽝꽝 얼어붙은 차
디찬 철판과도 같은 저 가슴을 뉘라서 녹일 수 있을까? 그 때 나는
불현듯 이런 생각이 났다. 내가 저 분의 자식을 낳아서 잘 키우는
것이 가장 먼저 할 일이라고…….

그런데 설상가상 격으로 내가 임신 5개월 만에 첫 아이가 유산

되었다. 아아! 내가 자식을 둘 팔자가 못 되어서 이런 일이 생기지 않았을까 라는 생각이 앞섰다. 가슴이 찢어지는 듯했고, 부란하고 아팠다.

그러나 속절없이 시간은 흘러 나는 1950년에 첫 아들, 1953년에 둘째 아들, 1957년에 셋째 아들 모두 합쳐 삼형제를 두게 되었다.

자식들을 기르면서 내 머리에서 떠나지 않았던 일은, 불행하게 살다간 아이들 큰어머니와 그 분의 자식들이었다.

그래도 나는 옛날 사람들처럼 자식들이 병이 나기만 하면 점치는 무당이나 찾아다니면서 푸닥거리를 해서는 절대로 안 된다고 생각했다. 나는 못 다 피고 짧은 삶을 살다가 가신 그 분들의 신명을 진정 마음 속 깊은 곳으로부터 우러러 모시고 기일 때마다 정성을 모아 명복을 빌면서 제사드렸다. 집선생님께서도 간절한 제문(祭文)을 지어서 제사지내며 읽기도 하셨다. 나는 그 분의 옷 한 벌을 곱게 지어서 벽에 깨끗이 모셔 놓고, 초하루와 보름날이 되면 조촐하나마 진지 한 상씩을 올리곤 했다.

당시의 일화 한 토막이 생각난다. 이사 온 지 1년이 지나도 방에 불이 잘 들지 않아서 방을 고치게 되었다. 건넛방에서 자고 있는데 어느 날 저녁에 집선생님의 한쪽 발이 내게 걸쳐졌다. 나는 잠결에 벌떡 일어나 소스라치게 놀라며 "저기 영옥이 큰어머님이 보고 계시지 않느냐?"고 소리쳤다.

그때 내가 가리킨 북쪽 벽은 가신 분의 옷을 모셔 두었던 곳이었다. 집선생님도 잠에서 깨어나 한참동안 나를 물끄러미 바라보시며 말을 잇지 못하셨다. 훗날 나는 집선생님께서 그때처럼 감격해 본 일이 없었다고 말씀하시더라는 말을 다른 사람을 통해 전해 들었다.

　나는 살아있는 인간이나 신명이나 같을 감정을 지녔을 것으로 생각한다. 산 사람도 진심으로 윗사람을 섬기면 약간의 허물이 있을지라도 용서하고 어여쁘게 본다. 그러나 막 보기로 나온다면 혼내주고 싶은 충동이 일어날 것은 당연하다. 나는 그런 생각을 하면서 팔자가 기박하여 이렇게 재취로 시집온 이상, 젊은 청춘에 세상을 하직했던 그 분을 집안의 조상으로 섬기는 일이 당연한 일이라고 여겨 매년 음력 3월 8일 그 분의 제삿날에 잊지 않고 정성껏 제

1968년 남주 선생 영결식 때 용화도장 앞에 선 만장들

사를 드렸다.

집선생님께서 타계하신 뒤 대문을 활짝 열고 벽에 모셔 두었던 그 분의 옷을 불사르면서 나는 마음 속으로 "무려 50여 년 동안이나 기다렸군요. 이제 청사초롱 불을 밝히고 남편 마중하러 나오셔서 오랫동안의 외로움을 떨쳐버리시고 부디 극락왕생하시옵소서." 라고 빌었다.

그토록 애절한 환송의 눈물을 흘린 일이 마치 어제인 듯하지만, 세월은 유수같이 흘러 벌써 36년이나 지났다. 인생은 참으로 무상하다.

슬픈 일이 있을 때마다 나는 이제 다시는 울지 말아야지 하고 천만번이나 다짐하면서도 또다시 울기만 한다. 무슨 사람이 눈물이 그리도 많은지, 타고난 성품은 바꿀 수 없나 보다.

나의 투병

1960년 전주 적십자병원 3층 29호실. 나는 2시간이 넘도록 등에 기브스를 한 채 누워만 있었더니 고통이 말이 아니었다. 휑하니 넓은 병실에 덩그러니 혼자서 누워있었다. 마치 다른 세상에 홀로 버려진 듯한 외로움이 엄습했다. 무엇보다도 내 마음을 무겁게 만드는 것은 집안에 대한 걱정이었다.

쉴 새 없이 찾아오는 손님 시중에, 당시 66세나 되는 집선생님과 어린 아들 삼형제…… 그리고 바깥일을 돌보아주시는 충직한 이씨 할아버지 등등 잠시라도 내가 없어서는 안 될 형편인데, 내 몸은 하루 이틀에 나을 증세가 아니었고, 이 일을 장차 어쩌면 좋을까? 내 마음은 애가 타서 미칠 것만 같았다. 차라리 이 모든 일이 꿈이었으면 했다.

용화동에서 원평을 거쳐 병원까지 70리 길을 하루가 멀다고 찾아오시는 집선생님을 바라볼 적마다, 내 입은 벙어리인양 그저 눈시울만 붉혔다.

집선생님께서는 좀체 말이 없었던 분이셨다. 내가 옆에서 시중드는 사람과 함께 있으니 주변을 의식하셨고, 수줍음도 많으셔서 내 손 한번 잡아주실 줄도 몰랐고, 말 한마디조차 제대로 건네시지 못하셨던 분이었다. 어떨 때는 보기가 딱했고 어떨 때는 야속할 정도로…….

집선생님께서는 안쓰럽고 측은한 눈길로 한 식경 정도 가만히 계시다가 그냥 묵묵히 일어나셨다. 문밖으로 나가시고 난 다음에야 나는 후회했다. 내가 먼저 자꾸만 무슨 이야기든지 꺼내야 했었는데, 다음에 오시면 필요없는 말이라도 자꾸만 지껄여야지, 내심 그렇게 다짐하곤 했다.

그런데 매일 똑같은 치료에 날짜만 속절없이 지나가고, 정말 속이 탔다. 옆방에 있던 위하수증 환자는 피골이 상접해서 입원한 지 불과 2주일만에 전혀 딴 사람이 되었다. 궁금해서 물어보았더니 전주 장안에 있는 유명한 곱추집 보신탕을 매일 천원 어치씩 사다 먹었더니 그렇게 좋아졌다고 대답했다. 나는 그 말에 혹해서 앞뒤 가리지 않고 생전 처음으로 보신탕을 조금 먹어보았다.

바로 그 다음날 집선생님이 병원에 오셨다. 때마침 내가 감기 기운이 있었나보다. 오비이락이었다. 나는 열이 나고 눈이 쑥 들어간 채 끙끙 앓고만 있었다. 집선생님께서 걱정하시며 도대체 무슨 음식을 먹었느냐고 물었다. 시중들던 처녀가 보신탕 먹은 이야기를 했다.

순간 집선생님의 안색이 일변했다. 그리고 아무 말씀도 하지 않으셨다. 원래 집선생님은 보신탕을 비상처럼 여기셨고, 더욱이 소양인 체질에는 열이 나는 음식을 금해야 한다고 평소에 강조하셨던 분이었다. 어차피 먹은 것이니 일단 체념하시고 야단은 안 하셨지만, 마음 속으로는 걱정이 태산인 눈치였다.

집선생님께서 주치의를 만나보고 가시려고 했는데, 마침 의사가 왕진을 가서 부재중이었다. 차편도 좋지 않은 때였으니 그냥 돌아가셨다.

그런데 바로 그날 밤이었다. 맞은편 침대에는 시중들던 처녀가 곤히 잠들어 있었는데, 나는 갑자기 열이 올라 숨이 차고 의식이 몽롱하여 정신을 가눌 길이 없었다. 등에는 온통 기브스를 한 상태였으니 가슴은 터질 듯했고 도저히 누워있을 수가 없어서, 이불을 끌어다 등 뒤의 벽으로 몰아놓고 간신히 몸을 의지하고 가물가물하는 의식을 지탱하고 있었다. 문득 바람소리 같은 전선 소리가 "횡~"하고 울렸다.

잠시 후에 내 귓가에 "여기는 예수 병원이요. 적십자병원 3층 29호실의 환자를 황급히 살피시오."라는 소리가 들렸다. 그와 동시에 "똑똑"하고 문 쪽에서 소리가 났다.

나는 간신히 "예……" 하고 대답했다. 병실 문이 슬며시 열렸다. 주치의가 오셨다. 의식불명으로 흐트러져 있는 내 모습을 보고 의사가 다가와서 어깨를 가볍게 흔들며 "많이 아프신가요? 잠깐만 참으세요. 좋은 주사를 놓아드리리다."라고 말하고는 바삐 나갔다.

이윽고 주치의가 간호원 한 사람과 와서 나에게 주사를 놓아주고 위로하고 돌아갔다. 그 때가 자정이 넘었다. 나는 어떻게 잠이 들었는지도 모르게 곤히 잠들었다가 새벽에 눈을 떴다. 물론 밥도 못 먹고 마치 넋이 나간 사람 같이 천장만 바라다보고 누워 있었다.

주치의가 아침 회진시간에 와서 어제 저녁에 이상한 일을 겪었다고 내게 말했다. 주치의가 왕진에서 돌아와서 사택 현관에 막 들어서는데, "29호실 환자"라는 말이 뇌리를 스쳐 곧바로 들어와 보았더니 내가 그처럼 혼수상태에 빠져 있어서 무척 당황했다는 이야기였다.

아마도 내가 어지러움 속에서 무슨 전화소리 같은 것이 들렸을 적이었나보다. 참으로 신기한 일이었다.

그때 집선생님과 어린 아들 삼형제와 전주에서 한의원을 하시던 최창헌(崔昌憲)선생님이 들어오셨는데, 병실이 가득했다. 집선생님께서 "어저께 보니 죽음이 눈앞에 닥쳤기에 당신과 밤을 함께 새워야 했지만……. 마지막으로나마 자식 삼형제를 보여주어야 하겠고, 또 불쌍한 어린 아들들에게도 어머니 얼굴을 보여줘야 하겠기에 집으로 갔었네. 막상 오늘 아침에 첫 차를 탔지만 과연 자네가 살아있는 얼굴을 볼 수 있을지 몰라서……"라고 말을 흐리셨다.

집선생님께서는 거기까지 말씀을 마치고는 체통 없이 흐르는 눈물을 감당키 어려워 손수건으로 눈물을 닦으시더니, 무릎에 있던 당시 4살 된 막내아들이 이상하게 여길까 더 이상 말도 잇지 못하셨다.

훗날 집선생님께서는 "일각이 여삼추"라는 말은 그때를 두고 하는 말인 듯했다고 회고하셨다. 그렇게도 조이는 마음으로 병원을 찾아오셨는데, 내가 눈을 말똥말똥 뜨고 살아있었으니 어리둥절하셨다는 것이었다. 지난밤의 일을 전해들은 집선생님께서는 기적이 일어났다고 하시면서 좋아하셨다. 동행한 최선생님은 성큼성큼 내게 다가오셔서 이불을 걷고 치마를 제치고 배도 만져보고 진맥도 하셨다. 그런데 그 모습을 감탄하듯이 바라만 보셨지 허구한 날 찾아오셔도 집선생님은 내 손도 한번 못 만지고 가시는 숙맥이셨다. 아이들은 그저 눈만 껌벅거리며 나를 지켜보았다.

아이들도 이제 어미와 떨어져 있는 생활이 꽤 익숙해졌는지 오히려 아버지 두루마기 자락에만 매달렸다. 귀여운 자식들이지만 얼마나 귀찮기도 하시랴 생각하니, 내 눈에는 또 눈물이 흘렀다.

사람은 자기가 어려울 때면 하늘을 우러러 보며 "하느님, 제발 살려주십시오." 하고 빈다. 신앙을 가지든 안 가지든 천지신명(天地神明) 전에 기도드리는 마음은 우리 민족 모두가 익숙해져 있나보다. 나 또한 그 중의 한사람이라고나 할까?

지극한 믿음은 못 드렸지만 그래도 하느님은 나를 저버리시진 않으셨나 보다. 얼마나 감격했던지. 또 시간은 흘렀다.

1주일에 한 번씩 자개미에서 큰 주사기로 물을 빼냈다. 그렇게 하고 나면 물이 고였던 자리가 홀쭉해졌다. 시간이 흐름에 따라 조금씩 졸졸 흘러내려 아낙네 젖통만큼 커졌다. 계속해서 그러니까 연이어 주사 바늘이 닿은 곳은 피부가 얇아져서 젖꼭지같이 조금 붉어졌다.

어느 날 물을 빼고 난 의사가 한참동안 그 상처를 처리했다. 결국 얇아진 피부가 터져버렸다. 잠시 후 의사가 피부에 걸려서 못나왔던 부스러기 뼈를 핀셋으로 일곱 개나 끄집어냈다.

소의 사골 뼈를 여러 번 고아서 먹고 나면 뼈에 작은 구멍이 생겨 만지면 바스러지듯이, 내가 움직일 때마다 척추 뼈가 상한 것이 바스러져서 물길을 타고 나왔던 것이다. 마치 하얀 쌀 싸라기 같았다. 그것도 어떤 것은 크고 어떤 것은 작았다. 의사선생님도 조심조심 찾아내서 끄집어냈다. 참으로 별난 병이 다 있다. 처음 겪는 희한한 일이었다.

나는 병원에 오래 있으니 입원비도 문제였고, 여러모로 어려움이 많아서 퇴원하려고 했다. 병원 측에서 극구 만류했다. 뼈가 부스러진 것도 다 나왔고 물주머니도 터지고 했으니, 10여 일 더 있는 것이 좋겠다고 했다. 결국 의사의 지시대로 더 머물렀다.

5.16 군사혁명이 일어나던 날이었다. 내 물주머니 상처는 좀처럼 낫지 않았다. 염증이 생길 새라 의사가 가끔 심지를 갈아 넣어주곤 했는데, 심지 길이가 한 뼘이나 되었다. 심지를 한번씩 갈아 넣으면 살을 갉았기 때문에 상처가 난 곳이 소금을 친 듯 쓰리고 따가웠다. 또 화장실에 가려면 수건에다 솜을 싸서 공처럼 뭉쳐서 상처를 감싸주어야 했다. 그렇지 않고 힘을 주면 창자가 나올듯한 느낌이었다. 그 해 여름 내내 얼마나 고생스러웠는지 생각조차 하기

싫다.

무려 1년이 지나서야 상처가 아물었다. 내가 병원에 있던 동안 팔자가 기박해서 중년시절부터 산 속 절간에서 무려 16년 동안이나 청수를 올리며 빌던 장수(長水) 부인이라는 보살이 증산교를 믿게 되어 우리 집에서 아이들을 보살펴주었다.

그 장수 부인이 어느 날 큰아이와 둘째아이가 주고받은 말이라고 전한다. 어머니가 돌아가시면 너와 나는 콩쥐 팥쥐 신세가 된다고 하니 아무리 아프셔도 오래만 살았으면 좋겠다고 했단다.

어느 때는 둘째아이가 "우리는 어머니가 안계시니 내 발이 까마귀 발 같다."고 했더니, 큰아이가 "이놈아, 아버지 계시는데 그런 말을 하면 어찌 하누. 안 계실 적에 씻어달라고 해야지"하고 나무랬다고 한다.

아이들이 봄 소풍을 가는 날, 집선생님이 계란 몇 개를 없애도 도시락을 제대로 못 싸니, 아이들이 "어머니가 안 계시니 계란오므라이스도 못 싼다."고 잔소리했다면서, 장수 부인은 그때 집선생님의 마음이 얼마나 아프셨을까 하고 마음 아파했다.

그 때 우리 집에서 일하셨던 이씨 할아버지는 앞마당에 땔나무를 많이 해다 쟁여놓고, 밤마다 주문을 읽으며 나의 쾌유를 빌며 기도드렸단다. 이씨 할아버지께서는 "안주인이 없으니 양식도 나무도 무엇이든지 갑절이 든다."면서 나를 애타게 기다렸다고 한다. 나는 그 말을 전해 듣고 얼마나 고맙고 감격스러운지 가슴이 뿌듯했다. 내 삶은 주변 사람들의 아낌과 기도에 힘입은 바 크다. 내가 이렇게 오늘날까지 살아온 것은 오직 가족과 여러 교우님들의 정성의 결실이 아닌가 생각하며, 오늘도 하느님께 감사드린다.

도깨비 이야기

1961년 음력 6월 화천절 치성을 지낸 후의 이야기다. 우리 식구가 옥성광집에서 살던 때였다. 어느 날 저녁 구 성전에서 청수봉안을 하고 방문을 열었더니, 큰아들 영옥이와 임실 부인의 딸 순이가 "누구요?"하며 깜짝 놀랐다. 사유를 물었더니 순이가 우물에서 물을 긷는 두레박 소리가 들리기에 당시 큰댁에 있던 영자가 아니냐고 물어도 대답이 없었단다.

그 무렵 신심이 돈독하셨던 이춘성씨라는 할아버지께서도 저녁에 마을에 갔다가 집에 돌아오면 광에 불이 훤히 켜져 있어서 가보면 아무 것도 없다는 말을 하셨다. 한번은 내가 둘째 영석이를 재워두고 큰댁에 갔다가 한식경이나 있게 되었다. 나는 갑자기 아기가 걱정이 되어 큰댁에서 질녀인 미사한테 아기가 깼는지 가서 보고 오라고 심부름을 시켰다. 질녀가 우리 집에 가 보았더니 아기 울음소리가 나지 않자 그냥 돌아와서 내게 아기가 잘 자고 있다고 말했다. 나는 안심하고 큰댁형님과 이야기하다가 집에 와서 보니 영석이가 잠자던 자리에 아이는 없고 그대로 빠져나온 흔적만 있었다.

내가 놀라 행랑방에 살던 배문철 선생의 딸 옥선이를 불렀더니, 옥선이 할머니께서 "자요."라고 하셨다. 나는 그 말이 "없소."라고 들려서 아마 영석이가 깨서 울고 있으니까 옥선이가 아이를 데리고 이웃집으로 놀러간 줄 알고 바느질을 하고 있었다. 조금 후 옥선이가 와서 "사모님, 저를 왜 찾으셨어요?"라고 묻기에, 나는 무심코 "애기 데려오너라. 젖을 먹여야 된다."라고 대답했다. 옥선이가 갑자기 "아니, 애기라니요? 저는 잠자다가 지금 막 일어났는데요?"하면서 울음을 터트렸다.

나는 그때서야 굉장히 놀라서 우선 울타리 안에 있던 깊은 우물가에 가서 아기가 빠진 흔적이 없나 살펴보았다. 너무나 놀란 나머지 정신을 차릴 수 없어 허둥대기만 했다.

나는 "이래서는 안된다. 침착해야지."라고 생각하며, 먼저 마음의 여유를 찾으려고 세수한 다음 청수를 올리고 마음의 안정을 찾

1961년 민족신앙총연맹 결성식 때

았다. 그리고는 들을 훑어보며 앞산에 올라가 나무하던 사람에게 "혹시 이만한 어린아이를 못 보았습니까?"라고 소리를 질렀다. 그러자 나무하던 동네 분이 쫓아내려 와서 논둑 가에 있는 길을 가리키며, "여기 어린아이 발자국이 있네요." 라고 말했다. 내가 내려다보니 과연 어린아이 발자국이 있었다.

때는 음력 12월 14일 오후였다. 진눈깨비가 많이 와서 땅이 약간 질면서도 살짝 얼어있었다. 양말은 신었지만 신발은 신지 않은 발자국이었다. 아기 발자국이 난 길을 따라 조카가 먼저 달려갔다. 논가의 언덕 밑에 있던 조그마한 방죽에 혹시 아기가 빠졌나 해서 보았더니, 얼음이 깨트려진 흔적이 없었단다. 조카가 위쪽으로 더 올라가려는 순간 어디선가 "애~"하는 아기소리가 들려서 살펴보았더니, 아기가 돌더미에 올라가려다가는 못 올라가고 답싹 앞으로 엎어져서 얼굴이 파랗게 얼어서 기진맥진해 있었다고 했다.

조카가 영석이를 겨우 발견해서 안고 돌아오는데 내가 받아서 추스르려하다가 그만 땅에다 떨어뜨렸다. 영석이는 더욱더 사색이 되고 말았다. 집으로 돌아와서 내가 멋모르고 젖을 물렸더니, 앞니가 몇 개 났었는데 내 젖을 꼭 물고 놓지 않고 바들바들 떨었다. 나는 젖꼭지가 금방 떨어지듯이 아픔을 느껴 결국 모자가 함께 정신을 잃을 정도였다. 얼마가 지나자 간신히 아기가 입을 벌려 젖을 놓아주었지만, 나는 맥이 풀리고 너무 놀라서 시야가 흐려졌다.

이밖에도 그 무렵 큰아이가 잠자다가 깜짝 놀라 깨어나서는 머리맡에 무엇이 있다고 말하기도 했다. 이상하게도 이런 변괴가 집 선생님이 출타하고 계시지 않았을 때만 일어났다.

한번은 화천절 치성을 지낸 후 찌는 듯 한 무더위 때문에 대청마루에 모기장을 치고 서헌교, 배동찬, 한진권, 송석우 네 분 선생님들께서 주무셨다. 한 선생님의 꿈에 키가 큰 사람이 성큼성큼 자던 사람을 넘어오면서 바지춤에 넣어놓았던 노잣돈을 빼내려고 해서 깜짝 놀라 일어나셔서 "내 돈, 내 돈!"라고 외쳤다. 그러자 배 선생님이 "아니, 이 양반이 실성을 했나? 왜 이러시냐?"고 소리쳐 모두들 잠이 깼고 일대소동이 났다.

그 무렵 김종호 선생도 사랑방에서 주무시다가 화장실에 가려고 마루에 나왔더니 머리끝이 쭈뼛해지기에 앞을 바라보았더니, 키가 큰 남자가 토방에 우뚝 서 있더란다. 담이 크다고 장담하시던 김 선생님도 선뜻 내려올 수가 없어 어쩔 수 없이 그만 옷에다 실수

1961년 민족신앙총연맹 결성식을 마치고

를 한 적도 있다고 말하면서 그 집은 터가 아주 센 집이라고 술회하신 일도 있었을 정도였다.

이밖에도 갖가지 일들이 일어났다. 내가 병이 나서 입원을 하는 등 무수한 고초를 겪었다. 옛날에 그 집터는 모시밭이었다고 했다. 옛말에 "모시밭에 집을 지으면, 결국은 그 집이 헐리게 된다."고들 말했다. 더군다나 지신(地神)이 갑자기 발동을 했는지, 긴 짐승이 수없이 사람들 눈에 뜨이곤 했다. 무더운 여름밤 방문을 열다가 손에 섬뜩하게 닿는 것이 얼음같이 차서 놀라 자세히 봤더니 기다란 짐승 꼬리였다. 얼마나 놀랐던지…… 어떤 교인이 막대기로 내려쳤더니 "탕"하는 소리와 함께 떨어졌는데 꽤 긴 것이었다. 목욕간에도 나타났고, 마루 밑에도 있었고, 정말 헤아릴 수 없을 정도였다.

그 뿐만이 아니었다. 마침내 엄청난 변괴가 일어났다. 그때는 구 성전의 청수봉안을 내가 올릴 때였다. 청수를 봉안할 때 쯤이면 어김없이 청음 선생님께서 나오셨다. 그때 이빈연 선생께서 청음 선생님을 보필하고 계셨다. 겨울이었으니 아침에 청수를 올릴 때는 주변이 분간되지 않는 어두컴컴한 이른 새벽이었다. 내가 막 사배(四拜)를 올리려는데 갑자기 "쾅"하는 큰소리가 났다. 그러더니 번개불처럼 번쩍하고 어두운 대청바닥에서 검은 물체가 움직였다. 내가 너무 놀라서 이 선생 뒤에 숨어서 바들바들 떨고 있으려니, 이 선생님이 "대명이오?"하고 반문하셨다. 나는 말문이 막혀서 대답도 못했다. 이 일이 있은 다음 청음 선생님은 몹시 우울해하시며 더욱 말씀이 없고 걱정하셨다. 집선생님도 그러셨고, 나는 아무 것도 모르는 상태에서 우울했다.

길운이 아닌 흉한 쪽으로만 생각했더니 그랬던지, 이듬해 임인년에 구 성전의 옥성광집(9자 12칸으로 몸채가 9자 오칸, 아래채가 4칸, 헛간채가 3칸, 문간채가 딸린 초가집이었음.) 거대한 건물을 헐게 되었는데 막대한 인부가 소요됐다. 마침내 집을 헐게 되어 우리 권속들은 도장의 방 하나를 치우고 이사를 준비했는데, 집선생님만 제외하고 4모자 모두 병이 나서 인사불성이었다. 지금 생각해도 아득하고 몸서리쳐진다.

친정어머님께서 와보시고 "사람이 사는 집이 이렇게 생겼으니, 가모(家母)가 평안할 수 없지."라고 몹시 걱정하셨다. 1957년 내가 그 집에 살았을 때 31세였는데, 임신중독증과 더불어 늑막염이 들어 영 가망이 없었다. 그때 집선생님께서 나의 친정어머님 즉 당신의 장모님께 영옥·영석이 형제를 좀 보살펴 달라는 내용의 편지를 보내셨다. 그랬더니 친정에서는 내가 죽었다고 말하면 안 오실 것 같으니 병중이라고만 했다고 추측한 친정아버님의 편지가 왔다. 그 편지의 내용이 너무나 대범하고 태연해서 지금도 내 머릿속에 기억이 난다. 첫 마디가 "내 여식의 죽음은 타고난 운명의 일이요. 그러나 남주(南舟)는 부디 슬픔을 이기고 용기를 내어 다시 좋은 반려자를 맞이하여 영옥이 형제의 양육을 맡기고 성업(聖業)에 조금도 소홀함이 없도록 힘쓰기 바라오."라는 것이었다.

당시 우리와 함께 생활하시던 고석봉 선생님이 그 편지를 보시고 감탄하시며 "이러한 어른이시니 곱게 키운 따님을 남주선생님께 출가시키셨지. 만일 지금이라도 남주 선생님이 상처(喪妻)하신다면 어디 그렇게도 쉽게 부인을 다시 맞이하시겠느냐?"고 수없이 칭찬을 아끼지 않으셨다.

그 편지를 뒤이어 나의 바로 아래 남동생인 상달이가 전주역에 내려와서 조급히 한병주 선생님 댁에 가서 "우리 누님은 세상을 떠나셨지요? 바른대로 말씀해주세요."라고 애절하게 호소했다고 한다. 보는 이로 하여금 눈시울을 적시게 했다고 훗날 한 선생님의 부인 박기순 여사가 술회했다.

어쩌다가 나는 과연 사람이 사는 보람이 무엇인가하고 옛 생각을 떠올려보기도 한다. 어쩌면 자신이 타고난 고생이나 업(業)을 모두 벗고 떠나가야지, 그것을 이 세상에 남기면 그 누군가가 또다시 이어받게 되지 않나 싶다. 그리고 인생에는 즐거움보다는 고달픔이 더 많다고 생각한다.

잠깐 다녀오신다고 출타한 집선생님이 1주일간 감감무소식

1963년 계묘년 스산한 바람이 불고 날씨가 고르지 못한 초겨울이었다. 집선생님이 전주에 볼 일이 있어 잠깐 다녀오신다고 나가셨다. 그런데 웬 일인지 하루 이틀이 지나도 오시지 않는다. 사나흘이 지나면서는 견디기 어려울 만큼 방정맞은 생각만 들고, 이상하게 불안했다.

철부지 아이 삼형제와 심부름하는 소녀하고 함께 지냈는데 밤이 되면 더더욱 못 견디게 금방 대문을 두드리면서 뭔가 좋지 않은 전갈이 있을 것만 같았다. 좌불안석이었다. 그렇게 경황이 없어 보기는 그 때가 처음이었다고 기억된다.

어느새 1주일이 흘렀다. 도저히 참을 길이 없어 예전에 도장에 사시다가 쌍룡리로 이사가셨던 교회 간부이신 홍기화 선생님께 알렸다. 홍 선생님이 전주에 나가서 교인인 한병수 선생님 댁에 가서 상황을 알아 오시기로 했다. 그런데 이상하게도 해가 서산에 걸쳐 겨울 해가 저물어가도록 홍 선생님도 무소식이었다. 일각이 여삼추 같고, 안절부절하며 피가 마르는 것 같았다. 나는 갑자기 사지가 떨려서 견딜 수 없었다.

그 날은 웬 일인지 바람도 몹시 불었다. 정신은 산란한데 바람 때문에 대문이 삐그덕 소리가 요란하여 빗장을 단단히 걸어놓았다. 그런데 난데없이 대문을 두드리는 소리가 나서 내가 황급히 달려 나왔더니, 대문 밑으로 집선생님의 바지자락이 보였다. 나는 넘어질듯이 달려가 대문을 열고는, '픽' 하고 주저앉아 잠깐 정신을 잃었다.

그러자 오히려 놀란 사람은 내가 아니라 집선생님이셨다. 아이들이 달려나오고 소녀가 나와서 조잘거리는 소리를 듣고서야, 집선생님은 "아하, 내가 큰 실수를 했구나."라고 말씀하셨다. 원래 눈물이 흔한 나는 지난 며칠 동안의 슬픔이 마치 큰 비가 온 뒤 봇물이 터져 흐르듯 눈물을 쏟아냈다.

사람은 참 이상하다. 뭔가 일이 생기면 왜 즐거운 쪽으로 상상할 줄은 모르고 그다지 좋지 않은 쪽으로만 생각하게 되는지…… 내 마음에 여유가 없고 수양이 모자라서 그럴까?

집선생님은 "내가 이 나이를 먹도록 살아도 생각이 미치지 못한

데가 많으니……"라 하시면서 몹시 후회하셨고, 짧은 기간이지만 내 마음을 상하게 했던 일을 몹시 안쓰럽게 여기는 모습이 역력했다. 그때는 전화도 없었지만 내 입장에서는 집선생님께서 간단한 엽서 한 장만 보냈어도 하는 마음이었다.

사정인즉 집을 나서자마자 집선생님을 뵈러 오는 심부름꾼을 만나서, 갑자기 서울로 가야 할 일이 생겨 다녀왔다고 하셨다. 집에 와 보니 자신의 잠깐 동안의 실수가 온 집안을 걱정 도가니로 몰아넣은 격이 되었다며 얼마 지난 후에서야 자세한 이야기를 하셨다.

집선생님은 "이제 두 번 다시는 이런 일이 없을 것"이라고 다짐하시며 껄껄 웃으셨다. 나도 반성했다. 사람이 좀 여유를 가지고 살아야 하는데 하고……. 하지만 이런 생각은 일이 지난 후에야 나는 생각이었지, 그 당시는 어쩔 수 없었다.

더욱이 집선생님의 소식을 알아보러 전주로 심부름 가신 홍 선생님마저 귀로에 쌍룡리에 있는 보화교에 들러서 한가하게 이야기를 나누고 늦게야 오셨던 것이었다. 뒷날 집선생님께서는 홍 선생님과 담소하시며 자신들이 더욱 어처구니가 없다고 술회하셨다.

친정아버님의 타계

1964년 갑진년 음력 10월 24일은 친정아버님께서 유명을 달리 하신 날이다. 어려서부터 나는 어머니보다 아버지를 더 따랐었다. 전날 새벽 2시경에 꾼 꿈이 이상했다. 마침 집선생님은 손님이 오셔서 사랑방에서 주무셨다.

꿈에 하늘에서 발가벗은 어린 아이가 내려와 우리 집 마당 한 복판에 앉았다. 또 부엌 평상 아래 양쪽에 도랑이 생겼는데, 그 도랑으로 맑은 물이 보기 좋게 졸졸졸 흘러내렸다. 그리고 우물에서 내려가는 시궁창 물은 약 7~8미터 떨어져 흙을 깊이 판 곳으로 흘러내렸고 그 위에는 평지가 있었다. 그곳에 큰 구멍이 생겨나더니 아주 탐스러운 제법 큰 숫 송아지 한 마리가 갑자기 튀어 나오더니, 내가 어찌할 겨를도 없이 달려들더니 앞발로는 내 양쪽 어깨를 감싸고 뒷다리로는 허리를 조여 꼼짝달싹 하지도 못하게 만들었다. 그 순간 나는 놀라 잠을 깼다. 너무도 생생한 꿈이었다.

시계를 보니 2시는 훨씬 넘었고 3시는 못 되었다. 축시(丑時)였다. 꿈이 너무 이상하다 싶어서 나는 더 이상 잠을 이루지 못하고 날을 샜다. 조반을 먹은 후 손님이 떠나가시고 내가 집선생님께 그 꿈 이야기를 해 드렸더니 심상치 않으신 듯하셨다.

얼마 후 내게 급전 한 장이 도착했다. 순간 나는 어쩌면 친정아버님께서 돌아가신 것이 아닐까라는 예감이 머리를 스쳤다.

꿈에 보았던 아이가 내려왔던 자리는 마당 한 복판이었다. 그래서 나는 짚을 열십자로 깔고 정화수를 올린 다음, 머리를 풀어헤치고 북향재배를 올렸다. 하염없이 흘러내리는 내 눈물은 그칠 줄을 몰랐다.

그런데 참으로 이상했다. 출가한 지 16년 만에 처음으로 친정 나들이를 다녀온 바로 이듬해에 아버님이 타계하셨던 것이다. 당시 교회 간부였던 배동찬 선생님이 나의 친정나들이 동행을 자청하시면서 집선생님께 "사모님이 친정에 한번도 못 가보고 만일 부모님이라도 세상을 떠나신다면 자손대대로 한이 맺힐 테니 부디 선생님이 허락하십시오."라고 청하셨다. 그래서 나는 친정나들이를 할 수 있었다.

배 선생님은 포교하러 지방을 순회하실 때 예고도 없이 나의 친정이 있던 경북 울진에 들리신 적이 있었는데, 너무나 정성스럽고 따뜻한 대접을 받았다고 하셨다.

친정아버님 상을 당했을 때 우리 집안 형편은 집선생님과 내가 함께 집을 비울 수 있는 상황이 아니었다. 그래서 이번 기회에 처가에 못 가시면 아마 영영 못 가실 것이라고 생각되어, 나는 집선생님께 혼자 다녀오시라고 말씀드렸다.

당시는 교통수단이 좋지 않았고 너무 멀어서 이틀낮 하룻밤이 소요되었다. 그 때 집선생님의 연세가 69세였다. 머나먼 길에 무척이나 고생하셨다고 한다. 장가드신지 무려 17년 만에 처음으로 처가에 가신 셈이었다. 참으로 기막힌 일이 아닐 수 없었다.

나의 친정아버님은 원래 선영을 섬기는 정성이 남달랐다. 주변 상황이 여러 모로 좋지 않았던 일제(日帝) 때도 굳이 사설 묘지를 설정해서 조상님들의 묘역을 한 자리에 마련하셨을 정도였다. 그러니 생전에 당신의 가묘를 직접 정해 놓으셨다.

자식들 입장에서는 친정아버님이 직접 정해 놓은 자리에 모실 작정이었다. 그런데 집선생님께서 보시기에 그 자리가 아주 몹쓸 자리로 여겨졌다고 한다. 친정아버님의 팔촌 동생이 되는 아저씨가 시골 지방에서 꽤 알려진 사람이셨다. 그 아저씨는 정신수련법

293

도 연구하고 풍수지리에도 제법 식견이 있으셨던 분이었는데, 그 분도 우리 집선생님의 말씀에 동감하셨다고 한다. 그래서 땅을 깊이 파지 않고 묘를 썼다가, 바로 옮기기로 했단다.

내 꿈은 참으로 묘했다. 친정아버님의 부음을 받던 전날 밤 꿈에 시궁창 물이 흘러내려가는 곳에서 소 한 마리가 튀어나와서 내 어깨를 짓누른 것은 그 자리가 영원한 묘자리가 아니었음을 예시해 준 것이었다. 그래서 결국은 집선생님이 장례에 참석하여 애초에 잡았던 묘 자리의 결함을 지적하지 않았나 하는 생각이 들었다.

부녀지간에 멀리 떨어져 있어 몇몇 해가 지나가도록 상봉조차 못하고 세월이 지나갔지만 천륜이 참으로 깊었던 듯하다. 남들은 몰라도 가슴 깊이 사무쳐 있는 인간의 잠재의식은 고래 힘줄보다 더 질기고 힘이 있다는 사실이 새삼 사무쳐왔다.

그래도 나는 작년에 친정에 가서 아버님을 뵙고 왔기 때문에 조금은 슬픔의 깊이가 덜했다. "딸자식은 출가외인"이라는 말이 진정 옳은 듯하다. 나 같은 사람은 말만 부모자식이지 무엇 하나 딸 노릇한 기억이 없었다. 나는 친정아버님께 항상 슬픔만 안겨 주었으니, 얼마나 불효한 자식인가? 남들은 지극한 효도를 하고도 모자란다는데 라고 생각하니 가슴이 미어졌다.

나는 가을이 오면 먼저 친정아버님과 어머님 생각이 난다. 9월이면 어머님 기일이, 그리고 10월이 되면 아버님 기일이 닥쳐오니까……. 생전에 못한 효도가 가슴에 사무쳐 나는 살림이 아무리 어려웠어도 두 분의 기일이 다가오면 친정 오빠 집으로 소고기 한 근 값은 꼭 보냈다.

지난 1974년의 일이었다. 내가 금산면 단위농협에서 새마을 부녀회장으로 있을 때였다. 바쁜 나날을 보내다 보니 부모님 기일이 이틀 후로 다가왔다. 그래서 2천원을 전신환으로 송금했더니, 한달이 지나도 오라버니한테서 소식이 없어서 내가 다시 편지를 올렸다.

그때서야 오라버니가 우체국에 돈을 찾으러갔더니 "기한이 다 되어 다시 본처로 돌려보냈다."는 말을 듣고, "참 잘된 일이다. 어린 자식 삼형제를 데리고 누이가 고생이 심할 텐데, 이제는 친정부모 기일에까지 신경쓰지 않았으면 했는데 다행이다."라는 내용의 서신을 보내왔다.

1975년 종남산 송광사 자유의 집에서 여성지도자 세미나 때 도지사에게 방위성금을 전달하는 모습

나는 한참동안 멍하니 오라버니의 모습을 떠올려 보았다. 온몸에 찌릿하니 전율이 느껴진다. 혈육의 정이란 이런 것일까? 무어라 형언할 수 없는 그리운 마음이 애틋했다.

언젠가 『오늘을 살고 있는 인물집』이라는 책을 뒤적이다 보니 내가 나온 지면과 불과 3장 사이에 퍽 낯이 익은 분의 사진이 있었다. 자세히 보니 친정오라버니셨다.

얼마나 반가웠던지 당장 편지를 드렸더니 오라버니도 놀라 반가운 서신을 주셨다. 오라버니는 선대에서 닦아 놓으신 터전이라, 울진 지방을 떠나서는 살지 못할 것이라 말하셨다.

나의 친정아버님께서는 시골에 사셨던 평범한 선비였지만 사려가 무척 깊으셨다. 내가 아홉 살 때 겪은 일이어서 지금도 기억이 난다.

친정아버님은 첫 부인을 상처하시고 나의 어머니를 재취로 맞으셨다고 한다. 그런데 어쩐 일인지 어머니께서도 24세가 되도록 태기가 없어 아버님이 체념하고 양자를 들이려는데, 마침 어머니가 첫 아들을 낳으셨단다.

당신이 그렇게 어렵게 본 불과 13세의 어린 아들을 가문을 잇는다는 명분을 내세워 다섯 살 연상인 색시에게 억지로 혼인을 시켰다. 그 후 오라버니가 나이가 들어서 다른 처녀에게 장가를 들려고 했다. 친정아버님이 완강히 반대했지만 소용이 없었다.

그래서 친정아버님께서는 사돈어른에게 이왕지사 일이 이렇게 되어 어쩔 수 없으니, 아들은 다시 장가들게 하고 며느리는 아들이 한 명 있으니 내가 데리고 살겠다고 설득하셨다. 사돈어른이 어렵

1976년 새마을부녀회 회장으로 재직시 김제군수에게 저울을 받는 모습

게 구두로 승낙을 해주셔서 그렇게 일이 추진되었다. 그러나 결국
은 올케네 친정댁에서 법원에 그 일을 고소해 버렸다.

울진경찰서에서 친정아버님과 어머님을 호출하였다. 당시 사법
주임이 며느리에 대해 하실 말이 있으면 하라고 했지만, 친정어머
님은 완강하게 거부했다. "내 목에 칼이 들어와도 내 며느리에 대한
말을 좋든 싫든 법관에게 말할 수는 없다."고 단호하게 거절했다.

그래서 친정아버님과 오라버니는 벗어날 길이 없어서 그 당시
강원도 강릉검찰청으로 압송되었다. 송치되던 때 나는 불과 여덟
살이었다.

창이 넓은 밀짚모자를 쓴 오라버니는 머리를 숙이고 친정아버

님 뒤에 가만히 앉아있었고, 경관이 눈이 벌겋게 충혈이 된 친정아
버님의 회색 세-루 두루마기 옷고름을 떼어서 내게 주었다. 나는
어렸지만 몹시 마음이 아팠다. 조심조심 집으로 들어왔더니 어머
니께서 손가락 하나도 움직이지 않고 몇 시간을 한 자리에 앉아계
셨다.

울진 장안에 있던 원근 친척들까지도 동요되었고, 온통 비통에
휩싸였었다. 새벽마다 어머니께서는 목욕재계하신 다음 장독대에
정화수를 올리고 빌고 또 빌었다. 어느 날 전보 한 장이 날아왔다.
무죄 석방이란다. 마치 큰 경사라도 난 듯 안도의 인사차 우리 집에
친척들이 장꾼처럼 모여들었다.

후일에 친정아버님께서 "재판 전날 꿈에 최치원(崔致遠) 선생이
나타나셔서 단장으로 콘크리트 바닥을 탕탕 치시며 '장모(張某), 그
대는 어찌하여 이런 못 올 데에 왔느냐? 빨리 나오지 못할까?'라고
호통을 치시더구나. 추상같은 호령에 깜짝 놀라 깨어보니 꿈이지
뭐냐?"라고 말해 주셨다.

친정아버님께서 이상하다고 여기고 곰곰이 꿈에 대해 생각해
보았더니, 몇 년 전에 아버님께서 울진 지방의 뜻있는 선비들과 함
께 성금을 모아 최치원 선생의 사당을 건립하고 유지할 수 있는 땅
을 마련했던 일이 기억났다고 한다. 그 공적이 신계(神界)에 사무
쳤던지 틀림없이 유죄 판결이 날 것으로 짐작했는데, 천만뜻밖에
구원의 손길이 뻗쳐서 일이 잘 해결되었다고 생각하셨다.

또 아버님께서는 훗날 "아들이야 부모 뜻에 순종해서 어린 나이
에 장가들었다가 연분이 아닌 사람이 싫어서 다시 장가간 죄로 징

역을 좀 살았다고 해서 세상을 못 살아 갈 일은 없었을지 모르지만, 나는 얼마나 망신이었겠느냐? 만일 유죄로 판결되면 그 자리에서 혀를 물어 자결할 각오였다."고 술회하시며, 그 때 우리 가문의 운수가 하늘에 닿아 무사했었던 것 같다고 말씀하셨다.

친정아버님이 세상을 하직하신 때를 떠올리며 옛 기억을 되살려보니, 또다시 마음이 아팠던 그때 일이 생각나 가슴이 아려온다.

산조인 이야기

우리 집의 유일무이한 재산 목록 제1호라고나 할 산조인(酸棗仁)에 얽힌 희비의 쌍곡선 같은 이야기가 너무나도 많다. 1956년 충남 서천지역에서 한의원을 경영하시던 김후곤(金厚坤) 선생님이 우리 집 사랑방에서 반년 동안 생활하신 적이 있었다.

그때 김후곤 선생님이 산조인이라는 한약재는 국내에서는 전혀 생산되지 않아 중국에서 전량 수입해 오는데, 1근에 7천원이라고 알려주셨다. 산조인을 날 것으로 먹으면 잠이 쉽게 오고, 볶아서 먹으면 잠이 오지 않기 때문에 정신질환자에게 매우 유효하게 쓰이는 약이라고 설명하셨다.

중국 본산지에서 산대추의 대추씨인 인(仁)이 필요한데, 본방(本方)에 보면 산대추와 이파리와 섞어서 30시간 이상 쪄서 말린 다음 지핵을 한 인(仁)이 쓰인단다. 그런데 중국과 우리나라는 기후풍토도 다르고 더구나 찐 것은 발아도 될 수 없었으니, 그 누구도

산대추나무

감히 시도해 본 사람도 없다고 덧붙이셨다.

집선생님과 김후곤 선생님 두 분이 오랫동안 의논한 끝에 고가 (高價)라 한꺼번에 다량(多量)은 시험하지 못하고, 산조인을 1홉씩 사다가 마치 콩나물 콩을 불리듯 물에 푹 담갔다가 건져 헝겊을 덮어서 아랫목에 따뜻하게 간수했다. 그랬더니 수십 개 아니 수백 개 가운데 3, 4개 정도 하얀 싹이 텄다. 그러면 두 분은 희귀한 것을 발견한 듯이 환희에 넘쳐 화분에 조심스럽게 옮기셨다.

이듬해 봄에 화분에 핀 산대추 묘목을 다시 마당에 있는 화단으로 옮겼다. 겨울에는 혹시 잘못 될까 싶어 나무뿌리를 왕겨로 싸주었다. 그 다음에서야 주변에 쉽게 성장할 수 있는 자리에다 다시 옮겨 심었다. 이런 식으로 3년간 애써 키운 산대추나무가 약 15 그루 정도 되었다. 그 후 1963년에 내가 내전(內殿)으로 이사하면서 산대추 나무를 또 옮겼다. 그러니 산대추나무를 세 번이나 이식한 셈이다.

묘복 기술자가 능숙하게 옮긴 것도 아니어서 그 산대추나무는 뿌리가 유난히 길었다. 작업하는 분들이 나무를 아무렇게나 다루어서 큰 나무가 착근이 되기까지 많은 시간이 소요되었고, 따라서 산대추 열매를 수확하기까지도 대단히 오래 걸렸다. 그래도 꽤 여러 그루가 되니까, 수확한 산대추를 나무토막에다 놓고 쇠망치로 때리면 씨가 수확되었다.

처음에는 자꾸만 산조인 즉 산대추 씨앗에 상처가 생겼다. 하지만 산대추씨를 무른 나무토막 위에 놓고 때리니까 차차 씨 크기만큼 나무토막에 자욱이 생겼다. 바로 그 자욱 속에 산대추를 넣어서 때리면 튀어나가지도 않고 상처가 나지 않아서 안성맞춤이었다. 그 산조인은 빈대 크기만큼 작다. 그렇게 어렵게 깐 씨를 물에 담아서 춘분 무렵에 파종한다.

이곳 용화동의 땅은 사질토(沙質土)여서 비가 오더라도 3일만 해가 나면 바짝 건조해졌다. 그러니 산조인에 짚을 덮은 다음 약 40일 동안 계속 물을 주면 싹이 난다. 그래도 산조인은 발아율이 아주 저조해서, 30%도 못 된다. 그러니 처음에는 애써 깐 종자만 많이 버렸다. 그래도 수확한 종자를 전부 파종하니까, 산대추나무 묘목의 수가 점차 많아졌다.

요즘 같으면 매스컴을 타서라도 선전이 되었겠으나, 그냥 입에서 입으로 알려질 수밖에 없었다. 산조인에 혹시 관심있는 분들이 문의도 했고, 어떤 사람은 5주 또는 50주씩을 사다가 직접 심어보기도 했으며, 또 어떤 이는 선전해 주겠다고 그냥 가져가기도 했다

그러던 중 용화동 유지 가운데 한 분이 모(某) 국민학교 교장선생님과 함께 우리 집에 찾아와서 산조인으로 함께 사업을 벌이자고 제안했다. 그렇지 않아도 집선생님은 상생대도(相生大道)의 진리(眞理)를 가슴에 새긴 분이셨으니, 세 사람이 동업을 해서 묘목을 다량으로 길러 널리 보급하기로 결정하셨다. 산조인 종자는 집선생님께서 전부 제공하고, 각자 자기 터에다 양묘(養苗)를 하기로 했고, 교장선생님이 선전과 판매를 맡기로 약속했다.

그 일이 있은 것이 1967년 초 산조인 수확기였다. 이듬해 산조인을 모두 파종해서 묘목이 잘 자랐다. 그런데 그 해 음력 9월부터 집선생님의 건강이 갑자기 안 좋아졌다.

두 분 가운데 한 분이 산조인 종자를 수확할 때가 되자, 우리 집에 수시로 드나들었다. 산조인 종자는 한꺼번에 몽땅 처리해서는 안 되고, 따는 대로 조금씩 물에 담갔다가 갈아서 대추 살을 제거해서 말려야 하니 시간이 무척 오래 걸렸다.

내 직감이 이상했다. 갑자기 마을 유지가 자기가 산조인 종자를 전부 가져가겠다고 고집했다. 상황이 급격하게 달라져 가니 나는 마음이 놓이지 않았다. 그런데도 집선생님은 그 분에게 산조인 종자를 건네주라고 분부하셨다.

만일 집선생님이 타계하신다면 그 분의 마음을 편하게 해 드려야 하겠고, 마지막까지 순종의 미덕을 지키는 것이 나의 도리이겠기에 나는 그 산조인 종자를 남김없이 모두 주어버렸다.

집선생님이 그것을 원하신 듯하니 할 수 없었다. 그 사람들은 하는 행동이 욕심만 가득하고 불의했다. 그때 나는 이제 약자가 되었으니 할 수 없구나 하고 체념하면서, 보이지 않는 곳에서 얼마나 울었는지 모른다. 그야말로 절망지경이었다.

바로 그 해 음력 10월 10일 저녁 때 입소문을 듣고 서울에 있는 경희대학교 한의대 노재기 교수님이 우리 집에 산조인 묘목을 사러 오셨다. 서울대학교 약학대학 한대석(韓大錫) 교수가 1966년엔가 우리 집 산대추나무를 직접 와서 본 다음 그 씨(仁)를 좀 보내주면 중국산과 비교하여 감정을 의뢰해 보겠다고 말했고, 그 결과 우리 집 산조인의 효과가 더 우수하다고 알려준 일이 있었는데, 그 이야기를 들었던 것이었다. 어쨌든 당시에는 산조인의 약효가 일반인에게도 차츰 알려져가고 있었고, 산조인이 국내에서도 생산될 가능성이 엿보인 셈이었다.

그날 노재기 교수가 우리 집에 오셔서 병석에 누워계시던 집선생님을 진맥하시고 화제를 내어주셨다. 약을 3첩 지어다 달여들었기 때문이었던지 그 날 밤을 무사히 넘겼다. 노재기 교수는 산조인 묘목을 5백주나 사가셨다.

후일에 우리 증산교본부(甑山教本部) 교단 대표인 승선(承宣, 지금의 종령(宗領)에 해당함)에 선출되셨던 김형관(金炯官) 선생님은 "남주 선생님께서는 당신의 장례비용까지도 마련하시고 돌아가셨다."라고 술회하셨을 정도였다.

1968년 남주 선생 영결식

그런데 앞서 말했던 산조인 사업과 관련된 두 분은 각자가 길렀던 묘목은 우리 집과는 한 마디 상의도 없이 방매해버렸다. 때마침 경황이 없던 차에 삼거리 쪽 후문 근처에 심었던 산조인 묘목도 누군가가 몰래 캐가지고 훔쳐갔다.

　이 일을 어떤 사람이 원평 지서에다 분실신고를 내면서 예전에 집선생님과 왕래가 있던 분을 지명해서, 경찰관이 현장조사를 나왔다.

　나는 완강히 반대했다. 물건은 내 것이 분명하지만, 내가 아무 말도 하지 않는데 왜 이 사람 저 사람을 문초하느냐고 반문하면서 제발 없었던 일로 취소해 주시라고 간청했다.

　어쨌든 마을 유지와 교장선생님은 1969년도에 파종할 산조인 종자도 확보되었고, 1968년도에 양묘한 것도 자기들의 소유물로 정하고 내게는 말 한마디 없이 모두 처분해버렸다. 참으로 피를 토할 듯한 아픔이 엄습했다.

　나는 너무나 참기 어려워서 두 분 가운데 한 분의 댁으로 찾아갔다. 그런데 나를 대하는 태도가 예전과는 하늘과 땅 만큼 차이가 났다. 이 세상에 남편이 먼저 돌아가시고 홀로 남은 모든 여인네들이 이렇게 대접받을 수밖에 없는 죄인일까? 나는 다시 한번 놀랐다.

　그날 나는 그 집 문밖에 나오면서 "이 일은 두 사람에게만 국한된 일이 아니고, 어디까지나 교장선생님도 개입이 되어 있다는 사실을 절대로 잊지 마십시오. '일부(一婦)의 함원(含怨)은 오뉴월에도 서리를 내린다.'는 옛말을 상기하시라."고 모질게 말하고 돌아섰다. 그때 내 귀전에 그 분의 부인이 "나 참, 저 성질머리 하고는…

누가 저 양반 좀 붙잡지…"라는 소리가 들렸다.

　당시에 나는 집선생님의 조석상식(朝夕上食)을 올리며 빈소 앞에서 슬픔과 분노로 치솟는 눈물을 얼마나 쏟아냈는지 모른다. 울고 또 울어 지칠 대로 지쳐 밤이 되면 베갯잇이 흠뻑 젖었고, 배는 등에 붙고 기운이 없어 얼굴에는 오이꽃이 펴서 가녀린 몸을 지탱하기조차 힘겨웠다.

　하지만 아들 3형제를 바라보면서 어떻게라도 살아남아야 하겠다는 마음을 다짐했다. 넓고 넓은 이 세상에 우리 4 모자는 그 누구에게도 의지할 데가 없는데…… 나는 두 주먹에 불끈 힘을 주고 산조인 나무 밑을 세심히 살피며 떨어진 열매를 하나 둘씩 주워 모으는 일을 날마다 거듭했다. 그리고 나는 막내와 둘이서 서투른 솜씨로 산대추씨를 까곤 했다. 많이 허실이 되었다.

　그래도 그 두 분을 생각하면 그들의 잘못된 행위를 교육청에다 호소하고 싶었고, 그도 아니라면 전주 네거리에 서서 여러 사람에게 외치고 싶은 심정이었다. 그러나 나는 이른 새벽에 정화수를 올리고 심고를 드리면서 "하루를 참으면 백일이 평안하다."는 말을 지키기 위해 노력했다.

　그리고 나는 오직 아들 삼형제를 위해서 열심히 살며 교육시키는 일이 우선과제라고 생각했다. "죄는 짓는 대로 가고, 내려가는 물은 제 길을 간다."는 옛말만 생각했지, 이런 자세한 상황을 그 누구에게도 발설한 적은 없었다. 당시에 들리는 말에 의하면 그 분들은 산대추나무로 의외로 짭짤한 수입을 보았으며 학교실습장에다가도 산대추나무 묘목을 재배하고 공공연하게 판매하며 의기양양

하다고 했다.

참을 수 없는 분노와 슬픔이 끓어올랐지만, 나는 아무런 힘도 없었고 더욱이 다투고 싶은 생각도 없었다. "흘러가는 세월이 약일 것이다."라는 생각만 했다.

이듬해 봄에 못자리에서 피사리할 무렵 내가 밭에서 일하고 있을 때였다. 나보다 한 살 위이고 비록 학식은 없어도 경우를 알며 정직하고 똑똑한 분이셨던 계섭이 어머니가 갑자기 내 곁으로 다가오며 "아무개가 집에서 쥐구멍을 막다가 갑자기 피를 토하고 쓰러졌는데, 병원에 가서 치료도 못 받고 집으로 와서 돌아가셨다."고 말했다.

그 이야기를 듣던 순간, 나는 아찔했다. 나는 누구에게도 산조인에 얽힌 이야기를 한 일도 없었고, 어떠한 악담도 하지 않았던 것이다. 그렇지만 내 마음 속에서는 격렬한 분노를 느꼈고 그 분을 무척 미워했던 것만은 사실이었다.

그 분은 나와 동갑으로서 당시 43세 밖에 되지 않았다, 나는 마음이 이상야릇했다. 다음날 나는 마음을 가라앉히고 큰아들 영옥(永玉)이에게 "그 댁에 문상 다녀와야지."라고 말했다. 큰아들은 아무 말 한마디 않고 앉아있더니만 "그렇게 길지도 않는 삶을 억척스럽게 살더니만"하고 혼잣말을 했다.

큰아들이 조의금을 가지고 문상하러 갔다 와서 "준이 형님(큰아들의 학교 1년 선배였는데, 과수원을 경영하던 마을 유지였음)이 '너 왔냐?'하며 깜짝 놀라는 기색입디다."라고 말하며 어깨를 축 늘어뜨렸다. 당시 큰아들은 전북대 1학년이었는데, 아직은 세상사를 익숙히 알지 못할 시절인데도 몹시 허탈감에 사로잡힌 듯했다.

　그때 국민학교 5학년이었던 막내는 "우리 아버지가 너무 노여워서 벌을 주셨나?"라고 한 마디 했다. 내가 깜짝 놀라 어떻게 그런 말을 하느냐고 야단을 쳤다. 나는 흔히 "모든 사람은 저마다 타고난 운명이 있다."는 말을 떠올렸지만, 여전히 마음이 갈피를 잡을 수 없고 힘도 없어졌다. 이래서 인생무상이라고 하는가 싶었다.

　그런데 그 분 장례식에 출상을 하는데 상두꾼도 별로 없더라는 후문에 나는 또 한번 놀랐다. 훗날 그 분의 미망인은 나에게 좋은 인상을 주었고, 그 분 아들과 우리 아들들 사이도 서로 왕래하면서 사이좋게 지냈다. 일이 그렇게 되어 얼마나 다행인지 늘 감사하게 생각한다.

　또 한 분은 그때 50대였다. 그런데 그 분의 아들이 군대에 갔다가 훈련 중 쉬는 시간에 찬물에 목욕하다가 갑자기 심장마비를 일으켜 저 세상으로 갔다고 한다.

　한편 어떤 분은 그 집이 용화동에 와서 돈을 잘 벌어 그 부인이 돈도 잘 쓰고 이곳에 이사올 때보다 훨씬 부자가 되었다고 남의 말을 하기 좋아하는 사람들은 수군거렸다.

　나는 그때 인간은 언제나 미완성이란 말이 생각났다. 모자란 것 투성이었던 내가 최근 2, 3년간에 겪은 일이 내게 크나큰 가르침과 경험이 되었다고나 할까, 어쨌든 긴 세월을 지나온 느낌이었다.

　어쨌든 그럭저럭 일년이 지났다. 살아가는 일이 몹시 힘들었다. 봄에 산대추나무를 파종할 시기가 되면 내가 항상 염려하는 것이 안타까웠든지, 서헌교(徐憲敎) 선생님께서 "따뜻한 물에다 오래 담귀서 씨앗이 푹 불은 다음에 심으면 발아가 잘 됩니다."라고 조언해 주셨다.

1970년에는 그렇게 했더니 씨를 까서 바로 심은 것 보다 발아율이 훨씬 좋았다. 그래서 그 다음 해부터는 설을 쇠고 나서 바로 산대추나무 종자를 물에 담가두었고, 물을 미지근하게 데워서 가끔씩 갈아 주었다.

씨앗이 다 불은 다음에 건져서 다시 발아촉진제를 물에 타서 한 시간 동안 담궈놓았다. 그리고 씨앗을 건져 콩깍지를 땐 재에다가 버무린 후, 흙을 가늘게 쳐서 켜켜로 안쳐서 얼지 않도록 잘 간수했다. 그런 다음 적기에 파종하니, 60% 내지 70%가 발아가 되어서 지난날에 비하면 대성공이었다.

땅 위에 솟아나는 풀도 이름 없는 풀이 없고, 벌레도 이름 없는 벌레가 없듯이, 또 "하늘이 사람을 낼 적에 자기 먹을 것은 타고 나게 한다."는 옛말과 같이 과연 사람이 아주 죽으란 법은 없나 보다고 생각했다.

어느 해인가는 산조인 묘목을 찾는 사람이 없어서, 캐서 밀식(密植)을 해 놓고 그 묘포에다 또 씨를 파종했다. 지켜보던 이가 안 팔리는데 또 심어서 무엇을 하겠느냐고 핀잔을 주었다. 하지만 나는 멈출 수가 없었다. 당시에 내가 할 수 있었던 일은 그것 뿐이었다. 이 일도 아니라면 과연 내가 어떻게 살아나갈까 라는 기로에 서 있었다.

때마침 1970년도 이후 전국적으로 묘목에 대한 새로운 '붐'이 일어났다. 그러나 산조인이 무척 귀한 것인 줄은 알았지만, 일반사람들로서는 익숙하지 않으니까 쉽사리 접근하지 않았다.

결국 요행을 바랄 수밖에 없었다. 산조인 묘목을 팔면서 잊지 못할 이야기가 몇 가지 있다.

하루는 약초재배와 실험을 하는 서울에 있던 어떤 회사의 외판원이 우리 집을 찾아와 내게 명함을 내놓으면서 "귀댁에 산조인 묘목이 있다는 말을 듣고 찾아왔습니다."고 한다. 그러면서 그 외판원이 "그런데 여자분들 하고는 물건을 흥정하기 어려운데……"라며 말꼬리를 흐렸다. 나는 "아니 그게 무슨 말씀이세요, 적정한 가격을 정해서 결정이 되면 그대로 실행하면 되지 않겠습니까?"라고 오히려 되물었다. 그 외판원이 "여자분들과 흥정하면, 흥정을 해놓고도 나중에는 딴 말을 해서 약속을 못 지키는 경우가 종종 있습니다."라고 말했다.

나는 약간의 모멸감을 느꼈다. "그런 말씀이 어디 있습니까? 여자라고 자기가 한 말을 금세 번복한다니, 말씀이 지나칩니다."하고 말하고, 내 쪽에서 먼저 "그렇다면 못 팔지요."라고 거절했다. 그러자 그 외판원이 "아닙니다. 제 말씀이 잘못 되었다면 죄송합니다." 하면서, 자기가 지방에 돌아다니면서 물건을 구입하다 보면 여자들이 흔히 흥정을 해 놓고 뒤에서 딴 소리를 하면서 팔지 않겠다고 번복하는 경우가 빈번했다고 설명했다.

그래서 내가 다시 흥정한 다음 산조인 묘목을 팔 수 있었다. 옮겨서 밀식해 놓은 산조인 묘목의 잎이 꽤 나왔을 무렵이었다. 산조인은 겉모습이 대추나무와 똑같으니, 묘목 중에서도 잎이 제일 늦게 폈다. 그러니까 이식시기도 이미 지났다. 이런 시기에 묘목을 팔 수 있다는 것은 보통 행운이 아닐 수 없었다. 마음속으로 신기할 정도였다.

1973년도 봄의 일이었는데, 무려 13만원어치나 팔았다. 이게 꿈인가 싶을 정도였다. 그 때 막내가 고등학교 1학년이었다. 책가방이 낡아서 줄이 떨어졌고, 줄도 없는 책가방을 바른쪽 팔에 끼고만 다녔으니까 교복 상의에 닿는 곳이 낡아서 헤어질 것 같았다.

내가 막내에게 "아가, 묘목이 팔리면 네 교복부터 한 벌 맞추어 주어야 하겠구나."라고 했더니, 녀석은 가랑비가 추적추적 내리는데도 가시가 붙은 산조인 묘목을 열심히 캤다. 이렇게 해서 그때 아들 3형제의 학비를 마련할 수 있어서 얼마나 감사했던지, 눈물이 앞을 가렸다. 슬퍼도 울고 좋아도 울고, 내 자신이 정말 바보스럽다고 느꼈다.

평소에 신앙생활을 하고 있는 나는 특별한 일이 있을 때마다 상제님께 머리 숙여 심고를 올리면서 감사드린다. 그 날도 나는 다시 용기를 내고 희망에 부풀어 아들 3형제를 지긋이 바라보면서 열심히 살아갈 것을 다짐했다.

어느 해에는 꿈에 어떤 남자 분이 나타나 만원짜리 지폐를 절반으로 접어서 꽤 여러 장을 내게 건네주었다. 마침 낙엽이 진 늦가을이어서 혹시 산조인 묘목을 살 사람이 오지 않을까 하는 생각이 들었다.

나는 새벽에 깨자마자 일어나서 청수를 올리고 나무를 캘 일을 두 사람에게 부탁했다. 조반을 마친 후 일꾼들이 와서 묘목을 캐고 있는데, 마침 도장에서 수고하고 계시던 정혜천 여사님이 오셔서

1969년 남주 선생님 1주기 추모식을 마치고

"누가 묘목을 사 가나 봅니다."라고 말을 건네셨다.

내가 "아니요, 꿈만 믿고 캐고 있는 것입니다."라고 대답했더니, 정 여사님께서 "사모님의 얼굴에 겁기(劫氣)가 벗겨져서, 아마 돈이 조금 생길 것 입니다."라고 하셨다. 그 말에 나는 "그래요?"라고 대답한 다음 신나게 묘목을 세어서 묶었다.

그 날 정오가 조금 지나서 손님이 찾아왔다. 묘목 구입 문제로 오셨는데, 잠깐 이야기가 오고가고 했는데도 계약이 일사천리로 진행되었다. 산조인 묘목이 25만원 어치나 팔렸다. 묘목이 팔릴 때마다 나는 조금이나마 어김없이 치성금(致誠金)으로 떼어 놓곤 했다. 차츰 자신감이 조금씩 생겼다.

한번은 이런 일도 있었다. 전주시 약사회 회장이었던 조약국(趙藥局) 주인이 산조인에 대해 소상히 묻더니만, 큰 나무 몇 그루만 이식을 해 볼까 하는 의견만 비치고는 결론은 못 짓고 돌아갔다. 그 후로도 오랫동안 소식이 없었다. 어느 날 나는 그 분께 장문의 편지를 써서 부쳤다.

그 해 가을 음력 10월 10일이 돌아가신 집선생님의 세 번째 기일이어서 제수를 장만하고 있는데, 갑자기 전주 조약국에서 심부름하러 온 사람이 나를 찾았다. 그 사람이 대뜸 산조인 큰 나무 몇 그루를 사간다고 하시며 계약금으로 일금 10만원을 주었다. 나는 "집선생님께서 비록 육신은 저 세상으로 가셨지만 영혼은 나와 함께 하고 계시는 것이 아닐까?"라는 생각이 들었다. 마침 그 해는 산대추 열매가 대풍년이었다. 가지마다 주렁주렁 열매가 달려서 조약국 내외분이 자당님과 장모님도 모시고 와서 즐기고 갔다.

그런데 수확기에 이르러 그 많던 열매가 거의 없어져 버렸다. 알만한 사람이 몰래 따가지고 갔던 것이었다. 조약국 주인은 기분이 매우 상했다. 내가 여러 가지로 변명을 한 다음 대신 내가 추수한 씨앗을 서운하지 않게 드렸다.

그 당시는 어떤 씨앗도 금값으로 여길 때였다. 1970년도는 전국에서 무슨 나무든 상관없이 묘목 값이 한창 올라갈 때였다. 그리고 당시에는 이미 산조인 묘목도 상당히 알려졌던 무렵이었다.

조약국 주인은 점잖은 분이었다. 내가 아끼던 씨앗을 제공한 일을 고맙게 여겼든지, 자기가 샀던 큰 나무도 캐가지 않았다. 산대추나무를 심기는 집선생님과 내가 심었지만, 심은 자리가 교회 소유지였다. 약간의 말썽이 있을 법도 했지만 다행히 지나갔다. 무슨 일이든 큰 욕심을 부리지 않고 순리로 행하면, 먼저는 고생이 많지만 뒤는 깨끗하다는 진리를 또 한번 터득하게 되었다.

언젠가는 좀 불량한 분과 묘목을 거래했다가 골탕을 먹은 일도 있었지만, 결과는 항상 잘 풀려 나갔다. 집선생님이 이 세상을 떠나시면서 "영옥이에게 아무 것도 남겨줄 것이 없지만, 산조인 나무나 전해줘야지."라고 말씀하신 적이 있었다. 그 말씀대로 비록 큰 규모를 이루어지는 못했지만, 그 어려운 시절에 산대추나무 묘목 덕분에 우리 네 식구가 먹고 살았고, 또 아들들이 무사히 학업을 마칠 수 있었다.

증산교 교리의 "상생(相生)" 이념에 부응했다고나 할까? 나는 흔치 않은 나무라고 관심을 가지고 문의하는 분들에게 어김없이 산대추나무 묘목을 나눠주었다.

어떤 사람은 선전해 주겠다는 구실을 대고 가져가기도 했지만, 많이 얻어간 사람 중에 꽤 많은 돈을 벌게 된 분도 있었다. 그런데 나는 돈 복은 없는 듯하다.

큰아들이 대학교를 졸업하고 군복무를 끝내고 고등학교 교사로 임명되고나자 묘목 붐도 시들어졌다. 얼마 지난 다음에 다시 사람들이 산조인 종자를 찾았다. 처음에는 잘 몰라서 아주 헐값에 주었다. 나중에 소문을 들으니 값이 아주 올랐단다, 이유인즉 대추 신품종을 취하기 위해 산대추나무 종자에 모를 부어서 적정한 시기에 접목하면 되기 때문이었다. 그래서 산조인을 원하는 사람이 많았다고 했다.

나는 정보에 어둡고 둔해서 큰 소득은 얻을 수가 없었다. 내가 한 때는 새마을운동에 몸과 마음을 온통 쏟아 집을 비울 적도 많았는데, 동네 아이들이 몰래 우리 집으로 몰려와서 산조인을 따먹고 씨앗을 그냥 뱉어 놓았다. 착하고 순진한 아이들은 대추 살은 먹고 씨앗은 잘 모았다가 내게 돌려주었다. 그 아이들이 얼마나 고맙고 신통한지 귀엽기 그지없었다.

아이들이 넘어져서 울다가도 내가 "장한 사람은 스스로 일어나야지."라고 말하면 문득 울음을 그치고 일어났다. 옷에 묻은 먼지를 털며 나를 쳐다보는 아이들의 모습이 얼마나 기특하던지……. 그런데 그처럼 순박하기만 했던 농촌의 아름다운 모습도 요즘은 별로 찾아볼 수 없을 만큼 삭막해진 듯하다.

산조인에 얽힌 일을 쓰고 있으니 마치 먼 옛날 일만 같고, 또 그때가 내가 가장 열심히 살았던 시절이라고 느껴진다.

생콩 할머니 이야기

내가 지금으로부터 40년 전에 알게 된 노인인데, 눈을 뜨고도 잘 보이지 않는 분이셨다. 그래도 그 분은 용케 지팡이를 짚고, 차도 타고 다니시면서, 여러 가지 잡화장사를 하셨다. 그 분은 키가 너무 작아서 흔히 '생콩' 할머니로 불렸다.

용화동 근처에 오시면 어김없이 우리 집에도 들리셨다. 그 할머니는 약주를 무척 좋아하셔서, 치성(致誠) 후에 오시면 내가 꼭 약주 대접을 해드리곤 했다.

1967년 무렵에 당시 싯가로 4천 원 정도 하는 쉐타를 한 벌 빠뜨리고 가셨기에 잘 보관해 두었다가 다음번에 들릴 때 돌려드렸더니, 어떤 사람이 몰래 감추어 버린 줄 알았는데 이렇게 돌려줘서 정말 고맙다고 말씀하시며 눈물을 글썽이셨다.

할머니는 당신의 눈이 어두우시니 마음씨가 좋지 않는 사람들은 틈만 나면 물건을 하나둘씩 감추어버려서 항상 가슴이 아프셨다고 말씀하셨다.

그러던 어느 날 1968년 음력 10월 11일, 우리 집선생님이 타계하셨다. 그 소식을 들으시고 그 할머니께서도 어찌나 슬퍼하시

1981년 김제군 제1회 합동회갑연 때 새마을부녀회장 자격으로 1일 며느리들과 함께

는지 오히려 내가 그 분을 위로해야 했을 정도였다. 남인데도 그렇게도 애석해 하셨다.

할머니께서 한 점 혈육도 없는 혈혈단신이신 줄 알았더니, 따님도 있고 양아들도 있다고 자랑하시면서, 하루는 주머니 속에서 꼬깃꼬깃하게 접은 양아들의 주소가 적힌 쪽지를 내어 보여주셨다.

나는 할머니께도 연고자가 있다는 사실이 너무나도 반가워, 당장 할머니의 근황과 자세한 사연을 적어 그 주소로 편지를 보냈다. 그 일이 있은 후로는 할머니께서는 사흘이 멀다 하고 우리 집에 들릴 때마다, "편지 답장이 왔소?"라고 말씀하시며 채근하셨다.

훗날에 내가 생각한 일이었지만 인간은 역시 만물의 영장이라고 일컬을 만하다. 사람은 자신의 장래에 대한 예지력 같은 것이 꼭 있다.

약 1주일이 지나서 마침내 기다리던 회답이 도착했다. 편지가 3장이나 되었다. 편지에서 양아들은 먼저 할머니의 소식을 듣게 되어 너무나 반갑다고 말하며, 주변에서 마음을 써 주신 분들께 감사하다는 말을 연거푸 쓴 내용이었다.

할머니는 그 편지내용을 듣고는 내게 따님의 주소도 내놓았다. 내가 하도 신기해서 그 이유를 물었다. "아니, 이렇게 엄연히 혈연이 있는데도 왜 그동안 감쪽같이 없는 듯이 지내셨냐?"고 물었더니, 할머니는 자기의 팔자가 너무 기박해서 혹시라도 딸이 다칠 새라 아예 없는 듯이 지내왔다고 대답하셨다.

내가 사연을 들어보았더니 할머니는 평범한 가정을 꾸리고 살면서 자식을 아홉명이나 낳았지만 제대로 기르지 못하고 딸 한 명만 간신히 살아남았다고 하신다. 할머니는 자기 때문에 그 딸의 신상에 혹시라도 불행한 일이 초래될까봐 노심초사하여 소식조차 일체 끊고 집에서 몰래 빠져 나와 지금에 이르렀다고 신세를 털어놓으셨다.

할머니의 딸은 아들을 4형제나 낳고 부산에서 행복하게 살고 있다고 한다. 그리고 할머니의 양아들도 갑자기 몰래 자취를 감춘 양모(養母)를 찾으려 애쓰면서 서울에서 잘 살고 있단다. 나는 할머니가 정말 모진 심성을 지니셨다는 사실을 알고 무척 놀랐다.

중추절이 얼마 남지 않은 늦은 여름날이었다. 할머니의 따님에게서 추석 차례도 지내고 고향에도 다녀올 겸 자기 어머니 즉 그 할머니를 만나러 오겠다는 편지가 왔다. 그때 할머니께서 얼마나 기뻐하셨는지 지금도 그 모습이 눈에 선하다. 할머니의 시댁은 전북 정읍이라고 했다.

그런데 애꿋은 운명의 장난은 몹시도 야속했다. 전북 김제군은 전북도립공원인 모악산 금산사가 있는 곳이다. 전주(全州) 또는 김제(金堤)에서 오는 진입로가 비포장이었다. 그때는 우리 군 출신 장경순 국회의원이 국회부의장으로 있었다.

그때 육군 장병들이 봉사활동으로 금산사 진입로 포장작업을 하고 있었다. 내가 살고 있는 용화마을 삼거리에서 그 할머니께서 길을 건너오시다가 그만 군(軍) 트럭에 오른쪽 다리 전체를 크게 다치셨다. 그래서 헌병이 출동해서 할머니의 신상을 조사하고 연고자를 찾는 과정에서, 내가 유일한 연고자로 이야기되었던 모양이었다. 나는 내가 알고 있는 할머니의 사연을 전해 주었다.

할머니는 육군병원에 입원되어 수술을 받았지만, 워낙 연세가 많으셨고 충격이 커서 얼마 지나지 않아 돌아가시고 말았다.

그리하여 할머니의 따님과 외손자들이 참여해서 장례를 치르고 시댁의 선산이 있는 정읍에 안장되었다. 장례를 치른 다음 육군장병 한 명과 할머니의 외손자가 나를 찾아왔다.

그 당시 할머니께서 내게 돈을 약간 맡긴 것이 있었다. 그래서 내가 그 돈을 내어 드렸더니, 외손자가 안받아 가려고 고집했다. 내가 정색하고 "안 된다. 왜냐하면 셈은 분명히 해야 하니까, 이 돈을 받아가지 않으면 내 마음이 개운치 않아서 견디기 어려울 듯하니, 받아가는 것이 나를 위하는 일이라."고 말해 주었다.

오랜 세월을 이 고장에서 집집마다 방문하며 장사를 하셨던 분이었으니, 이 고장에서 그 할머니를 모르는 사람이 없을 정도였다. 여기저기 외상 물건 값도 상당히 있었고, 또 쌀을 맡긴 데도 있었지만, 어느 누구 한 사람도 정직하게 말하는 사람이 없었다.

할머니가 돌아가신 뒤 한 동안은 세 사람만 모여도 할머니에 대한 이야기가 끊이지 않았다. 사람들은 "그 노인이 장사를 하며 세상을 오래 살았기 때문에 견문이 넓어져, 사람 알아보는 눈이 밝아져 회장님(당시 내가 새마을부녀회를 맡았었음)과 인연이 있었나 봅니다."라고 말하곤 했다.

그 해 가을 음력 9월 초하루부터 나는 갑자기 감기 기운이 있고 몸살이 났다. 그리고 쉽게 낫지 않아 오랫동안 고생했다. 그런데 하루는 비몽사몽간에 그 할머니가 내 머리맡에 살며시 앉으시면서 "이렇게 몸이 좋지 않아서 걱정이라."고 말씀하면서 나를 어루만져

주셨다. 내가 깜짝 놀라서 일어나보니 꿈이었다.

그런데 내 마음이 약간 이상했다. 이미 유명을 달리한 사람이 친근하게 대하면 살아있는 사람이 안 좋다는데…….. 나는 왠지 마음이 개운하지 않았고, 몸이 무겁고 머리가 아팠으며, 손 하나도 까딱할 기운조차 없었다. 어느 듯 음력 10월이 되어, 지화절(地化節) 치성이 다가왔다. 그리고 집선생님의 기일도 닥쳤다. 그런데도 나는 몸을 제대로 가누지도 못한 채 자리에 눕게 되었다.

곰곰이 생각해 보았더니 생콩 할머니가 불의의 사고로 세상을 떠나셨기 때문에, 그 원한이 사무쳐서 내 몸이 이런가 싶었다. 그렇게 생각한 나는 즉시 불편한 몸으로 세상을 떠난 그 할머니께 올

1972년 새마을부녀회 회장으로 있을 때, 전라북도 간호사협회와 용화동과 자매결연식을 가지고 나서

리는 고유문을 한 장 썼다.

"당신께서 30년 가까이 정처없이 지내셨던 것은 전생의 업장 때문이지, 이승에서 잘못했기 때문에 그런 것은 아니었을 것입니다. 평생 동안 남에게 누를 끼치지 않고 정직하게 살아 오셨으니, 이제는 천상에서 선관선녀(仙官仙女)들이 반가이 맞아들여 기쁨을 주실 것이고 이승에서 겪은 고생의 대가로 평안을 누릴 수 있을 것입니다."라고 아픈 몸을 억지로 가누어서 정성스럽게 기록했다.

며칠 후 집선생님 기일 날 저녁 자정 무렵 사방이 고요할 때, 한 집 식구같이 지내던 준철 어머니가 조촐하게 음식을 차리고 술을 치고 촛불을 밝힌 다음 노잣돈도 약간 놓고 나를 대신해서 부녀회원 한 여사가 내가 적은 고유문을 읽었다. 그리고 난 후 한 여사는 다른 사람과 함께 그 할머니께서 다치셨던 곳인 금산사 진입로 사거리에서 다시 제사를 지냈다.

훗날 준철이 어머니가 "사모님, 참 이상하지요? 그 날 저녁에 한 여사가 글을 읽으면서 금방이라도 생콩 할머니가 자기 치마 자락을 휘어잡을 것만 같았다며 손을 와들와들 떨더라고요."라고 이야기했다.

아무튼 그 후 나는 개운하게 병이 나아서 다행이었다. 당시 내 몸이 몹시 쇠약해져서, 찬물에 손을 넣으면 산후에 손이 저리듯이 한참동안 후유증에 시달렸다. 어쩌면 그 할머니는 자신의 삶이 원통해서 인간에게 위안을 받아 원(冤)을 풀고 싶었을 것이라고 생각된다.

이야기를 쓰다보니 또 하나 생각나는 일이 있다. 우리 교단 승광사(承光祠) 중단(中壇)에 모셔진 창교 당시의 교인 가운데 문정삼 선생님이 계신다. 그 분은 본처에게서 소생이 없어서 재취를 맞았다. 재취 부인의 아버님은 상제님 생존 종도이신 안내성 성도 휘하에 있었던 특출한 교인이었다. 그 제자들 자녀 중에서 가장 얌전하고 착한 분이 선택된 셈이었다. 그런데 웬일인지 그 둘째 부인도 출산을 하지 못했다.

세월이 흘러 1955년에 내가 용화동으로 이거했더니, 바로 그 부인이 초등학교에 다니는 아들을 데리고 떡 장사를 하면서 자기 친정어머니와 남동생들을 보살피며 어려운 살림을 꾸려 나가고 있었다.

그때부터 우리는 서로 어려움을 함께 나누어 가며 살았다. 나와 나이는 상당한 차이가 났지만, 바깥어른들이 동지여서 서로 아주 친숙하게 지낸 셈이다. 그 부인의 성은 송씨였다.

옛날에는 모두들 고생을 많이 했지만, 그 부인의 어려움은 더욱 심했다. 거기다 아들을 중학교에 보낸다고 극심한 어려움을 겪어야 했다. 송씨 부인은 솜씨가 좋아서, 지금은 기계로 만드는 송편 (배피 떡)을 손으로 만드는데도 기가 막히게 만들었다. 무척 고생을 했지만 원래 늦게 둔 아들이어서 아들이 미처 장성하기 전에 송씨 부인은 세상을 떠났다.

아들은 어려운 가정형편 때문에 간신히 중학교를 마치고, 돈벌이하겠다고 서울로 가버리고, 송씨 부인의 남동생이 누님 제사를 지내고 있었다. 얼마 후 그 송씨 부인의 남동생도 형편이 어려워져서 생질이 서울에서 제사지내러 오면 돈을 갚겠다고 내게 돈을 빌리러 왔다. 나는 달리 변통해서 제사지낼 쌀을 주었다.

제사 시간을 물으니 생질이 바로 서울로 가야 할 테니 초저녁 제사를 지낼 것이라고 했다. 그렇다면 나도 제사에 참석하겠다는 뜻을 전했다.

나는 송씨 부인을 늦게 만났지만 마음속 깊이 간직한 이야기를 많이 듣고 해서, 그녀의 심정을 조금은 이해하고 헤아릴 수 있었다. 사랑하던 외아들이 그때까지도 장가들지 않았는데 건강이 안 좋다고 했다.

그 송씨 부인도 얼마나 한 많은 세상을 살아왔는지 나는 알고 있다. 부군이셨던 문 선생님은 아마도 자손을 두지 못할 분이셨나 보다.

어느 날 밤 송씨 부인의 꿈에 남편이 나타나 평소에 당신 동지의 아들을 가리키면서 부인에게 잘 거두어 주라고 부탁하니 그 젊은이가 가까이 다가오기에 놀라서 벌떡 일어난 일이 있었다고 했다.

그 후 어느 날 송씨 부인은 바로 그 젊은이에게 강간을 당했다고 한다. 그때 송씨 부인은 사십이 가까운 나이였다고 한다. 정말 기구한 운명의 장난이라고나 할까? 아니면 자식을 낳을 수 있었으면서도 도덕과 예절을 지키기에 급급했던 그 시절에 억눌렸던 것일까? 어쨌든 순수하고 소박한 신자의 딸로 태어나 무조건 희생양이 된 송씨 부인은 꽃다운 청춘을 말없이 그렇게 지낸 셈이었다.

그런데 다행인지 불행인지는 그 누구도 정의를 내릴 수 없겠다. 시간이 흘러 새 생명이 이 세상에 태어났다. 그러니 그 아들이 송씨 부인에게는 얼마나 기가 막힌 아들이었을까? 더욱이 그 아들이 완전히 성장하기도 전에 세상을 하직해야 했으니 구천에서도 가만히 있을 수는 없겠지.

나는 생각이 거기까지 미치자 혈연관계는 아니었지만 가슴이 메어지는 듯한 아픔이 엄습해서 생각이 나는 대로 긴 추모의 글을 썼다. 그리고 송씨 부인의 제삿날에 가서 추도문을 직접 읽으면서 눈물을 많이 흘렸다. 그 일이 있은 후 그 아들의 꿈에 어머니가 보이지 않고 곧이어 장가들어서 잘 산다는 말을 전해 듣고, 나는 더욱 더 신계나 인간계나 이치는 같다는 생각이 절실해졌다.

내가 신앙하고 있는 증산교의 교리 이념 가운데 해원상생(解冤相生)이 있다. 무수한 세월을 지나오면서 인간 세상에는 별별 희한하고 억울한 일도 많고 풀지 못한 사연들도 많다.

원통함을 풀고 서로 도와가며 살아야 한다는 진리는 누구나 잘 알고 있지만, 제대로 실천하는 사람은 별로 없다. 이는 종교를 믿는 사람들조차 별 수 없는 듯하다. 그런 이치를 조금은 체험하고 직접 간접적으로 잘들 알고 있으면서도, 믿는 분이나 안 믿는 분이나 모두 똑같은 수준이다. 내가 나 자신을 돌아다 볼 적에도 한심하기 그지없고, 한편 부끄럽기만 하다.

열 번, 스무 번, 백 번, 아니 나날이 이른 새벽에 정화수를 올리며 수없이 다짐했지만, 작심 3일이란 말이 있듯이 그때 뿐이었다. 어떠한 사건이나 사물에 접하면 어김없이 잠재의식 속에 숨어 있는 본성이 꿈틀거리며 머리를 내밀고 밖으로 나타나니, 이 노릇을 어찌 하면 고칠 수 있을까? 반성하고 채찍질하면서 살아가지만 "개꼬리 3년을 굴뚝 속에 넣어 두어도 그대로"라는 옛말이 생각날 따름이다.

언젠가 치성 후에 청음(靑陰) 선생님께서 교인들에게 하셨던 훈회 말씀이 생각난다. 옛날 중국에 4대가 한 집안에 살고 있는 훌륭한 가문이 있어 천자께서 방문하여 어떠한 노력으로 가능했으며 또 어떤 가훈으로 이렇게 타의 모범이 될 수 있는 훌륭한 가문을 유지할 수 있었느냐고 물었더니, 그 집 어른이 오직 한 가지 참을 '인(忍)'이라는 가훈을 온 집안 아이와 어른들이 지켜나갈 뿐이라고 대답했다는 이야기였다.

인(忍)자는 마음을 칼질하는 형상의 글자다. 그 글자에 담긴 속뜻은 남을 미워하는 마음, 해치려는 마음, 비난하려는 마음 등을 없애라는 것 같다. 이처럼 한자는 어렵기는 하지만 모두 이치로 구성된 글자가 아닌가 싶다.

우리나라 글인 한글도 천지인(天地人) 3합의 이치로 지어진 거룩한 글자이지만, 남의 나라 글도 유익하고 좋은 것은 모두 수용하고 장려하는 것이 옳은 것 같다.

정혜천 여사님의 금반지를 찾은 이야기

1971년 봄 무렵의 일로 기억된다. 집선생님께서 돌아가시고, 김형관 선생님이 종령(宗領, 그때는 승선(承宣)라고 불렀음)으로 계실 때였다.

당시 우리 도장에서 안살림을 맡고 계시던 정혜천 여사님은 독

1995년 정혜천 여사, 채주봉 선생, 나승담 선생과 함께

립유공자의 후예이시고, 처녀 때부터 반일사상이 투철하셨으며 8·15해방 후에는 애국계몽운동에 적극적으로 참여하신 분이셨다. 친정에서는 일찍부터 동학(東學)을 믿으셨다고 한다. 지금의 증산대도원 원장이신 바로 그 정혜천 여사님이시다.

그 해 여름이 지나고 가을 들녘에서 깨를 털 때 정 여사님의 손가락에 끼었던 금반지가 그만 빠져 버렸다. 못내 아쉬워하며 들깨 북새미를 샅샅이 헤치고 살펴보았지만 헛수고였다. 그때부터 정 여사님은 텃밭만 바라보면 손가락도 함께 내려다보이게 된다고 말씀하셨다.

겨울이 다 가고 다시 이른 봄이 돌아왔다. 그 시절에 우리 집에서는 생계수단으로 산조인 묘목을 재배할 때였다. 그 해에도 산조인 씨앗을 파종해서 꽤 잘 자랐다.

그런데 어찌된 일인지 도장에서는 똑같은 산조인을 가을에 파종해서 내내 물도 주고 온갖 수고를 다 했는데도 발아도 되지 않았었다.

장복식 선생님(『현무경(玄武經)』을 연구하시던 분이셨는데, 당시 정혜천 여사님을 도우며 도장에 계셨음)께서는 하루는 "사모님 댁 모가 잘 나야 바른 이치고, 도장에는 잘 나지 않는 것이 순리입니다."라고 말하셨다. 그때 나는 얼핏 깨닫지 못했는데, 후일에 장 선생님 말씀의 속뜻을 알게 되었다.

도장의 모가 거의 전멸이다시피 나지 않아서 걱정이 된 나머지 나는 묘목 밭을 한 바퀴 돌고 나오려다가 다시 들어갔다. 그때 장독대 뒤쪽 제일 바깥쪽 밭두렁을 지나다가 우연히 이상한 벌레 같은 것이 눈에 띄었다.

그런데 움직이지 않아서 내가 집게손가락으로 그 벌레같은 것을 눌렀더니, 무슨 고리 같이 보였던 부분이 흙 속에서 나와 손가락에 딱 끼어졌다. 벌레 같이 보였던 것은, 흙을 닦고 보니 광채가 빛나는 반지였다.

얼마나 신기하고 반가웠던지…… 나는 그 길로 곧장 정혜천 여사님을 찾아뵙고 "정 여사님, 저 보고 절 한번 하셔야겠네요."라고 말씀드리자, 정 여사님께서는 "아, 절 할 일이면, 당연히 해야지요."라고 답하셨다.

나는 큰 소리로 "여사님 반지를 드디어 찾았습니다."라고 말씀드리니, 정 여사님께서 방에서 달려 나오시며 무척 기뻐하셨다. 이윽고 정혜천 여사님은 정색을 하고 통천궁(統天宮)을 향해 묵념을 하시고 나서 "이것이 내 물건이 되려고 사모님 눈에 띄었지, 그렇지 않고 다른 사람 눈에 띄었으면 다시 내게로 돌아오지 않았을 것입니다."라고 감사해하셨다.

그 날 나는 무척 흐뭇했고 들뜬 기분이었다. 그 반지가 하필이면 내 눈에 띄어서 정 여사님의 가슴에 나라는 존재를 깊이 심어준 것 같았다.

그 일이 있은 후 정혜천 여사님과 나 사이에 지난날 사소한 의견 차이로 서먹서먹하게 쌓였던 감정이 마치 봄눈 녹듯 녹아버렸다. 나는 항상 정혜천 여사님과 서로 하는 일은 각기 다르지만 앞으로 나아가는 신앙의 목표는 같다는 사실을 항상 마음 속 깊이 간직하며 살아가고 있다.

정 여사님은 매우 활동적이시고 말씀도 잘하신다. 나는 그 분께 비교하면 감히 한 치도 따라가지 못한다. 그렇지만 나는 사람은 항상 위를 바라보는 것보다는 아래로 눈길을 돌리고 자기 분수에 맞는 생각을 하면서 일상생활에 임하는 일이 가장 으뜸가는 도리라고 생각한다.

"뱁새가 황새를 따라 가면 가랑이가 찢어진다."는 옛말은 극히 평범하지만 우리네가 살아가는데 훌륭한 지표를 제시하는 셈이다.

형님 삼우제 모신 전날 밤의 위기

큰댁형님(청음 대종사님 부인)께서 1971년 신해년 음력 2월 12
일에 타계하셨다. 암울했던 일제 치하에 우리 교단의 창교(創敎)초
창기부터 어려운 여건 속에서 온갖 고초를 겪으신 어른이시다. 시
동생은 감옥에 갔고, 부군은 요시찰인물이었으니, 때를 가리지 않
고 찾아오는 관원들에게 말 한마디만 잘못해도 큰 시련을 겪어야
했다. 그 험악한 시기에 많은 대소권솔을 이끌랴, 손님들 접대하
랴, 매우 힘든 세월을 보내시느라고 얼마나 고생이 많으셨을까?

큰댁형님은 생활고에 허덕이다 못해 손수 명주 베를 짜서 시장
에 내다 팔았고, 삯바느질 품을 팔았으며, 제재소에서 톱밥을 날라
땔감을 하고, 손기계로 양말을 짜는 등 할 수 있는 일은 무엇이든
하며 어려운 생활을 꾸려 나가셨던 분이시다.

비가 오는 어느 날 형님께서 옛날이야기를 들려주셨다. 허기진
배를 안고 베틀에 간신히 앉아있는데, 큰아들과 둘째아들이 밥 한
그릇으로 점심을 먹더란다. 둘째가 "밥을 조금 남겨서 어머니께 드
리자."는 듯 형에게 속삭이며 "오까아상, 오까아상"(엄마라는 일본어)
하며 형에게 애타는 눈짓을 하더란다. 둘째는 제대로 한 숟가락 푹
퍼서 먹지도 못하며 형의 눈치만 보는 동안, 형은 대답만 "응, 그
래. 그래."하면서 푹푹 떠먹으니, 그까짓 밥 한 그릇에 남을 밥이
어디 있으리오?

기어이 둘째가 속이 상해 눈물을 글썽거리며 숟가락을 내던지
고 밖으로 뛰쳐나가는 광경을 애써 못 본 채하고, 베만 열심히 짜고

있었더니, 형님은 오만 간장이 다 녹는 것 같았다는 이야기였다.

모 심은 논에 물이 들어가는 소리, 어린 자식에게 젖이 넘어가는 소리, 배가 고픈 자녀들의 밥 먹는 모습…… 이는 천하의 농부와 어머니들에게 다시없는 보람이거늘……. 6·25 전란을 겪지 않아서 피부로 느낄 수 없을 요즘 젊은이들은 너무나도 풍부한 세상을 살면서 이런 감정을 제대로 못 느끼는 듯하다. 그렇지만 60대 이상의 어머니들은 이 말이 가슴에 와 닿으리라 생각한다.

어머니의 자식에 대한 사랑은 어떤 부모라도 넓고 깊겠지만, 우리 형님께서는 유달리 끈끈한 짙은 사랑을 쏟았던 어른이라는 것을 나는 이 이야기를 듣고 짐작할 수 있었다.

이런 큰댁형님과 나는 공통점이 하나 있었다. 두 사람이 모두 자기보다 훨씬 연상인 부군을 모시고 살았다는 점이었다. 그렇지만 큰댁형님과 더불어 나도 많은 손님 접대와 어려운 살림살이를 그런대로 큰 허물없이 지냈다. 더러 주변 사람들의 찬사를 받았던 때도 있었다. 이 모두가 두 분 선생님들이 닦은 인격 덕분이 아닌가 여긴다.

그런데 이상하게도 연이어 슬픔이 닥쳤다. 두 분 선생님들께서 타계한 이야기에서도 기록했지만, 나의 친정아버님이 1964년, 청음대종사님이 1966년, 집선생님이 1968년, 형님께서는 1971년에 돌아가셨다. 내게 얼마나 큰 아픔이었는지 지금 다시 생각해도 아찔하다.

그 이후 몇 년간은 내 정신으로 살지 않았던 것 같다. 자식 3형제를 아직은 내가 보살펴야 하고, 할 일이 태산과 같이 남았는데 하면서도, 마치 나이가 그렇게 많지 않았지만 내가 곧 세상을 하직할 것만 같았다.

비록 입밖에 말하지는 못했지만 어떤 부산교인이 그런 예언을 했다는 말도 들렸고…… 정말 사람이 지레 말라들어 가는 심정이었다. 내가 신앙생활을 하는 동안 그 기간만큼 지극한 마음으로 주문을 읽은 적은 없는 듯하다. 그때 나는 내 생애가 끝날 때 끝이 나더라도 모진 운명과 싸우겠다는 심정으로 지냈다.

이처럼 근근이 지내던 나의 신상에 일대 변화라고나 할까, 큰 일거리가 닥쳐왔다. 5.16혁명이 일어난 이후 전국에 요원의 불길과 같이 타오르기 시작한 새마을운동이었다. 이 일에 대해서는 다음에 기록하겠다.

형님의 임종은 막내따님과, 나의 큰아들 영옥, 큰댁의 장손자 영식이가 함께 지켜보았다. 당시 장조카가 전북 완주군 삼례 농협의 분소장으로 있을 때여서, 전주 교동 본댁에는 병중에 있던 큰댁 형님이 막내따님의 간호를 받고 있었다. 그 때 전북대학에 재학 중이던 영옥이도 그곳에 함께 기거했기 때문에, 자기 부친상을 당해본 경험으로 제 큰어머님의 소렴을 거두었단다.

불과 2~3일 전에 병문안을 다녀왔던 나는 비보를 접하자마자 달려갔지만, 큰댁형님의 마지막 말씀은 한마디도 못 들었다. 그 허전함, 무상함이란……. 지난날 함께 고생했던 갖가지 생각이 꼬리를 물고 일어나 나는 대성통곡을 했다.

흔히 세상 사람들은 아들보다 딸이 좋다고들 하지만, 내 생각에는 역시 아들이 나은 것 같다. 큰조카가 무거운 시름에 빠져 생전에 뭔가 소홀히 대했던 아쉬움, 후회, 미진함 등 여러 가지 상념에 사로 잡혀 착잡한 심정에 빠져 있었다. 나는 어렴풋이나마 그 마음을 이해할 것 같았다.

입관을 마치고 성복제를 지내고 난 후 그제야 장조카는 "어머니께서 고생을 많이 하셨는데……"하며 말끝을 제대로 잇지 못하고 통곡했다. 그런데 신기한 일은 장조카가 상중(喪中)에 농협 군조합 전무로 발령이 났다는 통지를 받은 일이었다. 그러니 상주로서는 더더욱 안타까울 수밖에 없었다.

어쨌든 큰댁형님은 4일장으로 모셨는데 노제를 지내기 위해 영구차가 전주에서 용화동으로 접어드는 길인 금산지서 앞에 이르자, 갑자기 누가 내 오른쪽 팔을 확 잡아당기는 듯 심한 고통을 느꼈다. 성전 앞에서 하직 인사를 드리고 형님을 제비산 장지로 옮겨 안장한 다음, 나는 집에서 하루를 쉬고 이튿날 삼우제를 모시러 전주로 나갔다.

그런데 큰댁형님 삼우제를 모시기 전날 밤 우리 집에 큰일이 날 뻔했다. 막내가 그 때 중학교 3학년이었다. 막내의 책상 위 책꽂이 앞에는 라디오가 놓여 있었고, 그 앞에 후마키 병에 나무로 만든 마개를 한 가운데에는 함석으로 만든 심지가 박혀 있는 등잔이 하나 놓여있었다.

막내아들이 등잔을 켜 놓고 공부하다가 그만 잠이 들었단다. 그런데 잠결에 조금이라도 손짓을 했는지 등잔이 뒤로 넘어가면서 불이 라디오 앞면에 닿았다. 라디오가 플라스틱으로 만들어져서 활활 타지는 않았지만, 조금씩 녹아내렸다. 막내가 벌떡 일어나보니 머리맡에 있던 등잔이 뒤로 기울어져서 불이 훤하게 타고 있었다니, 얼마나 놀랐을까?

내가 그 사연을 들어보니 막내가 자고 있었는데 꿈에 큰어머니(내게는 큰댁형님)께서 나타나 "아가, 어서 일어나라, 어서, 어서."하고 재촉해서 급히 일어났다는 것이었다.

이 얼마나 신기한 일인지. 이런 사소한 일을 보더라도 우리 민족은 선령(先靈)의 음덕이 얼마나 큰 지 짐작한다. 모든 사람들의 의식 속에 깊이 뿌리박힌 민족혼이라고나 할까? 새삼 나는 가슴에 손을 얹고 대대손손 내려가며 제사를 모셔왔던 우리 민족의 미풍양속을 길이 이어나가야 한다고 생각했다.

담배 가게 집 동이 어머니

우리 집에서 길 건너편에 있던 가게 집에 사시는 동이 어머니는 팔순이 되는 늙은 시부모님을 모시고 내외분 슬하에 7남 1녀를 둔 부인이었다. 조그마한 가게로 생계를 꾸려가는 매우 각박한 처지였다. 마음씨가 선하고 괜찮은 분이었지만, 고생이 많았다.

어느 날 새마을 부녀회 총무가 나러러 "임신 중인데 아랫배가 무겁네요."하면서 병원에 같이 가보기를 원했다. 그래서 내가 총무와 함께 김제 중앙병원으로 가려니까 갑자기 동이 어머니가 "저도 가 보았으면 해요."라고 말했다. 여러 날 동안 가끔씩 하혈을 한다는 것이었다.

내가 깜짝 놀라며 "이게 무슨 소리요. 왜 진작 알리지 않고…"라고 말했다. 이튿날 일찍 셋이서 병원에 갔더니 막상 부녀회 총무는 별일이 없었는데, 동이 어머니 보고는 더 큰 병원에 가서 조직검사를 하라고 진단했다.

얼마나 앞이 캄캄한 지 다음 날 동이 어머니가 겨우 돈을 마련해 가지고 예수병원에 갔더니, 보증금 40만원을 내고 바로 입원을 해야 한다고 했다. 어떻게 할 도리가 없었다.

나는 갑자기 몇 년 전에 전라북도 간호협회와 우리 마을 새마을 부녀회가 결연을 맺은 일이 생각났다. 그 때 간호협회 부회장으로 계셨던 분이 바로 예수병원의 간호과장이셨다. 내가 그 분을 찾아 뵈었더니 그 분이 병원의 서무과장에게 나를 대신해서 간곡히 부탁

했다. 그 서무과장이 나를 보고 "군 의사회 과장을 잘 아시겠군요. 그 분께 의뢰하면 무슨 방도가 있을 것입니다."라고 했다.

나는 납득이 잘 가지 않았지만, 환자인 동이 어머니는 전주에 있던 친척집에 보낸 다음 동이 아버지를 면장님께 보냈다. 그 당시만 하더라도 의료보험카드가 일반인에게는 없었다. 공무원과 생활보호대상자에게만 실시되었다. 면장님께서도 이 일은 좀처럼 임의로 되지 않고 가정실태조사를 거쳐야 되고 적어도 10여 일이 걸리는데 시일이 급한 환자를 그 때까지 어떻게 기다리게 하겠느냐고 걱정했단다.

할 수 없이 내가 직접 군청에 갔더니 의료담당 계장이 금산면에 전화해서 문의해 주셨다. 내가 말한 대로 동이네는 땅 한 평도 없고 식구는 많았으니 어려운 처지는 말할 것이 없었다. 다시 내가 금산 면사무소로 왔더니, 마침 날이 가물어 면 직원들이 모심기 독려를 나가 모두 자리를 비웠다.

오랫동안 기다리다가 견디지 못하고 내가 면 직원들이 출장간 곳을 직접 찾아가서 서류를 부랴부랴 만들어서 군청으로 또 갔다. 군청에서도 과장, 부군수, 군수의 결재를 차례로 받기가 이만 저만 어려운 일이 아니었다. 그래도 군청의 부녀계장님이 손수 서류를 가지고 쫓아다니면서 결재를 얻어 주셨다.

그 날은 시간이 너무 늦어서 병원에는 내일 가기로 하고 집에 돌아왔더니, 이게 웬 일인가? 복숭아밭에서 농약을 치던 막내가 점심도 굶고 진종일 일만 한 나머지 지쳐서 토방에 늘어져 앓고 있었다. 나는 "아이구머니나! 남의 일보다 우리 집안 일이 큰일났다."

1982년 국제가족계획연맹 시찰단이 동자마을을 방문하고 기념식수를 마친 후

고 자책했다. 내가 잠깐 다녀올 줄 알았다가 일이 지연되어서 이렇게 되었다고 생각하니, 가슴이 꽉 막혔다. 아들에게 미안하고 안쓰러움을 느꼈다. 급히 서둘러 응급조치를 취하고 옷을 벗겨 닦아내고 갈아입히고 정신을 차리게 한 다음 음식을 먹였다. 막내아들은 한참 후에야 몽롱한 상태에서 서서히 깨어나는 것 같았다. 한바탕 난리를 치른 기분이었다.

이 모든 어려움을 거쳐서 마침내 동이 어머니는 입원하게 되었다. 3일 후에 내가 병원에 찾아갔을 때였다. 키가 큰 동이 아버지가 침대에 누워있던 부인의 손을 만지면서 미소를 짓고 있었다. 동이 아버지가 아내의 얼굴과 눈빛을 그윽하게 굽어보며 "이제 살았

데이."라고 말하는 모습을 바라보면서 내 가슴도 뭉클해졌다. 참으로 천만다행한 일이었고, 보는 이의 눈시울이 뜨거워지는 아름다운 광경이었다. 나도 흐뭇했다.

그저께 저녁 우리 집에서 보았던 막내의 처참했던 일들은 또 말끔히 씻어버릴 수 있었다. 그 당시는 내가 다시는 이런 바보 같은 짓은 하지 말아야지 했다. 시간이 지나자 그런 마음은 잠시 잠깐이고, 그래도 역시 사람은 남을 위해 보람있는 일을 항상 찾아보고 실천해야 마땅하다는 생각이 들었다.

다행히 동이 어머니는 큰 병이 아니었다. 여러 달 하혈을 하다 보니 일시에 유산이 된 것이 아니라 탈이 난 채 오래 가다 보니, 찌꺼기가 자궁 어느 부분에 걸려서 뭉쳐 있었다. 그 덩어리 같이 뭉쳐 있는 것을 발견해서 싹 씻어 냈으니 바로 완쾌되었다. 무척 다행한 일이었다. 제일 좋아 하신 분이 그 댁 할머님이셨다. 나중에 그 할머니께서는 손주들을 보고 "너희들, 회장님 은혜를 잊지 마라."고 수없이 말씀하신다는 소문을 주변 사람들에게서 들을 적마다 내 마음 한 구석에 보람을 느꼈다.

동이 아버지는 여름이면 금평저수지에서 낚시를 즐겼다. 언젠가는 꽤 큰 잉어를 잡았다. 동이 아버지가 자기 누님에게 보내려는데 동이 어머니가 "동기간도 중하겠지만, 내가 다 죽게 되었을 적에 우리 회장님이 그렇게 욕을 보았으니 가져다드려야 하겠다."고 했단다.

사람은 누구나 보은 정신이 있다. 하지만 스쳐간 일들을 잊어버리는 경우도 많다. 무언가 꼭 보답을 받는다는 일이 중요하지 않다.

다만 그 마음가짐이 갸륵하다고 본다. 피를 섞지 않은 남남이 서로 신뢰하고 아끼고, 만나면 반기고 하는 것이 얼마나 좋은 일인지……. 오래 오래 내 기억에서 잊혀지지 않는 일 가운데 한 가지다.

큰 아들 결혼과 장손자 출생

1976년 군복무를 무사히 마친 큰아들 영옥이가 김제군에 있는 중고등학교에 국어 교사로 나가기 시작했다. 한 푼 벌이도 없었던 우리 집도 이제는 월급이 생기게 되었다는 사실이 너무나도 생소하게 느껴져서, 나는 목구멍으로 뭔가 뭉클하니 넘어오는 듯해서 회한의 눈물을 삼켰다. 참으로 이상했다. 산 입에 거미줄 치겠느냐는 말이 있듯이, 돈도 한계가 있는 모양이다.

그동안 산조인 묘목에다 목숨을 걸고 살았는데 큰 아들이 월급을 받아서 살림에 조금 보태면서부터는 갑자기 산조인 묘목이 팔리지 않았다. 참으로 이상도 하지. 복이란 한정이 있는지 내게 맞는 만큼만 용납되지 더 이상의 것은 용납되지 않는 것 같다.

큰아들이 정읍 손씨 댁 규수와 결혼을 하게 되었다. 큰아들은 무슨 일이 있더라도 아버지의 뜻을 좇는 일이 순리라고 생각하는 편이었다. 내가 말하지 않았는데도 큰아들은 용화도장 성전에서 결혼식을 올려 내 마음을 흐뭇하게 해 주었다. 규수의 친가 부모님들도 선뜻 응해주셔서 감사할 따름이었다.

결혼 전날이 동지절이었다. 뼈를 깎는 듯 심한 추위에 문고리에 손만 대어도 짝짝 얼어붙었다. 그런데도 그 이튿날 결혼식날에는 날씨가 마치 봄날같이 포근했다. 하객들이 좋은 날씨에 한결같이 찬탄했다.

서울에서 증산사상연구회의 배용덕 회장님께서도 오셨고, 원근의 친지, 교인 여러분들의 정겨운 축복 속에서 큰아들의 결혼식을 무사히 올리게 되었다.

큰아들과 며느리로부터 내가 축하주를 받아 마시는 모습을 누

1977년 증산교 본부 통천궁에서 있었던 장남 영옥의 결혼식 모습

가 카메라에 담았는지, 뒷날 조그마한 그 사진 속에 이 세상 모든 시름과 슬픔이 함께 담겨 있음을 느꼈을 때 나 자신도 놀랐다. 마음 속에 생각하는 것이 이렇게 밖으로 나타날 수도 있을까? 얼굴에서 가 아니라 사람 몸 전체에서 풍기는 모습이 그렇다는 말이다.

큰아들 내외는 우리 집에서 3개월 동안 나와 함께 지내다가 큰 아들 근무처인 학교가 있는 근처로 살림을 났다. 세월이 흘렀지만 큰며느리에게서 태기가 없었다.

명절 때나 제사 때 큰며느리가 오면, 이웃 분들이 "새댁은 밥값 도 안하느냐?"고 물었다. 그 말을 듣는 며느리보다 오히려 내 마음 이 더욱 아팠다. 햇수로 3년이 지나도 나는 감히 물어보지도 못하 고 그냥 마음속으로만 염원했다.

옛말에 "내 복에 무슨 난리냐?"고 하는 것은 아마도 좋은 일이 어찌 한 사람에게만 거듭 거듭 있을 수 있겠느냐는 뜻일까? 이제 겨우 조그마한 행복을 얻었는데, 또다시 순조롭게 손자까지 얻어 질 수 있겠느냐 하고 위안하며 나는 조금은 느긋하게 생각했다. 그 러나 그 마음은 잠깐이고 직접 말은 안했지만 속으로는 걱정이 태 산과 같았다.

그래서 나는 1979년 기미년 음력 11월 11일부터 우리 집에서 수련을 시작했다. 최창헌 선생의 부인과 천만원 선생의 부인 김양 근 여사, 나 그렇게 세 사람이 손수 식사를 준비하면서 조용하게 오 손 도손 욕심없이 작은 소원을 빌면서 공부했다. 첫날 저녁 11시가 넘도록 글을 읽다가 잠이 들었는데 꿈을 꾸었다.

내가 다음날 아침에 무심코 간밤의 꿈 이야기를 했더니, 김 여사께서 첫 마디에 "사모님, 태몽이시구만요. 이제 곧 손자를 보시겠소."하고는 무릎을 치면서 반겼다. 그 말을 듣고 보니 내 마음이 흐뭇했다. 나는 속으로 바로 그런 소원을 빌고 있었던 것이었다. 이는 분명코 거짓없는 내 마음이었다. 3주일 동안 세 사람은 모든 시름을 잊고 열심히 공부해서 수련을 무사히 마쳤다. 가끔씩 최 선생님이 오셨고, 결공(結工)치성 준비도 도와주셨다.

과연 김 여사의 말이 적중되었다. 큰며느리의 배가 점차 불러왔고, 드디어 이듬해 경신년 음력 8월 4일 술시에 내 손자가 태어났다. 큰 아들에게서 전화가 왔다. 전화선을 타고 흘러나오는 "어머니, 이제 소원 성취하셨습니다. 제가 아들을 낳았습니다."라는 큰 아들의 목소리를 듣는 순간 나는 이 세상 모든 시름이 다 가신 듯한 행복감에 넘쳐 뜨거운 두 줄기 눈물을 흘렸다.

그 후 나는 위로는 상제님 전에 감사했고, 내 방 동편 벽에 걸린 돌아가신 집선생님의 사진 아래에 놓인 청수상 앞에 엎드려 환희에 넘친 가슴을 얼마나 쓰다듬었는지…….

이 세상의 모든 첫 손자 보신 이들도 한결같이 겪은 일이라고 생각된다. 나는 머리감고 목욕한 다음 청수를 올렸다. 장독대에도 정화수를 올리고, 천지신명 전에도 어질고 고루 베푸시는 덕화에 감사함을 고했다.

나는 이튿날 새벽같이 서둘러 정읍 아산병원으로 달려가 신생아실에서 표준 무게로 건강하게 태어난 손자를 보았다. 아빠도 닮고 엄마도 닮은 듯했다. 한참동안 발걸음이 떨어지지 않았다. 또 감사의 묵념을 드리고 감사했다.

한숨을 돌린 다음 자세한 이야기를 들으니, 며느리가 산기가 있기 전에 입원했는데 좀처럼 출산 기미가 보이지 않아 담당 의사가 모든 수술 준비를 갖추어 막 제왕절개 시술을 하려던 찰나, 갑자기 의사에게 급한 시외전화가 와서 잠깐 미루는 사이에 정상 분만했다고 한다. 병원에서는 큰 화제꺼리로 대운이 터졌다고 야단이었다. 이 모두가 기적 같았다. 신의 섭리가 아닌가 싶다.

원래 큰며느리가 만삭이 되자 큰아들이 무척 걱정했다. 아무래도 예감에 순산하지 못할 것 같다면서, 제왕절개수술을 해야 할지 모르겠다고 이야기했다. 나는 겁부터 났고 그저 정성을 다 바쳐 비는 수밖에 없었다. 이른 새벽 고요할 때마다 일어나 청수를 올리고 하느님께 기도드리는 데만 내 온 마음을 바쳤다. 지금 생각하면 아득히 먼 옛날이야기 같다.

하늘로부터 이렇게 크나큰 은혜를 받고도 사람은 쉽게 망각하거나 뭔가 불만을 앞세우기도 한다. 세월이 흘러 나이가 거듭 많아지면서도 항상 모자람 투성이고 부족하고 잘못만 저지르게 되니, 스스로 후회하면서도 거듭 좋지 않은 마음을 먹는 일이 한 두 가지가 아니다. 언제면 이런 허점을 메울 수 있을까 하고 혼자서 생각해보기도 했다.

그 해 음력 10월 10일 돌아가신 집선생님의 12주년 기일이 돌아왔다. 큰아들은 부친상을 당했을 때 사흘을 굶었고, 1주년 기일에는 시 한수를 곁들여 읽으며 통곡했다. 그 후로 큰아들은 10년이 지나도록 기제사를 올려도 울지 않아서 나도 억지로 슬픔을 참고 울지 않았었다.

그런데 그 해는 뭔가 달랐다. 큰아들은 이제 자기 아들이 아랫목에 누워 있는 것을 보니 만단의 감회가 서리는 모양이었다. 그도 그럴 일이다. 어른들 말씀에 "제 자식을 낳아서 길러 보아야 부모 마음을 안다."고 하듯이, 생후 60일 밖에 안 되는 갓난아이가 눈을 멀뚱멀뚱 뜨고 쩍소리 하나 없이 제사를 모시는 끝까지 얌전히 누워 있었으니, 보는 이들도 신기하게 여겼다.

제사를 모시다가 갑자기 큰아들이 통곡하며 오열했다. 언제나 참고 억제하던 나 역시 그동안 막아 놓았던 봇물이 터지듯 비통한 울음을 터뜨렸다. 한참 동안 우리 모자의 애통한 울음소리가 고요

1968년 남주 선생 영결식 때 조문객을 맞는 모습

한 밤의 적막을 깨뜨렸다. 참으로 오랜만에 거리낌없이 마음 놓고 울어보았다. 갑자기 전신의 힘이 빠졌다. 그렇지만 속은 한결 시원한 것 같았다. 참고 참았던 울음을 쏟아버려서 그런 듯했다.

그렇게 소동이 벌어졌는데도 내 손자는 꽤 오랜 시간 동안을 잠도 안자고 젖을 먹으려 보채지도 않았다. 온 세상의 평화를 다 담은 듯한 자기 어린 아들의 얼굴을 굽어보는 큰아들의 두 눈에는 아직도 눈물이 글썽거렸다. "거꾸로 매달려 살아도 이승이 좋다."라는 말도 실감났다. 살다보면 이런 보람을 찾을 수도 있나 보다 하고 나는 긴 한숨을 들이마셨다. 그리고도 남은 눈물이 뚝뚝 떨어졌다.

집선생님 유고(遺稿) 『종교학신론(宗敎學新論)』 출판

1981년 5월 3일, 오랜만에 우리 4모자가 한 자리에 모였다. 집선생님의 유고 발간을 위해서였다.

집선생님께서는 6.25 사변 시절 전북전시연합대학(全北戰時聯合大學)에서 종교철학을 강의하셨을 때부터 강의자료를 토대로 틈틈이 종교학에 대한 글을 쓰기 시작하셨다.

꽤 여러 해가 걸렸다. 왜냐하면 자료수집이 곤란했기 때문이었다. 그때는 김형관(金炯官) 선생님이 교단에서 총무 일을 보면서 기거할 때였다.

김형관 선생님이 수시로 서울을 왕래하시며 자료를 구하셨다. 집선생님이 원하셨던 자료는 좀처럼 구할 수가 없었고, 서울의 고

서점을 모조리 찾다시피 해야 겨우 일부를 발견할 수 있었다고 들었다. 이러한 상황이어서 많은 시일이 걸릴 수밖에 없었다.

지금 생각해 보면 그때 집선생님께서는 벌써 고희(古稀)를 바라보셨을 때였고 건강도 그다지 좋은 편은 아니었었다.

당시에는 잘 모르고 지냈지만 지금 돌이켜보면 참으로 어려운 시절이었다. 그토록 어려운 상황에도 불구하고 집선생님은 방대한 분량의 원고를 완성하셨던 것이다. 집선생님이 생각하시기에 완전한 종교학설이라고 자부하기에는 부족했던지 겸손한 심정으로 표제를 "종교학시론(宗敎學試論)"이라고 붙였다.

그 후 집선생님께서 김형관 선생님과 함께 상경하여 전 서울대학교 대학원 원장이셨던 박종홍 박사님께 완성된 원고를 보였다. 당시 박 원장님께서 "나는 종교학에 대해서는 잘 알지 못하지만, 이만한 학설이라면 구태여 시론이라고 할 것이 아니라 신론(新論)이라고 해도 큰 손색이 없으리라 생각한다."고 말씀하셔서, 결국 책명을 종교학신론이라고 했다.

얼마 후 박 원장님께서 우리 집으로 전갈이 왔다. 원고 가운데 "상생(相生)과 해원(解冤)사상"에 대하여 좀더 구체적으로 알고 싶다는 것이었다. 초야에 묻혀서 세월을 보내고 있던 집선생님은 마음에 무척 환희를 느끼셨다. 내가 일찍이 접해보지 못했던 희열이 넘친 모습이셨다. 그때 집선생님께서 가물거리는 호롱불 밑에서 무려 사흘 저녁을 밤샘을 하다시피 작성하여 박종홍 원장님께 원고를 보내드린 적이 있었다.

훗날 김형관 선생님이 일부 간직하고 있던 바로 그 해원상생에 관한 집선생님의 원고는 민태희 선생을 거쳐서 증산사상연구회(甑山思想硏究會) 배용덕(裵容德) 회장께 전달되어『증산사상연구』논문집 제4호에 실렸다.

집선생님께서 1968년에 선화하신 후 오랜 세월이 지났지만, 유고를 정리하는 일은 엄두도 못 냈다.

언젠가 교단에서 뜻있는 분이 용화공민학교를 경영할 적에 하운동에 사시던 증산상제님의 생존종도 가운데 한 분이셨던 안내성(安乃成) 선생님을 따르던 분의 아들이 열심히 그 학교에 나왔다. 그런데 여러 가지 사정으로 용화공민학교가 문을 닫게 된 후에도 그 젊은이는 점심밥을 싸가지고 집선생님께 다니면서 증산교 교리를 듣고 공부했다. 그후 그 청년은 열심히 노력한 결과 김제고등학교를 거쳐 고려대학교 영문과를 지망하여 합격했다.

그때 집선생님은 "수재인 저 젊은이가 대학교를 마치고 나면 얼마나 좋은 일꾼이 될까?" 하고 말씀하시며 생각만 해도 영광이라고 무척 반겼었다. 그런데 집선생님께서 유명을 달리 하신 뒤에 한번은 그 젊은이가 나를 찾아왔다. 그 젊은이는 집선생님의 영위(靈位) 앞에 부복을 하고 눈물을 흘리며 애석해 했다.

언제나 집선생님의 글을 출판할 수 있을까 까마득하게 여겨지던 나에게 그 젊은이가 유고(遺稿)를 보고난 후 "너무 염려하지 않으셔도 됩니다. 학설이란 시간이 가도 변함이 없는 것이니까요. 저라도 형편이 용납되면 잊지 않겠습니다."하고 헤어진 일이 있었다. 그때 나는 그 젊은이에게 가느다란 희망을 걸어보기도 했다.

자식들이 성장해서 둘째가 아버지의 원고를 정리하기 위해 대학원 졸업을 한 학기 동안 미루면서 애를 썼고, 큰아들은 나름대로 출판계획을 세웠다. 그리고 큰아들이 방학 때 출판사에 들렀다가 귀로에 온양에 계시던 고봉주(高鳳株) 선생님을 찾아뵙고 그 자리에서 숙의가 이루어졌다. 고 선생님이 출판비용으로 30만원을 내셨고, 온양의 이길영 선생님도 동참하셨다.

그 해 음력 3월 26일 치성 전일 온양교인 일동이 남주(南舟) 선생님 청수상(淸水床) 앞에 잔을 올리고 출판계획을 고했다고 전한다. 나는 이것이 꿈인가 생시인가 분간하기 어려울 만큼 기뻐했다.

그때 자리를 같이했던 정혜천 여사는 "이게 무슨 말이오? 그 유고가 하늘에서 떨어졌소? 땅에서 솟았소? 참으로 신기하지. 그런 말은 한번도 입 밖에 낸 일이 없지 않으셨느냐?"고 내게 물으셨다. 나는 "별다른 이유는 없었고, 그런 중요한 일을 가볍게 입 밖에 내서 무슨 소용이 있겠습니까?"하고 담담하게 대답했다.

정 여사님은 그런 줄은 정말 몰랐다고 하시면서 자기도 협조하겠다고 흔쾌히 약속하셨다. 그 밖에도 부산의 이차조(李且祚) 여사, 김종호 선생님, 황원택(黃源澤) 선생님께서 성과 열을 다해 도와주셨다. 내가 마음 속으로 그처럼 갈망했던 집선생님의 유고 출판은 이렇게 해서 드디어 시작되었다.

시작이 반이란 말과 같이 어렵게만 생각했던 일이 차츰 성취되어 마침내 1981년 10월 9일 한글날 큰아들이 동료교사들과 함께 새로 나온 책을 가지고와서 선친의 청수상에 올리고 한참동안 묵념을 드렸다.

나는 그때 마음 속으로 "보셔요. 당신이 수중보옥(手中寶玉)과

1980년 종교학신론 출판기념회 때 장남이 내빈께 인사드리는 모습

도 같이 끔찍이 사랑하던 영옥이가 드디어 이처럼 보람찬 일을 해
냈습니다. 장하다고 말씀 좀 해보세요."라고 말하며 울음을 터트렸
다. 함께 온 아들의 동료들도 숙연해져서 머리를 숙였다. 그날 내
가 흘린 눈물은 슬픈 눈물이 아니라 기쁘고 보람에 찬 눈물이었다.

　10년이면 강산도 변한다더니 그렇게도 막막했던 십여 년 동안
을 돌이켜보니 어떻게 이런 보람된 날을 상상조차 할 수 있었을까?
역시 세월이 약이란 말은 명답이라는 생각이 들었다.

　그해 12월 20일 전주 가나안회관에서 남주 선생님의 유고출판
기념회가 열렸다. 크게 화려하지는 않았지만 전북대학교 대학원
원장을 지내셨던 최일윤 박사님이 서평을 하셨고, 저자의 인적사

항은 전북대학교 철학과 이강오(李康五) 교수님이 긴 시간을 할애하여 소상히 소개했다.

그리고 그때 원광대학교 부총장이셨던 유병덕(柳炳德) 교수님께서 우리 영옥이를 크게 칭찬하셔서 듣고 있던 어미의 흐뭇함은 그 무엇과도 비할 수 없었다.

최일윤 박사님은 서평에서 고증이 일일이 명기되지 않은 점만 제외하고는 허물할 것이 없는 책이라는 말씀을 해주셨다. 그리고 이강오 교수님께서는 자신이 쓴 「한국신흥종교총론」을 위해 4백여 명의 인사들을 만났으나 오직 청음(靑陰)·남주(南舟) 두 분 선생님만이 사실을 그대로 전해주었으며 그 총론도 남주 선생님이 쓰신 것이나 다름없다는 말씀까지 하셨다.

더욱이 이강오 교수님은 청음, 남주 두 선생님이 보천교(普天教) 당시 2만원(1980년대 환율로 따지면 2억 원대에 가까운 거금)을 막 내아우였던 이순탁(李順鐸)씨를 통해 미국에 망명해 있던 서재필 선생님께 독립운동자금으로 전했던 일 등의 말씀까지 해 주셔서, 듣는 이로 하여금 잊혀지고 우리들의 기억 속에 없었던 새로운 사실을 일깨워주었다.

그 때 나는 큰아들이 몇 장 보내준 초청장을 도청 부녀아동과 오과장에게 보냈더니 바쁜 시간에도 불구하고 나와 주었다. 그 밖에도 중고등학교 교사, 뜻있는 교수님들, 장조카, 장손자, 불교계 스님들, 관심있는 종교계 인사 등의 여러분들이 참석해 주셔서 감사할 따름이었다. 또 내가 큰아들의 제자되는 학생들에게서 탐스러운 꽃다발을 받을 적에는 정말로 감격했다.

1980년 11월 종교학신론 출판기념회 때 내빈께 인사드리며

　유족의 한 사람 즉 미망인으로서 내가 내빈께 인사말씀을 드리
는데 감격에 겨워 목이 잠겼다. 그러나 나는 평소에 가슴 깊이 간직
하며 살아온 생활에 대한 감회, 큰아들의 오늘이 있기까지 이끌어
주신 주위 어른들에게 대한 감사말씀, 선화하신 두 어른은 몸은 각
각이었지만 이승에서 행하신 일은 한 가지 일 즉 하느님이 명하신
일을 함께 하고 함께 하늘나라로 가셨던 것은 도저히 인력으로는
하기 힘든 사실이라는 점 등을 차분하게 말했다.

　훗날 오과장은 종교성을 띠어서 그런지 간혹 다녀보았던 여느
출판 기념회보다 대단히 엄숙했다고 감상을 말해주었다. 유족대표
로는 농협 전무로 근무하던 장조카 이원량씨가 감사의 말씀을 올렸

다. 그날 질부가 "작은어머니, 오늘같이 좋은 날 혼자 집에 가셔서 눈물 흘리지 마시고 우리 집에 가셔서 함께 계시지요."라 했다. 그 말이 고마워서 금암동으로 갔다.

이튿날 시내버스 속에서 전주고등학교에 재학중이던 청음 선생님의 장손자 영식이를 가르친다는 교사 두 사람이 질부를 아는 채 인사를 하다가, 내가 옆에 앉아 있으니 깜짝 놀라며 반겼다. 어제 출판기념회에 참석했었다며, "아아, 사모님께서 어저께 인사말씀을 하실 적에 우리도 눈시울을 적셨습니다. 그렇게 숙연할 수가 없었습니다."라고 말했다. 질부는 그 자리에는 나가지 않았지만 아들을 가르치는 선생님의 이야기를 듣고 무척 좋아했다.

팔자가 좋은 분들은 잘 모를 일이지만 홀로 된 여인들은 누구나 다 맛볼 수 없는 이런 일이 있었기에 기뻤다. 어쩌면 1968년 이후 나의 삶에 있어서 가장 보람되고 잊을 수 없는 날이었다고 하겠다.

텅 빈 집으로 돌아온 그날, 나는 저녁의 고요한 적막 속에 청수 봉안(清水奉安)을 하고 희열에 넘친 가슴을 부여잡고 눈물을 흘리며 시간 가는 줄도 모르고 오랫동안 주문을 읽었다.

영석 결혼 문제로 고민하다

1981년 음력 1월 9일 큰아들 영옥이의 편지를 받았다. 둘째아들 영석이는 성격이 내성적이고 고지식해서 융통성이 없는 듯하지만, 착실하고 진실하며 주변 사람들을 편안하게 해주는 편이지 절대로 괴롭히는 일이 없었다. 단지 둘째는 어려서부터 젖배를 곯아서인지 체격이 크지 못한 편이다.

둘째는 고등학교 2학년 다닐 때 부친상을 당하고, 고생하면서 학교에 다녔다. 그래서인지 둘째는 언제 처녀를 사귀고 할 정신적인 여유도 없었다. 1979년 가을에 둘째의 고등학교 동창생이 몸이 좋지 않아서 우리 집 공기가 좋으니까 와서 요양한 적이 있었다. 그때 그 젊은이의 교육대학 동창생인 여학생 두 사람이 우리 집을 방문했다. 내가 보기에도 티 없이 맑은 처녀들이었다. 그 중 한 명은 키가 좀 작았고, 한 명은 키가 보통이었다.

내가 그 여학생들이 참 순진해 보인다고 했더니, 얼마 후 둘째가 자기 친구에게 "우리 어머니께서 아무개가 좋다고 하시니까, 나도 좋아지려고 한다."고 말했단다. 그 후 아주 더운 어느 날 그 여학생들이 또 우리 집을 찾은 일이 있었다. 그럭저럭 둘째와 그 여학생 사이에 편지도 몇 번 오가고 했다. 이 일은 우리 집 큰아들이 알게 되었는데, 그 여학생이 독실한 기독교 신자라는 것을 알고는 완강히 반대했다고 한다.

그래서 큰아들이 내게 편지했다. 절대로 허락해서는 안된다고 해야지, 그렇지 않으면 형제간에 의절을 하겠다고 했다. 그런 이야기가 나오면 둘째는 "그럼 어머니께서는 왜 진작 증산교를 믿는 사람을 모색하시지 않으셨어요. 집에서 반대하면 나는 결혼도 안하겠습니다. 그러니 저 보고 다시는 결혼하라는 말씀은 마세요. 절대로 결혼 안하겠습니다."라고 막무가내였다.

나는 하늘이 무너지는 듯했다. 그 동안 살아가는데 하도 골몰해서 다른 데 정신을 쓸 여유가 없이 허둥대고 살아왔을 뿐이었다. 그런데 막상 이런 일에 접하고 보니, 기가 막혔다. 많고 많은 처녀 중에 하필이면 내 아들 연분이 기독교인인가도 싶었다. 인생살이는 산 하나를 넘으면 또 산이 나타난다더니, 고개를 넘으면 또 고개요 갈수록 태산이다. 내 삶이 꼭 그런 듯하여 통곡하고 싶었다.

집선생님을 가까이 모셨던 분들은 영석이는 아마 미국에서 만나더라도 남주(南舟)선생님 자제가 아니냐고 물을 것이라 말할 정도였다. 그만큼 둘째는 제 아버지를 너무 닮았다. 성품도 같았으니 제 말대로 아버지 팔자를 닮아서 홀로 지낼 수도 있겠다는 생각이 문득 들어, 웬 일인지 몸에 소름이 끼치고 겁이 났다.

남편도 없는 삶을 사는 혼자된 여인네들은 자녀들을 성혼시킬 때 처참하고 외로운 심정이 된다. 그 뼈저린 아픔을 당해보지 않은 사람은 진정 모르리라. 가파른 삶의 질곡에서 몸부림치면서 살아온 나에게, 조물주께서는 이 무슨 야속한 시련을 또다시 주시는가 싶어서 몸부림치다가 나는 다시 생각을 바꿔 이 모두가 운명인가 보다고 생각했다. 그리고 또 인연이겠지 라고 여기며, 결혼은 부모가 하는 것도 아니고 형이 하는 것도 아니고 어디까지나 둘째인 본인이 장가가는 것이라고 생각하고 승낙했다.

그 후 둘째는 1981년 12월 27일에 모교인 성균관대 별관에서 결혼식을 올렸다. 서울 종형네 집에서 장가길을 챙겼고, 쓸쓸할 줄 알았던 결혼식이 제법 성황리에 마쳤다. 성균관대 장을병 총장 내외분도 참석하셨고, 재경 교인 동지들도 자리를 함께 해 주셔서 매우 감사했다.

그렇게 반대하던 큰아들도 훗날 말하기를 "제수씨가 상냥하고, 또 우리 집 식구가 되니까 마음에 든다."며 좋게 대하여 매우 다행스러웠다. 비록 종교는 다르지만 그런대로 지금까지 별 탈이 없이 살아왔다. 둘째 며느리가 몸이 선천적으로 약하게 타고난 사람이라, 어려움도 있었지만 서로가 서로를 이해하며 잘 살아간다.

문득 옛날에 집선생님께서 내게 하신 말씀이 생각났다. 사람이 살아가는데 가족이든 남남이든 친구 사이든지 내가 먼저 상대방의

1988년 둘째가 박사학위 받고 찍은 가족사진

1988년 둘째 영석(현 광주대 영문학과 교수)이 문학박사 학위를 받던 날

비위를 맞추어가면서 지내야지 상대가 내 비위에 맞지 않는다고 까
탈을 잡는 사람은 세상을 잘못 사는 사람이라고 하셨다. 집선생님
은 가장 가까운 부부 사이는 더욱더 서로가 조심하며 상대의 마음
을 이해하고 살피며 살아야 한다고 항상 말씀하셨고 그렇게 실천하
셨다.

지금도 생각해 보면 그 분의 말씀과 행동을 나도 본받고 실천했
더라면 얼마나 다행이었을 텐데……. 나는 매사가 작심 3일이라는
말처럼 예나 지금이나 마찬가지다. 듣고도 행하지 않음은 오히려
듣지 않는 것만 못한 일이겠지. 내 자신은 언제까지도 미완성이라
는 생각을 떨칠 수 없이 오늘도 역시 생각 뿐인 생활을 하고 있다.

간혹 둘째가 나를 책망한다. 내가 푸념을 하면 "어머니는 신앙
생활을 하시지 않습니까?"라고. 그 말뜻은 내가 다른 사람과 똑같

은 생각을 한다면 종교인답지 않다는 말로 들려서, 마음 한구석에 부끄러움을 느낀다. 그런데도 막내는 더러 나의 좋은 점을 말할 때가 있는데, 공연히 즐겁기 만한 내 속 마음을 속일 수는 없다.

용화마을 부녀회원 ○○댁 이야기

1984년 7월 9일 내 일기에는 "그저께 지서에서 연락을 받고 박회원 아들일로 검찰청 3호실 김학곤 검사를 찾았다. 검사님의 소개로 검사장님도 뵙고 말씀을 나누던 중 증산교 이야기도 하게 되었다. 오늘같이 보람 있고 기쁜 날은 그렇게 자주 있는 일이 아니어서, 눈물겹도록 흐뭇했다."고 기록되어 있다.

사람이 사는 세상에는 잘못을 저지르면 법의 심판을 받아 유죄도 되고 혹시라도 억울한 일이 있다면 나중에라도 벗어날 수도 있겠지. 언제부터인가는 확실히 모르지만, 구치소에서 형 집행이 끝나고 풀려나와서도 뒷처리가 원만하지 못하여 다시 잘못을 저지르는 경우가 많아서 국가에서 그들을 보호하기 위한 일환책으로 각도 별로 '갱생보호위원회'라는 명칭 아래 법무장관으로부터 위촉을 받은 위원들이 있었다.

각 도에는 지부가 있었고 각 시와 군마다 위원들이 약간 명씩 임명된 것으로 알고 있다. 나도 새마을부녀회군연합회장을 은퇴하면서 갱생보호위원회 위원으로 위촉받았다. 금산군 내에 모범 출소자가 있을 때 그 가정의 실태를 알아보기도 했고, 합동결혼식을

1983년 내전에서 청소하는 모습

열어 함께 축하도 해 주었다. 그리고 갱생보호위원회는 지역 기관 장들이 모범출소자들에게 생활필수품도 전달하는 등 가능하면 물심양면으로 도와주는 기구였다.

우리 마을 부녀회원 ○○의 아들이 중학교를 간신히 졸업하고 돈벌러 간다고 전주로 나갔었다. 그 아이는 '소바' 만드는 음식점에서 일을 했다. 그 음식점 주인집에는 딸이 여럿이 있었고, 가게에서 공부하는 딸도 있었다. 어느 날 그 아이가 주인집 딸에게 말을 건네다가 주인에게 호통을 맞고는 분수에 맞지 않게 잘못 대들어 그만 고발당했다. 그러자 그런 영문도 모르고 농촌에서 땅만 파고 일만 열심히 하고 있던 그 아이 부모에게로 전주경찰서에서 '보호자 출두' 통지가 왔다.

○○댁이 울며불며 내게 달려 왔기에 내가 이튿날 함께 전주경찰서에 가보았다. 그 아이는 삼복더위에 유치장에 갇힌 채 겨우 손바닥만한 유리문으로 얼굴을 내밀었다. 모자 상봉을 옆에서 보고 있으려니 내 숨이 다 막혔다. 한숨이 절로 나왔다.

집에 돌아왔더니 우리 집 막내가 "어머니 이제 어쩔 수 없으니, 기소되어 재판받을 적에나 가셔서 말씀해 보심이 어떻겠습니까?" 라고 했다. 나는 그 때 재판과정에 대해서는 생소했다. 늙은 아낙이 유치장이라면 생각만 해도 심장이 뛰는 곳인데……

그런데 내가 곰곰이 생각하니 그 집에는 팔순이 넘은 아이 할머님, 말없는 천하 호인인 아버지, 6남매나 되는 많은 식구가 있었다. 아무 일 없어도 살아가기가 각박한데…… 이런 생각을 하니 내가 도울 수 있는 일이라면 어떻게 해서든 돕고 싶었다.

문득 생각나는 것이 갱생보호위원회 총회 때나 기타 공식행사 때 검사장님과 2,3 차례 의례적인 인사를 하면서 악수를 나눈 일이었다. 그래서 나는 그저 생각나는 대로 실 상황을 자세히 써서 속달로 검사장님께 서한을 띄웠다.

다행히 며칠 후에 검사장님께서 내 편지를 직접 보시고, 검사를 불러서 하명하셨던 것 같았다. 지서에서 검찰청으로 오라는 연락을 받고도 나는 가슴이 떨렸다. 생전 처음으로 그런 곳에 갈 일을 생각하니 조심스러웠다.

약속된 날 아침에 나는 그 아이의 부모와 함께 검찰청을 찾아갔다. 제 3호 검사실에 들어서니 이름을 묻기에 내가 '장옥'이라고 대답했더니, "틀림없느냐?"고 한다. 그 검사님은 "남자 분인 줄 알았는데" 하면서 내가 검사장님께 보낸 서한을 보여주면서 "이 글을 손수 쓰셨냐?"고 물었다. 내가 "그렇습니다." 라고 답하니, 그 검사님이 "검사장님이 나를 불러 이 사건을 잘 살펴서 선처하라는 하명이 있었다."고 말하면서 "세간에서는 검찰이라면 없는 죄도 만들어 처벌을 받게 하는 곳으로 생각하는데, '민주 검찰'이라는 것이 바로 이런 것입니다. 검찰은 서로 의논하고 타협해서 풀어나가고 어려움을 덜어주는 곳이지, 일반인이 잘못 알고 있듯이 무조건 벌을 주는 곳이 아닙니다."는 이야기를 들려주었다.

그 후 그 검사는 몇 가지 서류를 만들고난 후 그 아이를 불러 "이 분을 아느냐?"고 물었다. 그 아이가 기어들어가는 음성으로 "우리 마을 부녀회 회장님이셔요."하고 대답했다. 검사님이 "네 잘못을 벌을 받게 한다면 적어도 7개월간 고생해야 하지만, 이 분이 너를 책임지신다니 오늘 오후 5시에 부모님을 따라서 집으로 돌아가거라."고 말씀하셨다.

잠시 후 그 검사가 나보고 "검사장님을 좀 만나보시고 가시려느냐?"고 묻기에 나는 "좋습니다."하고 대답한 다음 검사장님을 찾아뵈었다. 검사장님께서 "이순신 장군께서는 싸움터에 나가시기 전에 반드시 산천초목을 향해서라도 고요히 빌고 또 비셨다."라는 요지의 말씀을 하셨다. 내가 편지 끝에다 "천지신명 전에 두 손을 모아 기도드린다."고 썼던 기억이 나서, 거미줄 같아 눈에 보이지 않는 신의 섭리인가 하여 내 마음이 무척 감동되었다.

그래서 내가 이순신 장군에게 있었던 감격스러운 일화 한 토막을 말씀드렸더니, 검사장님께서 자기도 금산사를 다녀서 금평저수지에 있는 증산교에 잠깐 들른 일이 있다는 말을 하셨다. 나는 하직인사를 나누고 검사장님의 웃음 띤 모습의 전송을 받고 왔다.

시골은 어느 집 밥상의 반찬까지도 알 수 있을 만큼 소문도 빠르고 숨김이 없다. 그 후 내게 연탄 구들을 잘못 놓아서 사람이 상하여 고발당한 일, 억울하게 사기당한 일 등등 그 밖에 사소하게 잘못된 일들도 해결해 달라는 청이 계속 들어왔다. 얼마나 곤욕스럽고 딱한 일이었던지, 오히려 내가 백배 사정을 했다. "그런 일은 딱 한 번이지요. 봉사가 문고리 잡는 식으로 한 번이나 있는 일이지, 당최 그런 말씀은 마시라."고 통사정을 했다.

龍華道場
용화도장
지킴이

인쇄일_ 2004년 10월 25일
발행일_ 2004년 10월 30일
지은이_ 장 옥
펴낸이_ 이찬규
펴낸곳_ 선학사
등록번호_ 제03-01157호
주소_ 서울시 용산구 한강로1가 141-3번지
전화_ 02.795.0350
팩스_ 02.795.0210
이메일_ sunhaksa@korea.com
홈페이지_ http://www.ibookorea.com

값 20,000원

ISBN 89-8072-158-7 03990